プロフェッショナルのための
イタリアワインマニュアル
MANUALE PER PROFESSIONISTI
IL VINO ITALIANO
イタリアワイン

監修　宮嶋 勲

イタリアワイン生産地州別マップ 1

REGIONE Valle d'Aosta
ヴァッレ・ダオスタ州

VALLE D'AOSTA DOCG 0 - DOC 1

1	Valle d'Aosta o Vallée d'Aoste DOC	ヴァッレ・ダオスタ または ヴァレ・ダオステDOC

Superficie ha	面積 ヘクタール
Zone Collinari 丘陵地帯	0
Zone Montuose 山岳地帯	326.322
Zone Pianeggianti 平地	0
Totale 計	326.322

REGIONE Piemonte - Il Monferrato
ピエモンテ州-モンフェッラート地方

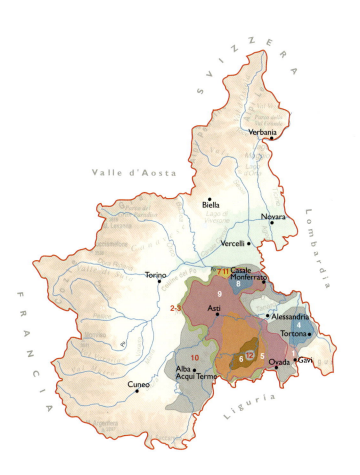

PIEMONTE DOCG 16 - DOC 42

1	Gavi o Cortese di Gavi DOCG	ガーヴィ またはコルテーゼ・ディ・ガーヴィ DOCG
2	Barbera del Monferrato Superiore DOCG	バルベーラ・デル・モンフェッラート・スペリオーレ DOCG
3	Barbera del Monferrato DOC	バルベーラ・デル・モンフェッラート DOC
4	Colli Tortonesi DOC	コッリ・トルトネージ DOC
5	Cortese dell'Alto Monferrato DOC	コルテーゼ・デッラルト・モンフェッラート DOC
6	Dolcetto d'Acqui DOC	ドルチェット・ダックイ DOC
7	Gabiano DOC	ガビアーノ DOC
8	Grignolino del Monferrato Casalese DOC	グリニョリーノ・デル・モンフェッラート・カサレーゼ DOC
9	Monferrato DOC	モンフェッラート DOC
10	Piemonte DOC	ピエモンテ DOC
11	Rubino di Cantavenna DOC	ルビーノ・ディ・カンタヴェンナ DOC
12	Strevi DOC	ストレーヴィ DOC

Superficie ha	面積 ヘクタール
Zone Collinari 丘陵地帯	769.843
Zone Montuose 山岳地帯	1,098.677
Zone Pianeggianti 平地	671.458
Totale 計	2,539.978

イタリアワイン生産地州別マップ　2

REGIONE Piemonte - L'Astigiano
ピエモンテ州-アスティ地方

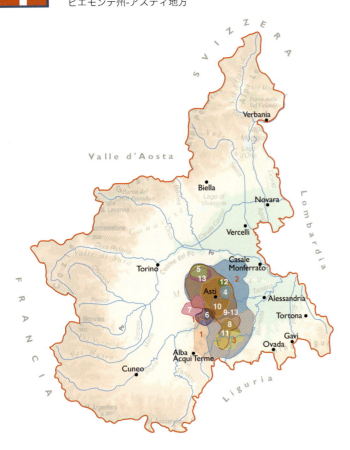

1	Asti o Moscato d'Asti DOCG	アスティ　または モスカート・ダスティDOCG
2	Barbera d'Asti DOCG	バルベーラ・ダスティDOCG
3	Brachetto d'Acqui o Acqui DOCG	ブラケット・ダックイ またはアックイDOCG
4	Ruché di Castagnole Monferrato DOCG	ルケ・ディ・カスタニョーレ・モンフェッラートDOCG
5	Albugnano DOC	アルブニャーノDOC
6	Calosso DOC	カロッソDOC
7	Cisterna d'Asti DOC	チステルナ・ダスティDOC
8	Dolcetto d'Asti DOC	ドルチェット・ダスティDOC
9	Freisa d'Asti DOC	フレイザ・ダスティDOC
10	Grignolino d'Asti DOC	グリニョリーノ・ダスティDOC
11	Loazzolo DOC	ロアッツォロDOC
12	Malvasia di Casorzo d'Asti / Casorzo / Malvasia di Casorzo DOC	マルヴァジア・ディ・カソルツォ・ダスティ/カソルツォ/マルヴァジア・ディ・カソルツォDOC
13	Malvasia di Castelnuovo Don Bosco DOC	マルヴァジア・ディ・カステルヌオーヴォ・ドン・ボスコDOC
14	Terre Alfieri DOC	テッレ・アルフィエーリDOC

Superficie ha	面積　ヘクタール
Zone Collinari　丘陵地帯	769.843
Zone Montuose　山岳地帯	1,098.677
Zone Pianeggianti　平地	671.458
Totale　計	2,539.978

REGIONE Piemonte - Le Langhe
ピエモンテ州-ランゲ地方

1	Alta Langa DOCG	アルタ・ランガDOCG
2	Barbaresco DOCG	バルバレスコDOCG
3	Barolo DOCG	バローロDOCG
4	Dolcetto di Diano d'Alba o Diano d'Alba DOCG	ドルチェット・ディ・ディアーノ・ダルバ またはディアーノ・ダルバ DOCG
5	Dogliani DOCG	ドリアーニ DOCG
6	Dolcetto di Ovada Superiore o Ovada DOCG	ドルチェット・ディ・オヴァーダ スペリオーレ　またはオヴァーダ DOCG
7	Roero DOCG	ロエロ DOCG
8	Alba DOC	アルバDOC
9	Barbera d'Alba DOC	バルベーラ・ダルバDOC
10	Dolcetto d'Alba DOC	ドルチェット・ダルバDOC
11	Dolcetto di Ovada DOC	ドルチェット・ディ・オヴァーダDOC
12	Langhe DOC	ランゲDOC
13	Nebbiolo d'Alba DOC	ネッビオーロ・ダルバDOC
14	Verduno Pelaverga o Verduno DOC	ヴェルドゥーノ・ペラヴェルガ　または ヴェルドゥーノDOC

Superficie ha	面積　ヘクタール
Zone Collinari　丘陵地帯	769.843
Zone Montuose　山岳地帯	1,098.677
Zone Pianeggianti　平地	671.458
Totale　計	2,539.978

REGIONE **Piemonte** - Denominazioni del Nord
ピエモンテ州-北ピエモンテの呼称

1	Erbaluce di Caluso o Caluso DOCG	エルバルーチェ・ディ・カルーソ またはカルーソDOCG
2	Gattinara DOCG	ガッティナーラDOCG
3	Ghemme DOCG	ゲンメDOCG
4	Boca DOC	ボーカDOC
5	Bramaterra DOC	ブラマテッラDOC
6	Canavese DOC	カナヴェーゼDOC
7	Carema DOC	カレーマDOC
8	Collina Torinese DOC	コッリーナ・トリネーゼDOC
9	Colline Novaresi DOC	コッリーネ・ノヴァレージDOC
10	Colline Saluzzesi DOC	コッリーネ・サルッツェージDOC
11	Coste della Sesia DOC	コステ・デラ・セシアDOC
12	Fara DOC	ファーラDOC
13	Freisa di Chieri DOC	フレイザ・ディ・キエーリDOC
14	Lessona DOC	レッソーナDOC
15	Pinerolese DOC	ピネロレーゼDOC
16	Sizzano DOC	シッツァーノDOC
17	Valsusa DOC	ヴァルスーザDOC
18	Valli Ossolane DOC	ヴァッリ・オッソラーネDOC

Superficie ha	面積 ヘクタール
Zone Collinari 丘陵地帯	769.843
Zone Montuose 山岳地帯	1,098.677
Zone Pianeggianti 平地	671.458
Totale 計	2,539.978

REGIONE **Liguria**
リグーリア州

Superficie ha	面積 ヘクタール
Zone Collinari 丘陵地帯	189.211
Zone Montuose 山岳地帯	352.813
Zone Pianeggianti 平地	0
Totale 計	542.024

LIGURIA DOCG 0 - DOC8

1	Cinque Terre e Cinque Terre Sciacchetrà DOC	チンクエ・テッレ、チンクエ・テッレ・シャッケトラ DOC
2	Colli di Luni DOC	コッリ・ディ・ルーニ DOC
3	Colline di Levanto DOC	コッリーネ・ディ・レヴァント DOC
4	Golfo del Tigullio-Portofino o Portofino DOC	ゴルフォ・デル・ティグッリオ-ポルトフィーノ/ ポルトフィーノDOC
5	Pornassio o Ormeasco di Pornassio DOC	ポルナッシオ/ オルメアスコ・ディ・ポルナッシオDOC
6	Riviera ligure di Ponente DOC	リヴィエラ・リグーレ・ディ・ポネンテDOC
7	Rossese di Dolceacqua o Dolceacqua DOC	ロッセーゼ・ディ・ドルチェアックア/ドルチェアックアDOC
8	Val Polcèvera DOC	ヴァル・ポルチェーヴェラ DOC

REGIONE Lombardia
ロンバルディア州

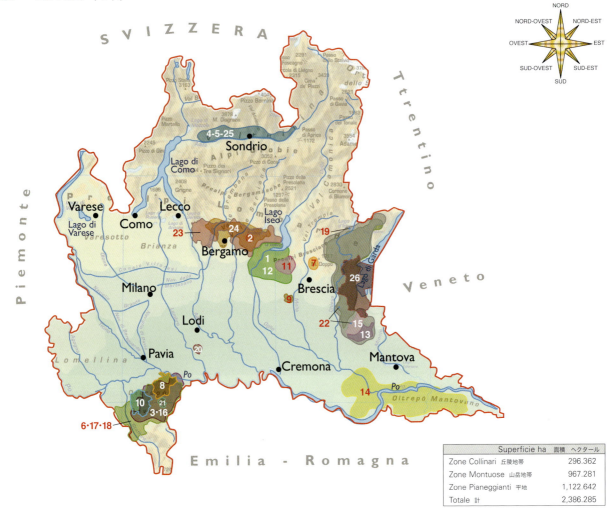

Superficie ha	面積 ヘクタール
Zone Collinari 丘陵地帯	296.362
Zone Montuose 山岳地帯	967.281
Zone Pianeggianti 平地	1,122.642
Totale 計	2,386.285

LOMBARDIA DOCG 5 - DOC 21

1	**Franciacorta DOCG**	フランチャコルタ DOCG
2	**Moscato di Scanzo o Scanzo DOCG**	モスカート・ディ・スカンツォ またはスカンツォ DOCG
3	**Oltrepò Pavese Metodo Classico DOCG**	オルトレポ・パヴェーゼ・メトド・クラッシコ DOCG
4	**Sforzato di Valtellina o Sfursat di Valtellina DOCG**	スフォルツァート・ディ・ヴァルテッリーナ または スフルサット・ディ・ヴァルテッリーナ DOCG
5	**Valtellina Superiore DOCG**	ヴァルテッリーナ・スペリオーレ DOCG
6	Bonarda dell'Oltrepò Pavese DOC	ボナルダ・デッロルトレポ・パヴェーゼ DOC
7	Botticino DOC	ボッティチーノ DOC
8	Buttafuoco dell'Oltrepò Pavese o Buttafuoco DOC	ブッタフオーコ・デッロルトレポ・パヴェーゼ／ブッタフオーコ DOC
9	Capriano del Colle DOC	カプリアーノ・デル・コッレ DOC
10	Casteggio DOC	カステッジョ DOC
11	Cellatica DOC	チェッラティカ DOC
12	Curtefranca DOC	クルテフランカ DOC
13	Garda Colli Mantovani DOC	ガルダ・コッリ・マントヴァーニ DOC
14	Lambrusco Mantovano DOC	ランブルスコ・マントヴァーノ DOC
15	Lugana DOC	ルガーナ DOC
16	Oltrepò Pavese DOC	オルトレポ・パヴェーゼ DOC
17	Oltrepò Pavese Pinot grigio DOC	オルトレポ・パヴェーゼ・ピノ・グリージョ DOC
18	Pinot Nero dell'Oltrepò Pavese DOC	ピノ・ネーロ・デッロルトレポ・パヴェーゼ DOC
19	Riviera del Garda Bresciano o Garda Bresciano DOC	リヴィエーラ・デル・ガルダ・ブレシャーノ またはガルダ・ブレシャーノ DOC
20	San Colombano al Lambro o San Colombano DOC	サン・コロンバーノ・アル・ランブロ またはサン・コロンバーノ DOC
21	Sangue di Giuda dell'Oltrepò Pavese o Sangue di Giuda DOC	サングエ・ディ・ジュダ・デッロルトレポ・パヴェーゼ／サングエ・ディ・ジュダ DOC
22	San Martino della Battaglia DOC	サン・マルティーノ・デッラ・バッタリア DOC
23	Terre del Colleoni o Colleoni DOC	テッレ・デル・コッレオーニ／コッレオーニ DOC
24	Valcalepio DOC	ヴァルカレピオ DOC
25	Valtellina Rosso o Rosso di Valtellina DOC	ヴァルテッリーナ・ロッソ またはロッソ・ディ・ヴァルテッリーナ DOC
26	Valtenèsi DOC	ヴァルテネージ DOC

REGIONE **Trentino Alto Adige**
トレンティーノ・アルト・アディジェ州

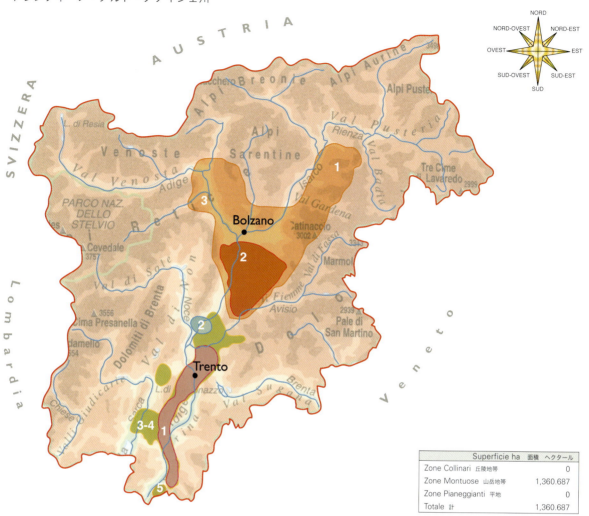

TRENTINO ALTO ADIGE DOCG 0 - DOC 8
ALTO ADIGE DOC 3

1	Alto Adige (Südtirol) DOC	アルト・アディジェ（ジュートティロール）DOC
2	Lago di Caldaro o Caldaro (Kalterersee o Kalterer) DOC	ラーゴ・ディ・カルダーロ　またはカルダーロ（カルテラーゼー　またはカルテラー）DOC
3	Valdadige o Etschtaler DOC	ヴァルダディジェ　またはエッチュターラー DOC

TRENTINO DOC 5

1	Casteller DOC	カステッレール DOC
2	Teroldego Rotaliano DOC	テロルデゴ・ロタリアーノ DOC
3	Trentino DOC	トレンティーノ DOC
4	Trento DOC	トレント DOC
5	Valdadige Terradeiforti o Terradeiforti Valdadige DOC	ヴァルダディジェ・テッラデイフォルティ　またはテッラデイフォルティ・ヴァルダディジェ DOC

REGIONE Veneto
ヴェネト州

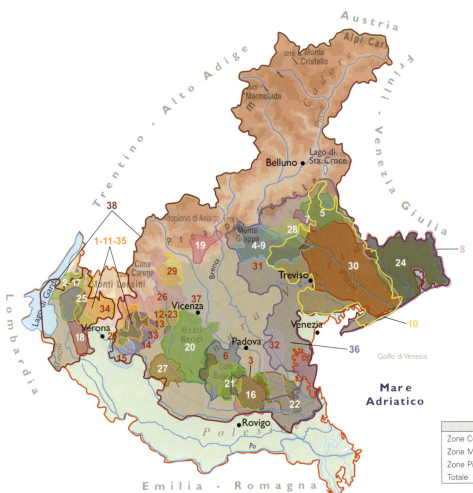

Superficie ha	面積 ヘクタール
Zone Collinari 丘陵地帯	266.285
Zone Montuose 山岳地帯	535.900
Zone Pianeggianti 平地	1,036.937
Totale 計	1,839.122

VENETO DOCG 14 - DOC 24

1	Amarone della Valpolicella DOCG	アマローネ・デッラ・ヴァルポリチェッラDOCG
2	Bardolino Superiore DOCG	バルドリーノ・スーペリオーレDOCG
3	Bagnoli Friularo o Friularo di Bagnoli DOCG	バニョーリ・フリウラーロ もしくは フリウラーロ・ディ・バニョーリDOCG
4	Colli Asolani Prosecco o Asolo Prosecco DOCG	コッリ・アソラーニ・プロセッコ または アゾーロ・プロセッコ DOCG
5	Colli di Conegliano DOCG	コッリ・ディ・コネリアーノDOCG
6	Colli Euganei Fior D'Arancio/ Fior d'Arancio Colli Euganei DOCG	コッリ・エウガネイ・フィオル・ダランチョ/ フィオル・ダランチョ・コッリ・エウガネイDOCG
7	Conegliano Valdobbiadene-Prosecco/Conegliano - Prosecco/Valdobbiadene - Prosecco DOCG	コネリアーノ・ヴァルドッビアデネ-プロセッコ/ コネリアーノ・プロセッコ/ ヴァルドッビアデネ-プロセッコ DOCG
8	Lison DOCG	リソンDOCG
9	Montello Rosso o Montello DOCG	モンテッロ・ロッソもしくは モンテッロDOCG
10	Piave Malanotte o Malanotte del Piave DOCG	ピアーヴェ・マラノッテもしくは マラノッテ・デル・ピアーヴェDOCG
11	Recioto della Valpolicella DOCG	レチョート・デッラ・ヴァルポリチェッラDOCG
12	Recioto di Gambellara DOCG	レチョート・ディ・ガンベッラーラDOCG
13	Recioto di Soave DOCG	レチョート・ディ・ソアーヴェDOCG
14	Soave Superiore DOCG	ソアーヴェ・スーペリオーレDOCG
15	Arcole DOC	アルコーレDOC
16	Bagnoli di Sopra o Bagnoli DOC	バニョーリ・ディ・ソープラ/ バニョーリDOC
17	Bardolino DOC	バルドリーノDOC
18	Bianco di Custoza o Custosa DOC	ビアンコ・ディ・クストーザ/ クストーザDOC
19	Breganze DOC	ブレガンツェDOC
20	Colli Berici DOC	コッリ・ベリチDOC
21	Colli Euganei DOC	コッリ・エウガネイDOC
22	Corti Benedettine del Padovano DOC	コルティ・ベネデッティーネ・デル・パドヴァーノDOC
23	Gambellara DOC	ガンベッラーラDOC
24	Lison-Pramaggiore DOC	リソン=プラマッジョーレDOC
25	Garda DOC	ガルダDOC
26	Lessini Durello o Durello Lessini DOC	レッシーニ・ドゥレッロ/ ドゥレッロ・レッシーニDOC
27	Merlara DOC	メルラーナDOC
28	Montello-Colli Asolani DOC	モンテッロ・コッリ・アソラーニDOC
29	Monti Lessini DOC	モンティ・レッシーニDOC
30	Piave DOC	ピアーヴェDOC
31	Prosecco DOC	プロセッコDOC
32	Riviera del Brenta DOC	リヴィエラ・デル・ブレンタDOC
33	Soave DOC	ソアーヴェDOC
34	Valpolicella DOC	ヴァルポリチェッラDOC
35	Valpolicella Ripasso DOC	ヴァルポリチェッラ・リパッソDOC
36	Venezia DOC	ヴェネツィアDOC
37	Vicenza DOC	ヴィチェンツァDOC
38	Vigneti della Serenissima o Serenissima DOC	ヴィニェティ・デッラ・セレニッシマ/ セレニッシマDOC

イタリアワイン生産地州別マップ 7

REGIONE Friuli Venezia Giulia
フリウリ・ヴェネツィア・ジューリア州

Superficie ha	面積 ヘクタール
Zone Collinari 丘陵地帯	151.846
Zone Montuose 山岳地帯	334.223
Zone Pianeggianti 平地	299.579
Totale 計	785.648

FRIULI VENEZIA GIULIA DOCG 3 - DOC 8

1	Colli Orientali del Friuli Picolit DOCG	コッリ・オリエンターリ・デル・フリウリ・ピコリット DOCG
2	Ramandolo DOCG	ラマンドロ DOCG
3	Rosazzo DOCG	ロサッツォ DOCG
4	Carso DOC	カルソ DOC
5	Collio Goriziano o Collio DOC	コッリオ・ゴリツィアーノ/コッリオ DOC
6	Friuli Annia DOC	フリウリ・アンニア DOC
7	Friuli Aquileia DOC	フリウリ・アクイレイア DOC
8	Friuli Colli orientali DOC	フリウリ・コッリ・オリエンターリ DOC
9	Friuli Grave DOC	フリウリ・グラーヴェ DOC
10	Friuli Isonzo o Isonzo del Friuli DOC	フリウリ・イソンツォ/イソンツォ・デル・フリウリ DOC
11	Friuli Latisana DOC	フリウリ・ラティザーナ

REGIONE Emilia Romagna

エミリア・ロマーニャ州

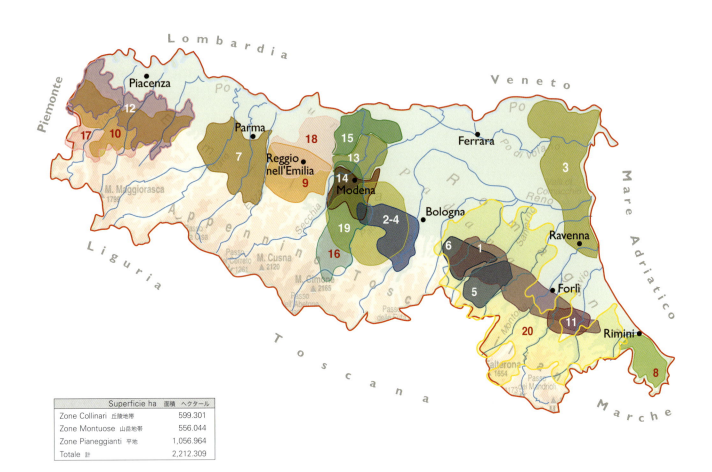

Superficie ha	面積 ヘクタール
Zone Collinari 丘陵地帯	599.301
Zone Montuose 山岳地帯	556.044
Zone Pianeggianti 平地	1,056.964
Totale 計	2,212.309

EMILIA ROMAGNA DOCG 2 - DOC 18

#		
1	Romagna Albana DOCG	ロマーニャ アルバーナ DOCG
2	Colli Bolognesi Classico Pignoletto DOCG	コッリ・ボロニェーズィ・クラッシコ・ピニョレット DOCG
3	Bosco Eliceo DOC	ボスコ・エリチェオ DOC
4	Colli Bolognesi DOC	コッリ・ボロニェージ DOC
5	Colli di Faenza DOC	コッリ・ディ・ファエンツァ DOC
6	Colli d'Imola DOC	コッリ・ディ・イモラ DOC
7	Colli di Parma DOC	コッリ・ディ・パルマ DOC
8	Colli di Rimini DOC	コッリ・ディ・リミニ DOC
9	Colli di Scandiano e di Canossa DOC	コッリ・ディ・スカンディアーノ・エ・ディ・カノッサ DOC
10	Colli Piacentini DOC	コッリ・ピアチェンティーニ DOC
11	Colli Romagna centrale DOC	コッリ・ロマーニャ・チェントラーレ DOC
12	Gutturnio DOC	グットゥルニオ DOC
13	Lambrusco di Sorbara DOC	ランブルスコ・ディ・ソルバーラ DOC
14	Lambrusco Grasparossa di Castelvetro DOC	ランブルスコ・グラスパロッサ・ディ・カステルヴェートロ DOC
15	Lambrusco Salamino di Santa Croce DOC	ランブルスコ・サラミーノ・ディ・サンタ・クローチェ DOC
16	Modena o Di Modena DOC	モデナ／ディ・モデナ DOC
17	Ortrugo dei Colli Piacentini o Ortrugo-Colli Piacentini DOC	オルトゥルーゴ・デイ・コッリ・ピアチェンティーニ／オルトゥルーゴ-コッリ・ピアチェンティーニ DOC
18	Reggiano DOC	レッジャーノ DOC
19	Reno DOC	レーノ DOC
20	Romagna DOC	ロマーニャ DOC

REGIONE Toscana
トスカーナ州

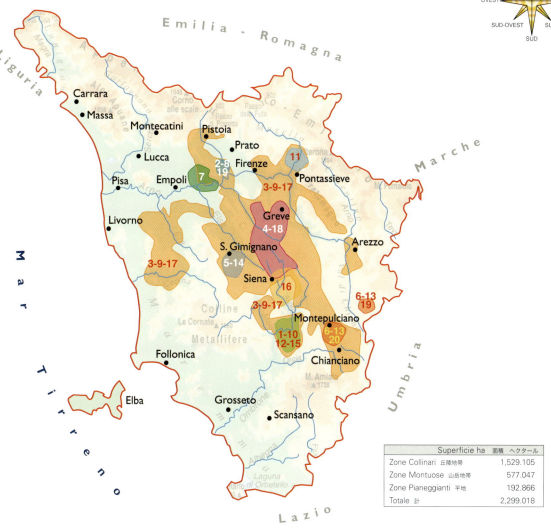

Superficie ha	面積 ヘクタール
Zone Collinari 丘陵地帯	1,529.105
Zone Montuose 山岳地帯	577.047
Zone Pianeggianti 平地	192.866
Totale 計	2,299.018

TOSCANA DOCG 11 - DOC 40

1	Brunello di Montalcino DOCG	ブルネッロ・ディ・モンタルチーノ DOCG
2	Carmignano DOCG	カルミニャーノ DOCG
3	Chianti DOCG	キアンティ DOCG
4	Chianti Classico DOCG	キアンティ・クラッシコ DOCG
5	Vernaccia di San Gimignano DOCG	ヴェルナッチャ・ディ・サン・ジミニャーノ DOCG
6	Vino Nobile di Montepulciano DOCG	ヴィーノ・ノービレ・ディ・モンテプルチャーノ DOCG
7	Bianco dell'Empolese DOC	ビアンコ・デッレンポレーゼ DOC
8	Barco Reale di Carmignano DOC	バルコ・レアーレ・ディ・カルミニャーノ DOC
9	Colli dell'Etruria Centrale DOC	コッリ・デッレトルリア・チェントラーレ DOC
10	Moscadello di Montalcino DOC	モスカデッロ・ディ・モンタルチーノ DOC
11	Pomino DOC	ポミーノ DOC
12	Rosso di Montalcino DOC	ロッソ・ディ・モンタルチーノ DOC
13	Rosso di Montepulciano DOC	ロッソ・ディ・モンテプルチアーノ DOC
14	San Gimignano DOC	サン・ジミニャーノ DOC
15	Sant'Antimo DOC	サンタンティモ DOC
16	Val d'Arbia DOC	ヴァル・ダルビア DOC
17	Vin Santo del Chianti DOC	ヴィン・サント・デル・キアンティ DOC
18	Vin Santo del Chianti Classico DOC	ヴィン・サント・デル・キアンティ・クラッシコ DOC
19	Vin Santo di Carmignano DOC	ヴィン・サント・ディ・カルミニャーノ DOC
20	Vin Santo di Montepulciano DOC	ヴィン・サント・ディ・モンテプルチアーノ DOC

REGIONE Toscana
トスカーナ州

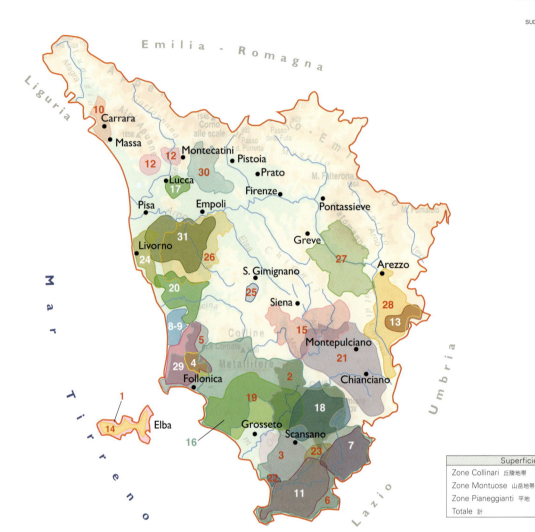

Superficie ha	面積 ヘクタール
Zone Collinari 丘陵地帯	1,529.105
Zone Montuose 山岳地帯	577.047
Zone Pianeggianti 平地	192.866
Totale 計	2,299.018

#	名称	日本語
1	Elba Aleatico Passito o Aleatico Passito dell'Elba DOCG	エルバ・アレアティコ・パッシート もしくはアレアティコ・パッシート・デッルバ DOCG
2	Montecucco Sangiovese DOCG	モンテクッコ・サンジョヴェーゼ DOCG
3	Morellino di Scansano DOCG	モレッリーノ・ディ・スカンサーノ DOCG
4	Suvereto DOCG	スヴェレート DOCG
5	Rosso della Val di Cornia o Val di Cornia Rosso DOCG	ロッソ・デッラ・ヴァル・ディ・コルニア もしくは ヴァル・ディ・コルニア・ロッソ DOCG
6	Ansonica Costa dell'Argentario DOC	アンソニカ・コスタ・デッラルジェンタリオ DOC
7	Bianco di Pitigliano DOC	ビアンコ・ディ・ピティリアーノ DOC
8	Bolgheri DOC	ボルゲリ DOC
9	Bolgheri Sassicaia DOC	ボルゲリ・サッシカイア DOC
10	Candia dei Colli Apuani DOC	カンディア・デイ・コッリ・アプアーニ DOC
11	Capalbio DOC	カパルビオ DOC
12	Colline Lucchesi DOC	コッリーネ・ルッケージ DOC
13	Cortona DOC	コルトーナ DOC
14	Elba DOC	エルバ DOC
15	Grance Senesi DOC	グランチェ・セネージ DOC
16	Maremma Toscana DOC	マレンマ・トスカーナ DOC
17	Montecarlo DOC	モンテカルロ DOC
18	Montecucco DOC	モンテクッコ DOC
19	Monteregio di Massa Marittima DOC	モンテレージョ・ディ・マッサ・マリッティマ DOC
20	Montescudaio DOC	モンテスクダーイオ DOC
21	Orcia DOC	オルチャ DOC
22	Parrina DOC	パッリーナ DOC
23	Sovana DOC	ソヴァーナ DOC
24	Terratico di Bibbona DOC	テッラティコ・ディ・ビッボーナ DOC
25	Terre di Casole DOC	テッレ・ディ・カソーレ DOC
26	Terre di Pisa DOC	テッレ・ディ・ピサ DOC
27	Val d'Arno di Sopra o Valdarno di Sopra DOC	ヴァル・ダルノ・ディ・ソプラ/ヴァルダルノ・ディ・ソプラ DOC
28	Valdichiana toscana DOC	ヴァルディキアーナ・トスカーナ DOC
29	Val di Cornia DOC	ヴァル・ディ・コルニア DOC
30	Valdinievole DOC	ヴァルディニエヴォレ DOC
31	San Torpè DOC	サントルペ DOC

REGIONE Umbria
ウンブリア州

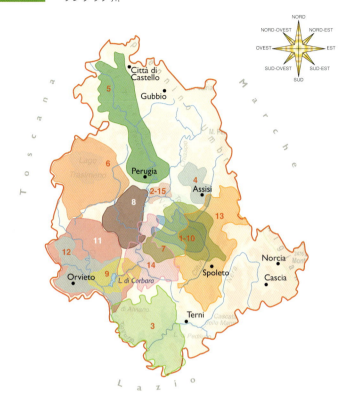

UMBRIA DOCG 2 - DOC 13

1	**Montefalco Sagrantino DOCG**	モンテファルコ・サグランティーノ DOCG
2	**Torgiano Rosso Riserva DOCG**	トルジャーノ・ロッソ・リゼルヴァ DOCG
3	Amelia DOC	アメリアDOC
4	Assisi DOC	アッシジDOC
5	Colli Altotiberini DOC	コッリ・アルトティベリーニDOC
6	Colli del Trasimeno o Trasimeno DOC	コッリ・デル・トラジメーノ または トラジメーノDOC
7	Colli Martani DOC	コッリ・マルターニDOC
8	Colli Perugini DOC	コッリ・ペルジーニDOC
9	Lago di Corbara DOC	ラーゴ・ディ・コルバーラDOC
10	Montefalco DOC	モンテファルコDOC
11	Orvieto DOC	オルヴィエートDOC
12	Rosso Orvietano o Orvietano Rosso DOC	ロッソ・オルヴィエターノ／オルヴィエターノ・ロッソDOC
13	Spoleto DOC	スポレートDOC
14	Todi DOC	トーディDOC
15	Torgiano DOC	トルジャーノDOC

Superficie ha	面積 ヘクタール
Zone Collinari 丘陵地帯	598.002
Zone Montuose 山岳地帯	247.602
Zone Pianeggianti 平地	0
Totale 計	845.604

REGIONE Marche
マルケ州

MARCHE DOCG 5 - DOC 15

1	**Castelli di Jesi Verdicchio Riserva DOCG**	カステッリ・ディ・イエージ・ヴェルディッキオ・リセルヴァ DOCG
2	**Conero DOCG**	コーネロDOCG
3	**Offida DOCG**	オッフィーダDOCG
4	**Verdicchio di Matelica Riserva DOCG**	ヴェルディッキオ・ディ・マテリカ・リセルヴァ DOCG
5	**Vernaccia di Serrapetrona DOCG**	ヴェルナッチャ・ディ・セッラペトローナDOCG
6	Bianchello del Metauro DOC	ビアンケッロ・デル・メタウロDOC
7	Colli Maceratesi DOC	コッリ・マチェラテージDOC
8	Colli Pesaresi DOC	コッリ・ペサレージDOC
9	Esino DOC	エジーノDOC
10	Falerio DOC	ファレリオDOC
11	I Terreni di Sanseverino DOC	イ・テッレーニ・ディ・サンセヴェリーノDOC
12	Lacrima di Morro o Lacrima di Morro d'Alba DOC	ラクリマ・ディ・モッロ／ラクリマ・ディ・モッロ・ダルバDOC
13	Pergola DOC	ペルゴラDOC
14	Rosso Conero DOC	ロッソ・コーネロDOC
15	Rosso Piceno DOC	ロッソ・ピチェーノDOC
16	San Ginesio DOC	サン・ジネージオDOC
17	Serrapetrona DOC	セッラペトローナDOC
18	Terre di Offida DOC	テッレ・ディ・オッフィーダDOC
19	Verdicchio dei Castelli di Jesi DOC	ヴェルディッキオ・デイ・カステッリ・ディ・イエージDOC
20	Verdicchio di Matelica DOC	ヴェルディッキオ・ディ・マテリカDOC

Superficie ha	面積 ヘクタール
Zone Collinari 丘陵地帯	667.223
Zone Montuose 山岳地帯	302.183
Zone Pianeggianti 平地	0
Totale 計	969.406

REGIONE Lazio

ラツィオ州

Superficie ha	面積 ヘクタール
Zone Collinari 丘陵地帯	929.116
Zone Montuose 山岳地帯	449.174
Zone Pianeggianti 平地	342.478
Totale	1,720.768

LAZIO DOCG 3 - DOC 26

1	**Cannellino di Frascati DOCG**	カンネッリーノ・ディ・フラスカーティDOCG
2	**Cesanese del Piglio o Piglio DOCG**	チェザネーゼ・デル・ピリオDOCG
3	**Frascati Superiore DOCG**	フラスカーティ・スーペリオーレDOCG
4	Aleatico di Gradoli DOC	アレアティコ・ディ・グラドリDOC
5	Aprilia DOC	アプリリアDOC
6	Atina DOC	アティナDOC
7	Bianco Capena DOC	ビアンコ・カペーナDOC
8	Castelli Romani DOC	カステッリ・ロマーニDOC
9	Cerveteri DOC	チェルヴェテリDOC
10	Cesanese di Affile o Affile DOC	チェザネーゼ・ディ・アッフィレ/アッフィレDOC
11	Cesanese di Olevano Romano o Olevano Romano DOC	チェザネーゼ・ディ・オレヴァノ・ロマーノ/オレヴァノ・ロマーノDOC
12	Circeo DOC	チルチェオDOC
13	Colli Albani DOC	コッリ・アルバーニDOC
14	Colli della Sabina DOC	コッリ・デッラ・サビーナDOC
15	Colli Etruschi Viterbesi o Tuscia DOC	コッリ・エトルスキ・ヴィテルベージ/トゥーシャDOC
16	Colli Lanuvini DOC	コッリ・ラヌヴィーニDOC
17	Cori DOC	コーリDOC
18	Est! Est!! Est!!! di Montefiascone DOC	エスト!エスト!!エスト!!!ディ・モンテフィアスコーネDOC
19	Frascati DOC	フラスカーティDOC
20	Genazzano DOC	ジェナッツァーノDOC
21	Marino DOC	マリーノDOC
22	Montecompatri Colonna o Montecompatri o Colonna DOC	モンテコンパトリ・コロンナ/モンテコンパトリ/コロンナDOC
23	Nettuno DOC	ネットゥーノDOC
24	Roma DOC	ローマDOC
25	Tarquinia DOC	タルクイニアDOC
26	Terracina o Moscato di Terracina DOC	テッラチーナ/モスカート・ディ・テッラチーナDOC
27	Velletri DOC	ヴェッレトリDOC
28	Vignanello DOC	ヴィニャネッロDOC
29	Zagarolo DOC	ザガローロDOC

REGIONE Abruzzo

アブルッツォ州

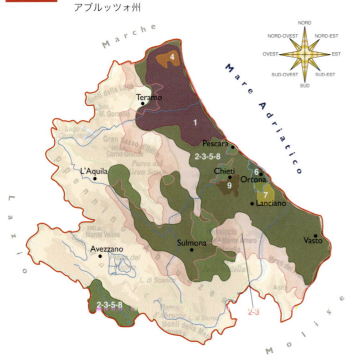

ABRUZZO DOCG 1 - DOC 8

1	**Montepulciano d'Abruzzo Colline Teramane DOCG**	モンテプルチアーノ・ダブルッツォ・コッリーネ・テラマーネDOCG
2	Abruzzo DOC	アブルッツォDOC
3	Cerasuolo d'Abruzzo DOC	チェラスオーロ・ダブルッツォDOC
4	Controguerra DOC	コントログエッラDOC
5	Montepulciano d'Abruzzo DOC	モンテプルチアーノ・ダブルッツォDOC
6	Ortona DOC	オルトーナDOC
7	Terre Tollesi o Tullum DOC	テッレ・トッレージ/トゥッルムDOC
8	Trebbiano d'Abruzzo DOC	トレッビアーノ・ダブルッツォDOC
9	Villamagna DOC	ヴィッラマーニャDOC

Superficie ha	面積 ヘクタール
Zone Collinari 丘陵地帯	376.611
Zone Montuose 山岳地帯	702.901
Zone Pianeggianti 平地	0
Totale 計	1,079.512

REGIONE Molise
モリーゼ州

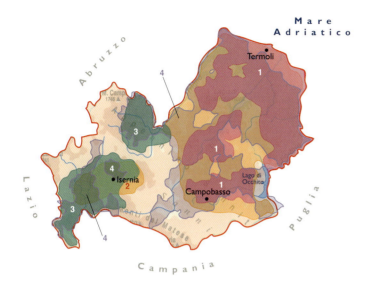

MOLISE DOCG 0 - DOC 4

1	Biferno DOC	ビフェルノDOC
2	Molise o Del Molise DOC	モリーゼ/デル・モリーゼDOC
3	Pentro d'Isernia o Pentro DOC	ペントロ・ディ・イセルニア/ペントロDOC
4	Tintilia del MoliseDOC	ティンティリア・デル・モリーゼDOC

Superficie ha	面積 ヘクタール
Zone Collinari 丘陵地帯	198.196
Zone Montuose 山岳地帯	245.569
Zone Pianeggianti 平地	0
Totale 計	443.765

REGIONE Campania
カンパーニア州

CAMPANIA DOCG 4 - DOC 15

1	Aglianico del Taburno DOCG	アリアニコ・デル・タブルノDOCG
2	Fiano di Avellino DOCG	フィアーノ・ディ・アヴェッリーノDOCG
3	Greco di Tufo DOCG	グレコ・ディ・トゥーフォ DOCG
4	Taurasi DOCG	タウラージDOCG
5	Aversa DOC	アヴェルサDOC
6	Campi Flegrei DOC	カンピ・フレグレイDOC
7	Capri DOC	カプリDOC
8	Casavecchia di Pontelatone DOC	カーサヴェッキア・ディ・ポンテラトーネDOC
9	Castel San Lorenzo DOC	カステル・サン・ロレンツォ DOC
10	Cilento DOC	チレントDOC
11	Costa d'Amalfi DOC	コスタ・ダマルフィDOC
12	Falanghina del Sannio DOC	ファランギーナ・デル・サンニオDOC
13	Falerno del Massico DOC	ファレルノ・デル・マッシコDOC
14	Galluccio DOC	ガッルッチョDOC
15	Irpinia DOC	イルピニアDOC
16	Ischia DOC	イスキアDOC
17	Penisola Sorrentina DOC	ペニーソラ・ソッレンティーナDOC
18	Sannio DOC	サンニオDOC
19	Vesuvio DOC	ヴェスヴィオDOC

Superficie ha	面積 ヘクタール
Zone Collinari 丘陵地帯	690.038
Zone Montuose 山岳地帯	469.771
Zone Pianeggianti 平地	199.216
Totale 計	1,359.025

REGIONE Puglia
プーリア州

Superficie ha	面積 ヘクタール
Zone Collinari 丘陵地帯	876.585
Zone Montuose 山岳地帯	28.657
Zone Pianeggianti 平地	1,031.338
Totale 計	1,936.630

PUGLIA DOCG 4 - DOC 28

1	Castel del Monte Bombino Nero DOCG	カステル・デル・モンテ・ボンビーノ・ネーロDOCG
2	Castel del Monte Nero di Troia Riserva DOCG	カステル・デル・モンテ・ネーロ・ディ・トロイア・リゼルヴァDOCG
3	Castel del Monte Rosso Riserva DOCG	カステル・デル・モンテ・ロッソ・リゼルヴァDOCG
4	Primitivo di Manduria Dolce Naturale DOCG	プリミティーヴォ・ディ・マンドゥリア・ドルチェ・ナトゥラーレDOCG
5	Aleatico di Puglia DOC	アレアティコ・ディ・プーリアDOC
6	Alezio DOC	アレツィオDOC
7	Barletta DOC	バルレッタDOC
8	Brindisi DOC	ブリンディジDOC
9	Cacc'e Mmitte di Lucera DOC	カッチェ・ンミッテ・ディ・ルチェーラDOC
10	Castel del Monte DOC	カステル・デル・モンテDOC
11	Colline Joniche Tarantine DOC	コッリーネ・ヨニケ・タランティーネDOC
12	Copertino DOC	コペルティーノDOC
13	Galatina DOC	ガラティーナDOC
14	Gioia del Colle DOC	ジョイア・デル・コッレDOC
15	Gravina DOC	グラヴィーナDOC
16	Leverano DOC	レヴェラーノDOC
17	Lizzano DOC	リッツァーノDOC
18	Locorotondo DOC	ロコロトンドDOC
19	Martina o Martina Franca DOC	マルティーナ/マルティーナ・フランカDOC
20	Matino DOC	マティーノDOC
21	Moscato di Trani DOC	モスカート・ディ・トラーニDOC
22	Nardò DOC	ナルドDOC
23	Negroamaro di Terra d'Otranto DOC	ネグロアマーロ・ディ・テッラ・ドートラントDOC
24	Orta Nova DOC	オルタ・ノーヴァDOC
25	Ostuni DOC	オストゥーニDOC
26	Primitivo di Manduria DOC	プリミティーヴォ・ディ・マンドゥリアDOC
27	Rosso di Cerignola DOC	ロッソ・ディ・チェリニョーラDOC
28	Salice Salentino DOC	サリーチェ・サレンティーノDOC
29	San Severo DOC	サン・セヴェーロDOC
30	Squinzano DOC	スクィンツァーノDOC
31	Tavoliere delle Puglie / Tavoliere DOC	タヴォリエーレ・デッレ・プーリエ/タヴォリエーレDOC
32	Terra d'Otranto DOC	テッラ・ドートラントDOC

REGIONE Basilicata
バジリカータ州

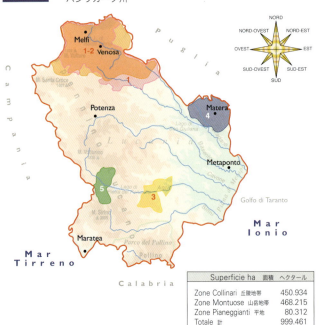

Superficie ha	面積 ヘクタール
Zone Collinari 丘陵地帯	450.934
Zone Montuose 山岳地帯	468.215
Zone Pianeggianti 平地	80.312
Totale 計	999.461

BASILICATA DOCG 1 - DOC 4

1	Aglianico del Vulture Superiore DOCG	アリアニコ・デル・ヴルトゥーレ・スーペリオーレDOCG
2	Aglianico del Vulture DOC	アリアニコ・デル・ヴルトゥーレDOC
3	Grottino di Roccanova DOC	グロッティーノ・ディ・ロッカノーヴァDOC
4	Matera DOC	マテーラDOC
5	Terre dell'Alta Val d'Agri DOC	テッレ・デッラルタ・ヴァル・ダグリDOC

REGIONE Calabria
カラブリア州

Superficie ha	面積 ヘクタール
Zone Collinari 丘陵地帯	741.858
Zone Montuose 山岳地帯	630.823
Zone Pianeggianti 平地	135.374
Totale 計	1,508.055

CALABRIA DOCG 0 - DOC 9

1	Bivongi DOC	ビヴォンジDOC
2	Cirò DOC	チロDOC
3	Greco di Bianco DOC	グレコ・ディ・ビアンコDOC
4	Lamezia DOC	ラメツィアDOC
5	Melissa DOC	メリッサDOC
6	Sant'Anna di Isola Capo Rizzuto DOC	サンタンナ・ディ・イーゾラ・カポ・リッツートDOC
7	Savuto DOC	サヴートDOC
8	Scavigna DOC	スカヴィーニャDOC
9	Terre di Cosenza DOC	テッレ・ディ・コセンツァDOC

REGIONE Sicilia
シチリア州

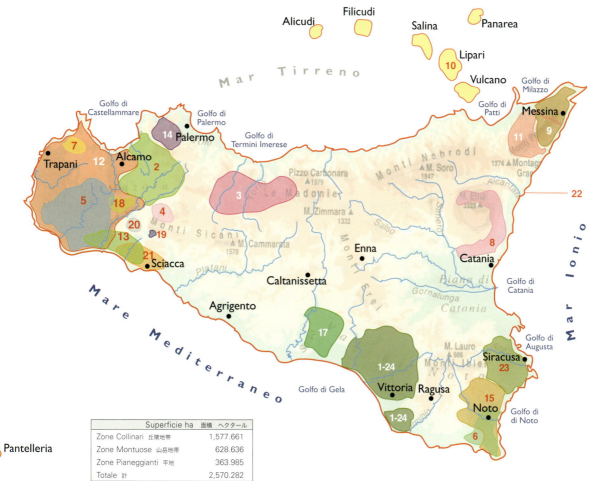

Superficie ha	面積 ヘクタール
Zone Collinari 丘陵地帯	1,577.661
Zone Montuose 山岳地帯	628.636
Zone Pianeggianti 平地	363.985
Totale 計	2,570.282

SICILIA DOCG 1 - DOC 23

1	Cerasuolo di Vittoria DOCG	チェラスオーロ・ディ・ヴィットリア DOCG
2	Alcamo DOC	アルカモ DOC
3	Contea di Sclafani DOC	コンテア・ディ・スクラファーニ DOC
4	Contessa Entellina DOC	コンテッサ・エンテッリーナ DOC
5	Delia Nivolelli DOC	デリア・ニヴォレッリ DOC
6	Eloro DOC	エローロ DOC
7	Erice DOC	エリーチェ DOC
8	Etna DOC	エトナ DOC
9	Faro DOC	ファーロ DOC
10	Malvasia delle Lipari DOC	マルヴァシア・デッレ・リーパリ DOC
11	Mamertino di Milazzo o Mamertino DOC	マメルティーノ・ディ・ミラッツォ／マメルティーノ DOC
12	Marsala DOC	マルサーラ DOC
13	Menfi DOC	メンフィ DOC
14	Monreale DOC	モンレアーレ DOC
15	Noto DOC	ノート DOC
16	Pantelleria DOC	パンテッレリア DOC
17	Riesi DOC	リエージ DOC
18	Salaparuta DOC	サラパルータ DOC
19	Sambuca di Sicilia DOC	サンブーカ・ディ・シチリア DOC
20	Santa Margherita di Belice DOC	サンタ・マルゲリータ・ディ・ベリーチェ DOC
21	Sciacca DOC	シャッカ DOC
22	Sicilia DOC	シチリア DOC
23	Siracusa DOC	シラクーサ DOC
24	Vittoria DOC	ヴィットーリア DOC

REGIONE Sardegna
サルデーニャ州

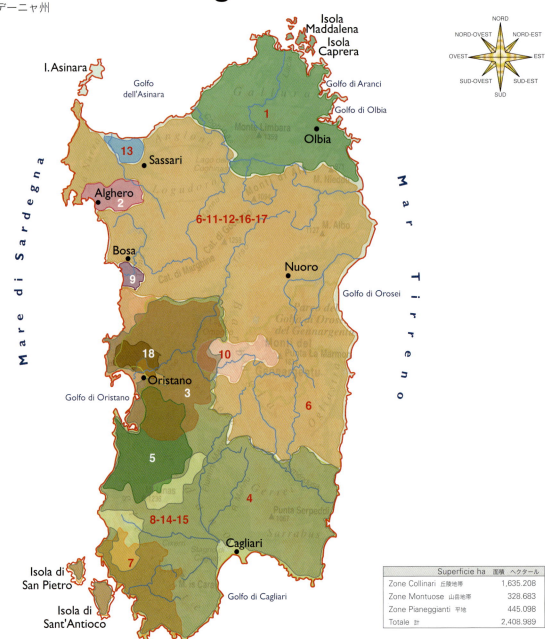

Superficie ha	面積 ヘクタール
Zone Collinari 丘陵地帯	1,635.208
Zone Montuose 山岳地帯	328.683
Zone Pianeggianti 平地	445.098
Totale 計	2,408.989

SARDEGNA DOCG 1 - DOC 17

1	**Vermentino di Gallura DOCG**	ヴェルメンティーノ・ディ・ガッルーラ DOCG
2	**Alghero DOC**	アルゲーロ DOC
3	**Arborea DOC**	アルボレア DOC
4	**Cagliari DOC**	カリアリ DOC
5	**Campidano di Terralba o Terralba DOC**	カンピダーノ・ディ・テッラルバ またはテッラルバ DOC
6	**Cannonau di Sardegna DOC**	カンノナウ・ディ・サルデーニャ DOC
7	**Carignano del Sulcis DOC**	カリニャーノ・デル・スルチス DOC
8	**Girò di Cagliari DOC**	ジロ・ディ・カリアリ DOC
9	**Malvasia di Bosa DOC**	マルヴァジア・ディ・ボーザ DOC
10	**Mandrolisai DOC**	マンドロリーサイ DOC
11	**Monica di Sardegna DOC**	モニカ・ディ・サルデーニャ DOC
12	**Moscato di Sardegna DOC**	モスカート・ディ・サルデーニャ DOC
13	**Moscato di Sorso-Sennori DOC**	モスカート・ディ・ソルソ-センノーリ DOC
14	**Nasco di Cagliari DOC**	ナスコ・ディ・カリアリ DOC
15	**Nuragus di Cagliari DOC**	ヌラグス・ディ・カリアリ DOC
16	**Semidano di Sardegna DOC**	セミダーノ・ディ・サルデーニャ DOC
17	**Vermentino di Sardegna DOC**	ヴェルメンティーノ・ディ・サルデーニャ DOC
18	**Vernaccia di Oristano DOC**	ヴェルナッチャ・ディ・オリスターノ DOC

MANUALE PER PROFESSIONISTI
IL VINO ITALIANO

プロフェッショナルのための
イタリアワインマニュアル

イタリアワイン

2018年版

AMBASCIATA D'ITALIA

TOKYO

刊行に寄せて

　この度、『プロフェッショナルのためのイタリアワインマニュアル』第10刊を皆さまにご紹介できますことを大変喜ばしく思います。10年に渡る活動とその間に培った経験を通して、本マニュアルは、日本において、イタリアワインに関する知識を広めるためには欠かせない、大変有用なツールになったことと存じます。つきましては、この質の高いマニュアルを制作し、Made in Italy のワインや食品を日本にプロモーションするために惜しみない努力を続けてこられた、日欧商事（JET）代表取締役社長ティエリー・コーヘン氏を心から称えたいと思います。

　2017年は日本へのイタリア製品の輸出がまさに「ブーム」であった1年で、食品部門においても、以前のように、輸出量は増加傾向を見せました。とりわけ、「ワイン」部門においてもまた、顕著な数の輸出量を取り戻したことを本当に幸せに思います。具体的なデータでは、イタリア国家統計局の報告によると、通常のワインの輸出量は10％増加し、また同様にスパークリングワインの輸出量も増加しました。このような好意的なデータは、質の高いものを追い求める洗練された日本の消費者の方々とイタリアが提案することができるワインの供給とが見事に調和した結果といえるでしょう。

　イタリアのあらゆる地方で生産されるワインの特質を、明確に、専門的に、そして余すところなく紹介できるという長所はJETのマニュアルの重要な要素だといえるでしょう。イタリアワインの財産は、生産地との絆、古きものと新しいものをうまく融合させることへの生産者の絶え間ない研究などの観点から見ても、世界で唯一無二のものだといえます。イタリアは約600ものEUで定められたDOPやIGP（イタリアにおける原産地名称保護制度）を保持しており、この数字は他国と比べても飛び抜けています。

　イタリアにとって、ワインは「土地を深く知る」ということをも意味します。したがって私は読者の皆さまが、このマニュアルを通して、ただワインを味わうだけではなく、自らの足でイタリアワインの生産者を訪ねてくださることを願っております。

　この場をお借りいたしまして、2019年のはじめに、日EU経済連携協定が発効される予定になっており、その結果イタリアワインが皆さまにとって日本市場で更に手に入れやすい存在になりますことを改めてお伝えさせてください。これは重要な通過点であり、これを機により多くの日本の消費者の方々がイタリアワインを更に身近に感じてくださることを切に願い、私の出版記念のメッセージとさせていただきます。

駐日イタリア大使
ジョルジョ・スタラーチェ

はじめに

　10年前、日本各地のソムリエの友人からある素晴らしい提案をいただきました。

　それは、イタリアはこんなにも大きなワイン生産国なのに、そして日本におけるイタリアワインのシェアは20％にもなるのに、どうして日本語の完璧なイタリアワインマニュアルというのがないのだろう、というものでした。そして、複雑なイタリアワインとブドウ品種についてわかり易い解説書がないと、イタリアワインの最新の知識を常に持っておくことが難しくなってしまう、ということでした。

　そこですぐに私たち日欧商事は、イタリアワインに興味のある方たちの参考となる、初めてのプロフェッショナル向けのマニュアルを作ることを決めたのです。

　今日、常に変わり続けるイタリアワインとブドウ品種についての最新情報が含まれている第10版を、ここにお届けできることを光栄に思います。変化する情勢を常に追っていくことは大変なことですが、同時にそれが皆さんの好奇心をかきたて、イタリアの食とワイン文化について学ぶことを楽しんでいただけますと幸いに存じます。

　過去9年間続けてきましたように、今年もJETイタリアワインソムリエセミナー（IWSS）を5都市で開催いたします。このセミナーは、イタリアワインの知識を深めたいと考えている方々、イタリアン、フレンチ、日本料理だけでなく、それ以外のレストランで仕事をされているソムリエの方がご参加できます。このプロフェッショナルのためのマニュアルは、IWSSのテキストとしても使われますが、参加される皆さんが、複雑なイタリアワインについての理解をより深めていただく手助けになってくれると信じております。

　毎年の改訂にご尽力いただいている宮嶋　勲様に心より感謝申し上げます。

　そして「ワイン王国」様には、このマニュアルの出版をずっとサポートしていただいているだけでなく、日本におけるイタリアワインへの理解を、年間を通して広めていただいている素晴らしいご協力に深く感謝申し上げます。

　そして、駐日イタリア大使ジョルジョ・スタラーチェ閣下にも改めて感謝申し上げます。閣下はイタリアワインを含むイタリア文化全般に対して、並々ならぬパワーと情熱を持たれ、日本におけるイタリアワインのプロモーションにも多大なるサポートをいただいております。閣下が日本にいらっしゃる間に、イタリアの食とワインをより一層広めていけるよう一緒に取り組んでいければ大変嬉しく思います。

　現在、ヨーロッパと日本とで結ばれることになっているEPAについての議論が様々になされていますが、これは日本におけるイタリアの認知度を劇的にあげるまたとない素晴らしいチャンスです。イタリアは常にワインでその素晴らしい価値を評価されている数少ない国として認識されています。

　トップレベルのワインにおいてだけでなく、入門レベルを含む全てレベルにおいて、その素晴らしい価値は認められています。

　この強みは日本人の毎日のワイン消費に対しての、イタリアワインの素晴らしいアピールとなります。同時に皆さんの日本におけるイタリアワインの普及への継続的なサポートに感謝申し上げます。

Happy reading and happy drinking.

Thierry Cohen
President
Japan Europe Trading Co., Ltd.

プロフェッショナルのためのイタリアワインマニュアル
MANUALE PER PROFESSIONISTI
IL VINO ITALIANO
イタリアワイン 2018年版

目　次

刊行に寄せて　18
はじめに　19

第一章　イタリアワインの基礎知識 ……………………………………21
概要　22
歴史　23
風土　27
ブドウ品種・栽培方法　29
主なブドウ品種の産地と性質　30
ワイン法　38
ワイン用語集　42

第二章　州別・イタリアワイン解説 ……………………………………47

北部イタリア
ヴァッレ・ダオスタ州　Valle d'Aosta　48
ピエモンテ州　Piemonte　50
リグーリア州　Liguria　62
ロンバルディア州　Lombardia　66
トレンティーノ-アルト・アディジェ州
　Trentino-Alto Adige　73
ヴェネト州　Veneto　78
フリウリ-ヴェネツィア・ジュリア州
　Friuli-Venezia Giulia　89
エミリア-ロマーニャ州
　Emilia-Romagna　95

中部イタリア
トスカーナ州　Toscana　103
ウンブリア州　Umbria　117
マルケ州　Marche　122
ラツィオ州　Lazio　127
アブルッツォ州　Abruzzo　134
モリーゼ州　Molise　138

南部イタリア
カンパーニア州　Campania　140
プーリア州　Puglia　146
バジリカータ洲　Basilicata　153
カラブリア州　Calabria　156
シチリア州　Sicilia　160
サルデーニャ州　Sardegna　169

イタリアワインに対するアプローチについて　174
イタリアワイン・トピックス　176

第10回 JETCUP チャンピオン　矢野 航のイタリアワイナリー訪問記　182

第一章
イタリアワインの基礎知識

概要

イタリアはヨーロッパ大陸南部にあり、アルプス山脈の南側から地中海に突き出した長靴形のイタリア半島とシチリア島、サルデーニャ島などの島々からなる。総面積30.1万km²で、日本の約80％にあたるが、人口は6000万人弱なので、人口密度は日本と比べるとずいぶん低い。

北側をアルプス山脈に守られ、残り三方を地中海に囲まれたイタリアは、温暖な気候で、日照にも恵まれて、ブドウの生育期にはほとんど雨が降らない。まさにブドウ栽培には理想的な環境で、古代からワイン造りが盛んであり、古代ギリシャ人が「エノトリア・テルス」（ワインの大地）と讃えたことはよく知られている。

イタリアの最大の特徴は「多様性」である。南北に長く延びた国土の地形は変化に富み、山岳、丘陵地帯が多いために標高、傾斜なども異なる。気候、土壌も多様で、栽培されているブドウ品種、栽培方法なども地方ごとに大きく異なる。152年前まで統一国家でなかったために、それぞれに地方の文化、歴史が大きく異なっていることも、ワインに対する感受性、アプローチの違いとして表れている。これらの変数の多さが原因で、イタリアには特徴の異なるタイプのワインが数多く生まれているのだ。

この多様性こそがイタリアワインが誇るべき豊かさなのであるが、それが秩序づけられたものでなく、混沌として存在しているために、イタリアワインになじみのない人には複雑で難しい印象を与えていることも否めない。ヒエラルキーなき多様性を「豊穣」とみるか「混乱」とみるかにより、イタリアワイン全体への評価は大きく変わってくるであろう。

イタリアワイン界も近年は徐々に自分たちが持つ「多様性」という魅力をうまくアピールする必要性に気づき、他ではできない唯一性を持つワインを生産しようとして、固有品種に力を入れ、個性的なワインを造るようになってきている。

ヨーロッパの他のワイン生産国と同様に、ピーク期と比べるとイタリアワインの生産量はずいぶん減少したが、それでも2017年の場合、ワイン用ブドウ栽培面積は69万haとスペイン、中国、フランスに次いで広く、ワインの生産量は2017年には425万kℓで、フランスの367万kℓ、スペインの321万kℓを超して世界一の生産量であった（数字はいずれもまだ推定）。

ワイン消費も減少し続けていて、国民一人あたりのワイン消費量が、1975年には100ℓ以上であったのが、1995年には55ℓになり、現在は33ℓにまで減少している。世界的景気後退の中で、価格の安いプロセッコやランブルスコが好調であるが、その一方でブルネッロ・ディ・モンタルチーノやバローロなどの著名な高級ワインも伸びていて、消費の両極化の現象が見られる。

一方、輸出は非常に好調で、2007年に187万kℓだったものが、2017年には214万kℓと順調に伸びていて、総生産量の約半分を輸出している計算になる。伝統的な輸出先であるドイツ、アメリカ合衆国、スイスなど以外にも、新興消費国（北欧、ロシア、中国、インド、ブラジルなど）の伸びが目覚ましく、これは非常に明るい兆しである。

歴史

古代

イタリアでは原始的なワイン造りはすでに紀元前2000年以上前から行われていたが、本格的なブドウ栽培を伝えたのはギリシャ人とエトルリア人である。

紀元前8世紀からイタリア南部のシチリア、カラブリア、プーリアなどを植民地化したギリシャ人は、今日でも栽培されている多くのブドウ品種（グレーコ、グレカニコ、アリアニコなど）を持ち込むと同時に、優れた栽培法、醸造技術を持ち込んだ。今日のアルベレッロの原型となった低い一株仕立ての栽培法も、ギリシャ人が普及させたものである。

ポー河以南からローマ北部に至るまでイタリア中部の広い範囲を支配していたエトルリア人は、起源がいまだに分からない神秘的な民族だが、建築、製鉄などの高い技術を持ち、紀元前8世紀から1世紀にわたり洗練された文明を繁栄させた。エトルリア人も本格的な栽培・醸造技術を持っていたが、彼らの栽培方法はギリシャとは全く異なり、他の樹木にブドウのつるを絡ませるマリタータと呼ばれる方法で、20世紀の初めまでウンブリア州などで見ることができた。エトルリア人は通商に優れた民族で地中海の広い範囲でワインの通商を行っていた。

戦争に明け暮れていた初期の古代ローマ人は、非常にストイックな民で、ワインにはあまり興味を示さなかった。それどころか女性がワインを飲むことは厳密に禁止されていたことは有名である。ところがポエニ戦争（紀元前264～146年）も勝利に終わり、国力が伸び、生活が豊かになったころからワインも盛んに飲まれるようになる。

概して古代ローマ人は他の文明の優れたところを導入して発展させるのが得意であったが、ワイン造りも例外でなく、自分たちより進んでいたギリシャ、エトルリアの両文明からいいとこ取りをして、自家薬籠中の物とした。そして、最大の功績はローマ帝国の拡大とともにブドウ栽培、ワイン造りをヨーロッパ中に普及させたことである。その範囲は今日のドイツ、フランス、スペイン、北アフリカはもちろん、イギリスの一部にも及んでいる。

ワイン文化も発展し、ヴェルギリウス、ホラティウスなど多くの詩人がワインを讃えている。大プリニウスの有名な「博物誌」にもブドウ、ワインについての詳細な記述があるが、それが具体的にどのようなワインであったかは想像に頼るしかない。どちらにしても今日のワインとは全く異なるもので、甘口が多く、スパイス、ハーブ、蜂蜜、松脂、海の水などを加えて飲まれることが多かった。

当時人気があったワインとしてはファレルヌム Falernum（カンパーニア州の今日のDOC Falerno del Massico地域で造られていた）、カエクブム Caecubum（ラツィオの海岸地帯で造られていた）、マメルティヌム Mamertinum（シチリアの今日のDOC Mamertino di Milazzoの原型）などが知られている。

ワインの通商も盛んで、アンフォラに詰めて船で地中海全域に運ばれた。北ヨーロッパでは木樽の使用も始まっていた。

古代ローマの美食へのこだわりにも強いものがあり、美食家アピキウスの「料理書」、軍人であったルキウス・リキニウス・ルクッルスの美食ぶりなどに、それがよく表れている。ペトロニウスによって書かれたとされる小説「サテュリコン」の著名なトリマルキオの饗宴のシーンの豪華な食事は、絢爛かつ退廃的な食文化を伝えてくれている。

中世

古代ローマの円熟したワイン文化は、4世紀以降のゲルマン民族の侵入、西ローマ帝国の崩壊（紀元476年）による政治的混乱で、終焉を迎える。治安の悪化によりワイン生産は一時的に衰退するが、9世紀に入るとフランク王国のカール大帝がワインを保護したこともあり、徐々に回復し始める。

中世のワイン文化を支えたのが修道院である。最後の晩餐でキリストの血を象徴するものとして位置づけられたワインは、ミサで使われるだけでなく、キリスト教徒にとって重要な象徴的意味を持つようになる。古代ローマ時代は単なる享楽的楽しみであったワインが、より精神的な意味を帯びるようになったのである。中世の知識と技術の独占をしていた修道院では徐々に高品質のワインが造られるようになった。ただ、この時代のワインは信仰のためと薬用が中心であった。

中世も末期になると、経済も発展し、ワインが庶民レベルにも普及した。農民にも、品質はともかくワインを飲む習慣が根付き、ワインは食事の一部と考えら

れるようになり、それは現在まで続いている。

近世・近代・現代

　近世に入るとワインについての興味深い言及が見られるようになってくる。16世紀の歴史家、地理学者であると同時にローマ教皇パウルス3世のワイン担当者でもあったサンテ・ランチェリオはソムリエの先駆けのような人で、モンテプルチャーノのワインを褒める言葉などを残している。16世紀末の医者、哲学者で作家であったアンドレア・バッチはワインの薬用を示した著作をしたためている。17世紀末に医者、自然学者で詩人でもあったフランチェスコ・レーディの詩集『トスカーナのバッカス』には、ワインについての言及が多くある。これらの著作はワインについての関心が高まっていることを伝えるものではあるが、イタリアは分裂していて、外国の支配下に入っている地方もあり、ワイン生産が一気に発展するまでには至らなかった。

　17世紀半ばにはガラス瓶の大量生産が可能になり、ワインを熟成させる可能性が高まると同時に品質の向上も見られた。

　1716年にトスカーナ大公コジモ3世がキアンティ、ポミーノ、カルミニャーノ、ヴァルダルノ・ディ・ソプラの生産地の線引きを行ったが、これは原産地呼称制度の最初の例で、これらの産地のワインがこの時代に既に高く評価されていたことが分かる。

　1773年にシチリア島に来たイギリス人、ジョン・ウッドハウスが、ポルトガルのマデイラ、オポルト、スペインのヘレス・デ・ラ・フロンテーラで試みられていた保存に耐えるアルコール強化ワインを、マルサーラで生産して大成功を収めた。特にイギリス海軍の軍艦に積み込まれ、ネルソン総督もマルサーラで勝利の乾杯をしたと伝えられている。イタリア統一の英雄ガリバルディにも愛されたとされ、国際的成功を収める。

　まさにそのガリバルディの功績もあり、いくつもの国家に分かれていたイタリアは、サヴォイア王家のもと1861年に統一を遂げ、近代国家イタリア王国が誕生する。その前後にイタリアワイン界にも品質向上への動きが出てくる。

　まず19世紀半ば、後にイタリア王国初代首相となるカミッロ・カヴール伯爵（当時はピエモンテ州のグリンツァーネ・カヴール村長）がフランスの醸造家ルイ・オウダールを招聘し、それまでは甘口であったバローロを長期熟成辛口赤ワインとして生まれ変わらせる。それによりバローロはトリノの宮廷で人気となり、「ワインの王、王のワイン」と讃えられる。トスカーナのキアンティ地方でベッティーノ・リカーゾリ男爵が、今日のキアンティワインのベースとなる品種構成、有名なフォルムラ Formula（サンジョヴェーゼ70%、カナイオーロ20%、マルヴァジア・デル・キアンティ10%）を定めたのも1870年前後だ。イタリア統一の功労者にして、イタリア王国2代目首相を務めたリカーゾリ男爵は政界引退後に近代的な農園経営に尽力し、キアンティワインの名声を大いに高めた。1988年にはトスカーナ州モンタルチーノ村のグレッポ農園でフェッルッチョ・ビオンディ・サンティにより長期熟成赤ワインのブルネッロが誕生した。また、19世紀半ばにはカルロ・ガンチャがピエモンテ州でモスカートによる瓶内二次発酵スパークリングワイン造りを始め、大人気となる。続いて、スパークリングワインの分野ではピエモンテ州のジュゼッペ・コントラット、ヴェネト州のアントニオ・カルペネ（1879年）らも成功を収めた。このように19世紀末のイタリアワインは活動的で、そのレベルが高かったことは、当時ヨーロッパでよく行われていた博覧会などでイタリアワインがしばしば賞を得ていることからもよく分かる。

　1863年に始まったヨーロッパのフィロキセラ禍によりフランスなどのワイン産地が壊滅的打撃を受けると、極端なワイン不足に陥った欧州は、フィロキセラ禍にまだ襲われていなかったイタリアに殺到した。多くのワイン商がイタリアから大量のバルクワインを購入し、イタリアワイン界は好景気に沸いた。ただ、アメリカ台木によるフィロキセラ対策が発見されフランスなどのワイン生産が回復すると、にわか好景気は終焉を迎え、20世紀に入ると今度はフィロキセラがイタリアの畑を襲い始めた。第一次世界大戦に大きな犠牲を払って勝利したにもかかわらず、大した成果を得られなかったイタリアは景気が悪化して、ブドウ栽培で十分な生活ができずに、大都市や外国に働きに出る農民が増えた。そのためにフィロキセラで壊滅的な被害を受けたイタリアのブドウ畑は見捨てられ、荒廃した。残念ながらこの時代に多くの固有品種が失われ、長年の伝統も忘れ去られてしまった。

　第二次世界大戦後、イタリアは奇跡の経済成長を遂げる。この時代には低価格でそれなりにおいしいワインへの需要が急増した。イタリアはもともとブドウ栽培に恵まれた土地なので、大量生産してもそれなりの果実味を持ったちゃんと飲めるワインができてしま

う。それに甘えて大量生産に走る傾向はこの時代に根付いてしまった。この頃イタリアはフランスを追い越して、世界最大のワイン生産国となる。この時代を象徴するのは、こもに巻かれたボトルのキアンティ、フルーティーでそれなりにおいしいが平凡なソアーヴェ、軽めの飲みやすいヴァルポリチェッラなどで、イタリアワインはピザ屋で飲む安酒というイメージができてしまった。シチリア、プーリアなどを中心にバルクワインの輸出も相変わらず盛んであった。1966年にDOCが誕生したが、事態を大きく変えるには至らなかった。

　大きく事態が動き始めたのは、1970年代末から意欲的な生産者の一団が、従来の「安くてそれなりにおいしいワイン」という範疇から抜け出して、世界に通用する高品質ワインを生産しようとし始めてからである。アンティノーリ、ガイアなどが自発的に進めたイタリアワインの急速な近代化は、後にイタリアワイン・ルネッサンスと呼ばれる動きとなっていく。具体的には畑での密植、摘房、低収穫量、フランスの最先端の栽培方法、近代的醸造技術の導入、小樽熟成、外国品種の導入などで、従来の伝統の殻を破った革新的ワインが1980年代に次々とリリースされ世界の注目を集めた。スーパータスカンが持てはやされたのもこの頃である。サッシカイア、ラッパリータなどのワインが、ブラインド試飲でボルドーの著名シャトーを破ったりしたことも、世界の消費者のイタリアワインに対する考え方を変えさせた。イタリアワイン・ルネッサンスには若さゆえの行き過ぎや過剰があったことは否めないが、イタリアワインのイメージを向上させたことだけは確実である。

　今は急速だったイタリアワイン・ルネッサンスへの反動から、固有品種、伝統的栽培・醸造の見直しが盛んに行われている。試行錯誤の中から本当にそれぞれの土地に適した、そこでしか生まれないワインが造られることが期待されている。

世界のワイン生産量

単位：万kℓ

国＼年	2007	2008	2009	2010	2011	2012	2013	2014	2015	2016*	2017*
イタリア	460	470	473	485	428	456	540	442	500	488	425
フランス	457	427	463	444	508	415	421	465	474	419	367
スペイン	348	359	361	354	333	311	453	395	373	378	321
ドイツ	103	100	92	69	91	90	84	92	88	84	77
アメリカ	199	193	220	209	191	217	236	237	221	225	233
オーストラリア	96	124	118	114	112	123	123	119	119	125	137
アルゼンチン	150	147	121	163	155	118	150	152	134	88	118
チリ	83	87	101	88	105	126	128	105	129	101	95
南アフリカ					97	106	110	115	112	105	108
中国					132	138	111	111	115	115	108
世界	2,660	2,698	2,722	2,642	2,677	2,581	2,889	2,708	2,744	2,594	2,500

＊推定

イタリアワインの輸出量

単位：万kℓ

年	2007	2008	2009	2010	2111	2012	2013	2014*	2015*	2016*	2017*
輸出量	187	178	195	217	238	210	200	203	201	206	214

＊推定

格付け別ワイン生産量（2017年　推定）

DOP（DOCandDOCG）	1,744,670kℓ	(39.8%)
I.G.P.（I.G.T.）	1,178,973kℓ	(26.9%)
Vino	1,459,292kℓ	(33.3%)
合　　計	4,382,935kℓ	(100.0%)

色調別ワイン生産量（2017年　推定）

赤・ロゼワイン	1,974,248kℓ	(45.0%)
白ワイン	2,408,687kℓ	(55.0%)
合　　計	4,382,935kℓ	(100.0%)

モストを含む合計生産量（2017年　推定）

ワイン	4,382,935kℓ
モスト	227,074kℓ
合　　計	4,610,009kℓ

風土

気候

イタリアは北緯35°から47°の間とかなり北に位置している。首都ローマが釧路と同じ北緯42°で、イタリア最南端のランペドゥーサ島が東京と同じ北緯35°であることを考えるといかに北に位置しているかがよく分かる。それにもかかわらず温暖な気候であるのは、他の西ヨーロッパ諸国と同じく、北大西洋海流（暖流）の影響によるものである。北に屏風のようにそそり立つアルプス山脈が北からの冷たい風を防ぎ、アフリカからの熱い風が南から吹くことも気候をより温暖なものにしている。特に中南部は日差しも強く、植物相も「南国的」である。半島部は典型的な地中海性気候で、雨は春と秋に集中しているために、ブドウの生育期は乾燥している。

北はアルプスチロル地方から南はアフリカ近くまで1300km近く延びているイタリアには、アルプス気候、大陸性気候、地中海性気候など非常に多様な気候が存在している。

地形

北側にはアルプス山脈が東西に延び、フランス、スイス、オーストリアとの国境となっている。その南にはプレアルプス、丘陵地帯が続き、さらに南にはポー平野が広がっている。ポー平野が終わるあたりから、今度は地中海にイタリア半島が突き出ている。最大の特徴はイタリア半島の真ん中をアペニン山脈が貫いていることで、そのことにより東のアドリア海側と西のティレニア海側の気候がまったく異なるものとなる。また、ただでも東西の幅が狭いイタリア半島（最大で240km）の真ん中に山脈があることにより、地形は海から平野、そしてすぐに丘陵地帯、山岳地帯と目まぐるしく変化する。それにより狭い範囲に非常に多様なテロワールが生まれるのである。イタリア全体では、山岳地帯が35.2％、丘陵地帯が41.6％、平野部が23.2％と非常に平野が少ないことが分かる。海岸線は約7500kmと長く、リグリア海、ティレニア海、アドリア海、イオニア海、シチリア海峡などそれぞれの海が独自の影響を気候に与える。

土壌

ブドウ産地は石灰質土壌のところが多いが、砂、粘土などの割合は地方により異なる。火山性土壌が多いのもイタリアの特徴で、ソアーヴェ、タウラージ、エトナなどはその代表である。北イタリアの氷河湖の南には氷堆石土壌が広がっている（フランチャコルタ、ルガーナ、バルドリーノなど）。サルデーニャ島はイタリア半島より古い土地で、ガッルーラは花崗岩土壌である。ヨーロッパの他の国と比べると距離が短く急な河川が多いことも、土壌の変化に富んでいる原因の一つである。

州別ワイン生産量（2016年　推定）　　　　　　　　　　　　　　　　　　　　　　単位：万kℓ

州　　名	生産量	州　　名	生産量
ヴァッレ・ダオスタ	0.1	マルケ	8.6
ピエモンテ	20.4	ラツィオ	11.4
リグーリア	0.7	アブルッツォ	31.1
ロンバルディア	11.8	モリーゼ	3.4
トレンティーノ - アルト・アディジェ	10.2	カンパーニア	12.9
ヴェネト	84.7	プーリア	90.7
フリウリ - ヴェネツィア・ジューリア	16.4	バジリカータ	0.8
エミリア - ロマーニャ	54.6	カラブリア	3.4
トスカーナ	19.0	シチリア	47.3
ウンブリア	6.1	サルデーニャ	4.7
		合　　計	438.3

州別DOP（DOCG、DOC）数　　　　　　　　　　　　　　　　　　　　　　（2017年4月）

州　　名	DOCG	DOC	州　　名	DOCG	DOC
ヴァッレ・ダオスタ		1	マルケ	5	15
ピエモンテ	16	42	ラツィオ	3	26
リグーリア		8	アブルッツォ	1	8
ロンバルディア	5	21	モリーゼ		4
トレンティーノ - アルト・アディジェ		8	カンパーニア	4	15
ヴェネト	14	24	プーリア	4	28
フリウリ - ヴェネツィア・ジュリア	3	8	バジリカータ	1	4
エミリア - ロマーニャ	2	18	カラブリア		9
トスカーナ	11	40	シチリア	1	23
ウンブリア	2	13	サルデーニャ	1	17
			合　　計	73	332

ブドウ品種・栽培方法

品種

　中央アジアのコーカサス原産の Vitis Vinifera は、ギリシャを経て、イタリア南部に伝わり、そこからイタリア半島を北上して、ヨーロッパ各地に伝播していった。その過程で、イタリア半島には多くの固有品種が残り、今でも貴重な財産となっている。

　ブドウ品種のうち、栽培面積の大きいものは例年、黒ブドウではサンジョヴェーゼ Sangiovese、モンテプルチャーノ Montepulciano、メルロ Merlot、バルベーラ Barbera、白ブドウではトレッビアーノ Trebbiano 各種、カタッラット・ビアンコ・コムーネ Catarratto Bianco Comune、シャルドネ Chardonnay、グレーラ Glera、ピノ・グリージョ Pinot Grigio などで、最近ではカベルネ・ソーヴィニヨン Cabernet Sauvignon やシャルドネなどの国際品種の栽培面積が増えている。

栽培方法

　イタリアでは栽培方法も実に多様である。伝統的な仕立て法を見てみても、ピエモンテではギュイヨ、トレンティーノ、フリウリではペルゴラ、アブルッツォではテンドーネ、南部ではアルベレッロなどそれぞれの地方が独自の栽培文化を持っていた。ただ、1960年代に当時急増していたワイン需要に応えるために大規模な改植が行われた時に、多くの地方が機械化しやすい垣根式の仕立て法に植え替えた。1980年代のイタリアワイン・ルネッサンス期にはヘクタールあたり1万本近い密植の試みなども行われたが、フランスと違って雨が少なく暑い気候にイタリアにはあまり適していないことも分かってきて、近年はヘクタールあたり5000〜6000本の植樹が主流となってきている。一時は大量生産の象徴とされ蔑視されていたテンドーネやペルゴラも、近年の温暖化現象の中で、その良さ（じゅうたんのように広がったブドウの葉が、房を直射日光から守る、アルコール度数が高くなりすぎないなど）が見直されてきている。

　イタリアでは長い間、経験を重視したブドウ栽培が行われてきたため、固有品種のクローン選抜、台木、栽培方法などの研究が遅れていた。1980年代から各地でこれらの研究が進められ、特に新しく選抜されたクローンは目覚ましい成果を出している。

　1960年代に大量生産向けに植樹された畑が、時代にマッチした高品質を目指したクローンや植樹法で次々に改植されつつある。これらの畑の樹齢が高くなった時には、イタリアワイン全体のさらなる品質向上が期待される。

ブドウ樹の主な仕立て方

ギュイヨー Guyot

コルドーネ Cordone

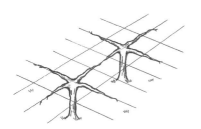

テンドーネ Tendone

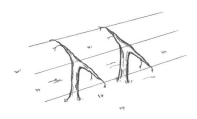

ペルゴラ Pergola

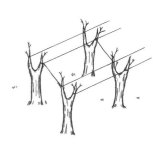

アルベラータ Alberata

主なブドウ品種の産地と性質

注：○は白ブドウ、●は黒ブドウ

A

Aglianico　アリアニコ　●
　南部イタリアの全州で栽培されているギリシャ由来の「高貴な」黒ブドウで、古くは Hellenico と呼ばれていた。DOC Aglianico del Vulture、DOCG Taurasi などを造る。

Albana　アルバーナ　○
　北部イタリア、リグーリア州、中部イタリアのエミリア-ロマーニャ州などで栽培されている古代ローマ時代からの白ブドウ。DOCG Romagna Albana のような平野型の果実風味の強い白ワインを造る。

Albarola　アルバローラ　○
　リグーリア州の土着品種。辛口ワインとしては比較的シンプルなワインを造るが、DOC Cinque Terre の甘口ワイン、Sciacchetrà で重要な役割を果たす。

Albarossa　アルバロッサ　●
　ネッビオーロとバルベーラの交配品種。濃い紫色で豊かな果実味と適度のタンニンを持つ。

Aleatico　アレアティコ　●
　中部イタリアのトスカーナ、ラツィオ両州、南部イタリアのプーリア州などで栽培されている古代ギリシャ由来の黒ブドウで、DOC Aleatico di Gradoli のような甘口赤ワインを造る。

Ancellotta　アンチェッロッタ　●
　エミリア地方の土着品種。酸が少なめで色の濃い赤ワインができる。他の品種とブレンドされることが多く、ランブルスコにもブレンドされる。DOC Reggiano Rosso などに使われる。

Ansonica　アンソニカ　○
　中部イタリア、トスカーナ州、南部イタリアのカラブリア、シチリア両州などの白ブドウで DOC Ansonica Costa dell'Argentario などの白ワインを造る。Inzolia ともいう。

Arneis　アルネイス　○
　北部イタリア、ピエモンテ州で近年復活した白ブドウで、口当たりの良い白ワインの DOCG Roero Arneis を造る。地元では Nebbiolo bianco ともいう。

Asprinio　アスプリーニオ　○
　南部イタリア、カンパーニア、バジリカータ、プーリア3州の白ブドウで、生き生きとした発泡性の白ワイン、DOC Aversa を造る。コルメッラによると Greco と同じルーツである。

B

Barbera　バルベーラ　●
　北部イタリア、ピエモンテ州原産で、全土に普及した酸味の強い黒ブドウ。DOCG Barbera d'Asti のような酸とアルコールが多いフレッシュで果実味豊かなワインを造る。生産量が多い。

Bianchetta　ビアンケッタ　○
　北部イタリア、トレンティーノ-アルト・アディジェ、ヴェネト両州で軽い白ワインを造るほか、リグーリア州で DOC Golfo del Tigullio の中の単一品種を造る同属もある。

Biancolella　ビアンコレッラ　○
　南部イタリアのカンパーニア、サルデーニャ両州の白ブドウで、DOC Ischia などの白ワインを造る。古代のプリニウスの記述にもあるギリシャ由来のブドウ。

Blanc de Morgex　ブラン・ド・モルジェ　○
　北部イタリアのヴァッレ・ダオスタ州の1000m前後の高地で生育する白ブドウで、DOC Valle d'Aosta のようなアルコール度が低めで若飲み用の白ワインを造る。

Bombino　ボンビーノ　○●
　白・黒両ブドウで、白は中部と南部イタリア、黒は南部イタリアで栽培されていて、白ワインの DOC San Severo Bianco と赤ワインの DOC Castel del Monte Rosato などを造る。

Bonarda　ボナルダ　●
　北部イタリア、ピエモンテ、ロンバルディア両州と中部イタリア、エミリア-ロマーニャ州で栽培されている黒ブドウで、DOC Coste della Sesia、DOC Colli Piacentini などを造る。

Bosco　ボスコ　○
　北部イタリア、リグーリア州で Albarola 種との混醸で DOC Cinque Terre と、棚の上で乾燥させたブドウで、アルコール度が17％以上の甘口ワイン、Cinque Terre Sciacchetrà を造る。

Bovale　ボヴァーレ　●
　南部イタリア、サルデーニャ州の黒ブドウで、果粒が小さめの Bovale と大型の Bovale grande がある。前者は DOC Mandrolisai、後者は DOC Campidano di Terralba を造る。

Brachetto　ブラケット　●

　北部イタリア、ピエモンテ州に古代からある黒ブドウで、バラの香りを持つ甘口で発泡性がある赤ワインの DOCG Brachetto d'Acqui を造る。

C

Cabernet　カベルネ　●

　ほとんど全土で栽培されているフランス原産の黒ブドウ。熟成ワイン向きの Cabernet sauvignon と混醸しやすい Cabernet franc があり、前者は DOC Bolgheri Sassicaia を造る。

Calabrese　カラブレーゼ　●

　南部イタリア、シチリア州原産の黒ブドウで、同州で高く評価されている赤ワインの DOCG Cerasuolo di Vittoria を造る。サルデーニャ州などにもある。Nero d'Avola ともいう。

Canaiolo　カナイオーロ　●○

　黒・白ブドウ。黒の Canaiolo nero は中部イタリア、トスカーナ州で DOCG Vino Nobile di Montepulciano に混醸される。単独ではワインの苦味が強い。白は主にリキュール用。

Cannonau　カンノナウ　●

　南部イタリア、サルデーニャ、シチリア両州の黒ブドウ。Alicante、Grenache ともいう。北部、中部でも栽培され、DOC Cannonau di Sardegna のような力強い赤ワインを造る。

Carignano　カリニャーノ　●

　南部イタリア、サルデーニャ州の黒ブドウで、濃い色調とタンニンの多さから昔はブレンド用にされていた。現在は、DOC Carignano del Sulcis のような力強い赤ワインを造る。

Carmènere　カルメネール　●

　フィロキセラ前はボルドーのメドック地方で広く栽培されていた黒ブドウ。イタリアでは戦後カベルネ・フランと間違えられて、大量のカルメネールが植樹された。青いトーン、グリーン・ペッパーやスパイス。イタリア北部に多く植樹されている。DOC Colli Berici、DOC Colli Euganei。

Carricante　カッリカンテ　○

　南部イタリア、シチリア州原産の白ブドウで、酸の強いワインを造る。昔はブレンド用にシチリア州全土で栽培されていたが今では一部のみになった。DOC Etna Bianco を造る。

Catarratto　カタッラット　○

　南部イタリア、シチリア州の白ブドウで、粒が大きい Bianco comune と小さい Bianco lucido がある。DOC Alcamo などを造る。

Chardonnay　シャルドネ　○

　ほとんど全土で栽培されているフランス、ブルゴーニュ地方原産の国際品種の白ブドウ。現在も増加中で北部イタリアに多い。DOC Trentino の中の切れの良い単一品種白ワインなどを造る。

Cesanese　チェザネーゼ　●

　中部イタリア、ラツィオ州の黒ブドウで、大きめの Comune と小さめの d'Affile がある。後者の方は色調が濃く、熟成向き。DOCG Cesanese del Piglio を造る。

Ciliegiolo　チリエジョーロ　●

　ほとんど全土で栽培されている黒ブドウ。中心は中部イタリアのトスカーナ、ラツィオ両州。DOC Val di Cornia の中の単一品種ワインになる。チェリーのアロマがある。

Coda di Volpe　コーダ・ディ・ヴォルペ　○

　南部イタリア、カンパーニア州の古代からの白ブドウで、房の曲がり方が「狐の尻尾」に似ているのでこの名が出た。DOC Sannio などで単一品種の若飲み白ワインを造る。

Colorino　コロリーノ　●

　中部イタリア、トスカーナ州原産の黒ブドウで、色調の濃いワインを造るので色付けに使われる。昔から今まで DOCG Chianti の補助ブドウとして、時々5％程度混醸されてきた。

Cornalin　コルナラン　●

　ヴァッレ・ダオスタ州で主に栽培されている黒ブドウ。ガーネット色をして、スパイシーで、適度のタンニンを持った赤ワインを生む。DOC Valle d'Aosta。

Cortese　コルテーゼ　○

　北部イタリア、ピエモンテ、ロンバルディア両州の白ブドウ。DOCG Cortese di Gavi のような、すっきりした辛口白ワインを造るが、口当たりの良い Arneis に押され気味である。

Corvina　コルヴィーナ　●

　北部イタリア、ヴェネト、ロンバルディア両州の黒ブドウで、古代からその名を知られていた。Rondinella 種、Molinara 種と混醸されて DOC Bardolino、DOC Valpolicella などを造る。

Corvinone　コルヴィノーネ　●

　ヴァルポリチェッラ地区を中心にヴェネトで栽培されている黒ブドウ。以前はコルヴィーナ・ヴェロネーゼの一種と考えられていたが、1990年代初頭に異なる

品種であることが分かった。コルヴィーナ・ヴェローネーゼよりアルコールが少なく、酸が多いワインを生む。DOC Vaplolicella。

Croatina　クロアティーナ　●

　北部、中部イタリアの黒ブドウで、Nebbiolo と混醸されてピエモンテ州の DOC Bramaterra のようなコクのある「田舎風の」ワインを造る。Bonarda の一部とされている。

D

Dolcetto　ドルチェット　●

　北部イタリア、ピエモンテ、リグーリア両州の黒ブドウで、DOC Dolcetto d'Alba のような酸味が少なく、肉厚の赤ワインを造る。Barbera の対極にある。リグーリアでは Ormeasco という。

Durello　ドゥレッロ　○

　Durella とも呼ばれる白ブドウ。酸が強く、かすかにタンニンのある白ワインを生む。DOC Lessini-Durello。

E

Enantio　エナンティオ　●

　北部イタリア、トレント自治県の黒ブドウで、古代ローマ時代の大プリニウスの記述にもある。公認名は Lambrusco a foglia frastagliata。DOC Valdadige Terradeiforti を造る。

Erbaluce　エルバルーチェ　○

　北部イタリア、ピエモンテ州原産の白ブドウで、繊細な香りを持つ薄い苦味のある辛口ワインを造る。最近では半乾燥させたブドウで造る甘口の DOCG Caluso Passito が人気の的。

F

Falanghina　ファランギーナ　○

　中部、南部イタリアで広く栽培されているギリシャ由来の白ブドウで、カンパーニア州で DOC Campi Flegrei などの酸味のある、口当たりの滑らかな白ワインを造る。

Favorita　ファヴォリータ　○

　北部イタリア、ピエモンテ州の白ブドウで、DOC Langhe の中の単一品種ワインを造る。リグーリア州の Pigato、サルデーニャ州の Vermentino の同属と考えられている。

Fiano　フィアーノ　○

　南部イタリア、カンパーニア州などに古代ギリシャ時代からある白ブドウで、ブドウに蜜蜂（アーピ）が群がるので古くは Apianum と呼ばれたのが名の起源。DOCG Fiano di Avellino を造る。

Frappato　フラッパート　●

　南部イタリア、シチリア州の黒ブドウで、DOC Eloro では単一品種の軽い赤ワインを造り、DOCG Cerasuolo di Vittoria では Calabrese と混醸される。

Freisa　フレイザ　●

　北部イタリア、ピエモンテ州の黒ブドウで、DOC Freisa d'Asti と Freisa di Chieri を造る。共に辛口と中甘口があり、スプマンテとフリッツァンテがある。

Friulano　フリウラーノ　○

　北部イタリア、フリウリ‐ヴェネツィア・ジュリア州ほか 2 州の白ブドウで、以前は Tocai friulano といった。DOC Collio などで口当たりの良い白ワインになる。

Fumin　フミン　●

　北部イタリア、ヴァッレ・ダオスタ州の黒ブドウで、DOC Valle d'Aosta の単一品種赤ワインになる。北限のブドウのわりには色調の濃い、酸味もあるしっかりしたワインを造る。

G

Gaglioppo　ガリオッポ　●

　中部と南部イタリアの黒ブドウで、南部イタリアのカラブリア州でタンニンとボディに富む DOC Cirò、DOC Bivongi などのワインを造る。

Gamay　ガメイ　●

　フランスのブルゴーニュ地方原産の黒ブドウ。ボジョレーに使われるので有名。イタリアでは、ウンブリアで広く栽培されている。果実味豊かだが、それほど長寿でない赤ワインを生む。

Garganega　ガルガネガ　○

　北部イタリア、ロンバルディア、ヴェネト州などで栽培されている古代ギリシャ由来の白ブドウで、DOC Soave のような香りの良い、中程度のボディの白ワインを造る。

Girò　ジロ　●

　南部イタリア、サルデーニャ州の黒ブドウで、DOC Girò di Cagliari のような、明るいルビー色の甘口ワインを造る。スペイン起源とされている。

Gewürztraminer ゲヴュールツトラミネール ○

　北部イタリア、ボルツァーノ自治県の白ブドウで、南チロルのトラミン村原産ともいわれる。DOC Alto Adige の中のアロマに富む白ワインを造る。Traminer aromatico と同じ。

Glera グレーラ ○

　北部イタリア、ヴェネト、フリウリ-ヴェネツィア・ジュリアおよびロンバルディアの3州のアロマ付きの白ブドウ。発泡性のDOCG Conegliano Valdobbiadene-Prosecco を造る。以前は Prosecco と呼ばれていた。

Grecanico グレカニコ ○

　南部イタリア、シチリア州のギリシャ由来の白ブドウで、DOC Contessa Entellina、DOC Menfi の中のアロマに富む、軽い単一品種ワインを造る。Grecanico dorato ともいう。

Grechetto グレケット ○

　中部イタリア、ウンブリア州ほか3州の白ブドウで、アルコール度もあり、香味もある白ワインを造る。DOC Orvieto で復活してこのワインをよみがえらせた。Pignoletto は同属。

Greco グレーコ ○●

　南部イタリアの各州で栽培されているギリシャ由来の白ブドウ。DOCG Greco di Tufo を造る。黒ブドウもある。Asprinio も同属。DOC Greco di Bianco の Greco bianco は別の公認品種。

Grignolino グリニョリーノ ●

　北部イタリア、ピエモンテ州の黒ブドウで、DOC Grignolino d'Asti のような色調の薄い、軽い赤ワインを造る。タンニンが多いので健康に良いといわれている。

Grillo グリッロ ○

　南部イタリア、シチリア、プーリア両州の白ブドウで、DOC Contea di Sclafani の中の単一品種ワインを造り、DOC Marsala では Catarratto などと混醸される。

I

Inzolia インツォリア ○

　南部イタリア、カラブリア、シチリア両州で栽培されている白ブドウで、DOC Menfi、DOC Contea di Sclafani の中の単一品種ワインを造る。Ansonica と同じ品種とされている。

K

Kerner ケルナー ○

　スキアーヴァ・グロッサとリースリングの交配品種。ドイツから輸入された。イタリアではアルト・アディジェで主に栽培されている。アロマティックでフレッシュなワインを生む。

L

Lacrima ラクリマ ●

　中部イタリア、マルケ州の黒ブドウで、中程度の重さで、アロマの強い赤ワインのDOC Lacrima di Morro d'Alba を造る。房の形が涙が垂れたようなので「ラクリマ」（涙）という。

Lagrein ラグライン ●

　北部イタリア、トレンティーノ-アルト・アディジェ州の黒ブドウで、DOC Alto Adige、DOC Trentino の中の力強い単一品種赤ワインになる。地元では古代から「敬愛されて」いる。

Lambrusco ランブルスコ ●

　北部イタリア、ロンバルディア州と中部イタリア、エミリア-ロマーニャ州の黒ブドウで多くの種類がある。DOC Lambrusco di Sorbara など弱発泡性の辛口・薄甘口ワインを造る。

M

Magliocco マリオッコ ●

　南部イタリア、カラブリア州で栽培されている古代ギリシャ由来の黒ブドウ。色調の濃い、タンニンの多いワインを造る。Magliocco Canino も同属。

Malvasia マルヴァジア ○●

　全土で栽培されているブドウで、4種類の白、1種類の黒が公認されている。アロマ付きブドウで、白は DOC Frascati、黒は DOC Squinzano などを造る。

Malvasia di Casorzo マルヴァジア・ディ・カソルツォ ●

　マルヴァジアの一種であるが、黒ブドウ。ピエモンテで栽培されている。ほのかにアロマティックな甘口のスパークリング赤ワインを生む。DOC Malvasia di Casorzo d'Asti。

Mammolo マンモロ ●

　中部イタリア、トスカーナ州の土着品種で、DOCG Vino Nobile di Montepulciano など多くの赤ワインの補助ブドウとして混醸され、ワインにすみれの花のブーケを与える。

Manzoni bianco　マンツォーニ・ビアンコ　○
　ヴェネト州、トレンティーノ地方で栽培されているリースリングとピノ・ビアンコの交配品種。酸がしっかりしたかすかにアロマティックでフレッシュな白ワインを生む。DOCG Colli di Conegliano、DOC Trentino Bianco、DOC Breganze bianco。

Marzemino　マルツェミーノ　●
　北部イタリア、トレンティーノ-アルト・アディジェほか2州のギリシャ由来の黒ブドウで、DOC Trentino の中の Marzemino のような繊細な単一品種ワインになる。

Mayolet　マヨレ　●
　ヴァッレ・ダオスタで栽培されている黒ブドウ。繊細な香りを持ち、やさしい味わいとかすかに苦い後口を持つ赤ワインを生む。DOC Valle d'Aosta Mayolet。

Merlot　メルロ　●
　ほとんど全土で栽培されているフランス原産の黒ブドウ。ワインに力強さとまろやかさを与えるので Cabernet などと混醸される。単醸で DOC Alto Adige Merlot、DOC Aprilia Merlot などを造る。

Minella　ミネッラ　○
　エトナの白ブドウ。アルコール度数の低い、ほのかにアロマティックな白ワインを生む。やわらかさを与えるので、赤ワインにブレンドされることもある。

Molinara　モリナーラ　●
　ヴェネト州で栽培されている黒ブドウ。やや薄い色をした、繊細な香りを持つ赤ワインを生む。ブレンドに使われることがほとんど。DOC Bardolino、Valpolicella。

Monica　モニカ　●
　南部イタリア、サルデーニャ州のスペイン原産の黒ブドウで、強い香りの辛口 DOC Monica di Sardegna を造る。

Montepulciano　モンテプルチャーノ　●
　中部から南部イタリアのアブルッツォ、マルケなど4州の黒ブドウで、濃い色調の赤ワインの DOCG Conero やロゼワインの DOC Cerasuolo d'Abruzzo を造る。

Moscato　モスカート　○●
　ほとんどイタリア全土で栽培されているギリシャ由来のブドウで、白2、黄1、ロゼ1、黒2の6種類があり、DOCG Asti、DOC Trentino の中の Moscato Rosa などの甘口ワインを造る。

Müller Thurgau　ミューラー・トゥルガウ　○
　北部イタリア、トレンティーノ-アルト・アディジェ州で芳香に富む白ワインを生む国際品種（Riesling × Madeleine Royale）。DOC Alto Adige の中の単一品種ワインを造る。

N

Nasco　ナスコ　○
　南部イタリア、サルデーニャ州の古代ローマ時代からの白ブドウで、DOC Nasco di Cagliari のようなアルコール度の高い辛口白ワインと輝くような黄金色の Liquoroso を造る。

Nebbiolo　ネッビオーロ　●
　北部イタリア、ピエモンテ、ロンバルディア、南部イタリア、サルデーニャ州などの黒ブドウ。DOCG Barolo など偉大な赤ワインを造る。Chiavennasca、Spanna という地方名がある。

Negroamaro　ネグロアマーロ　●
　南部イタリア、プーリア州の黒ブドウで、地元で評価が高く、力強い赤ワインの DOC Brindisi、味わいのある DOC Copertino、珊瑚色のロゼワインの DOC Squinzano を造る。

Nerello Cappuccio　ネレッロ・カップッチョ　●
　シチリアの黒ブドウ。しっかりとした色で、タンニンがそれほど強くない赤ワインを生む。DOC Faro、DOC Etna。

Nerello Mascalese　ネレッロ・マスカレーゼ　●
　南部イタリア、カラブリア、シチリア両州の黒ブドウで、DOC Contea di Sclafani の中の単一品種ワインを造る。Nerello cappuccio も同属。

Nero d'Avola　ネーロ・ダヴォラ　●
　南部イタリア、シチリア州の黒ブドウで、公式名は Calabrese。昔はブレンド用のブドウとされていたが、今は DOC Eloro のような力強い赤ワインを造る。

Nosiola　ノジオーラ　○
　北部イタリア、トレンティーノ-アルト・アディジェ州の白ブドウで、ワインがヘーゼルナッツの香りを持つのでこの名が出た。DOC Trentino の中の甘口ワイン、Vino Santo を造る。

Nuragus　ヌラグス　○
　南部イタリア、サルデーニャ州の古代からの白ブドウで、かつては大量生産されて評価が低かったが現在では収穫量は制限され、軽い若飲みの白ワインの DOC Nuragus di Cagliari を造る。

O

Ortrugo オルトゥルーゴ ○
　北部イタリア、エミリア・ロマーニャ州の歴史のある白ブドウで、DOC Colli Piacentini の中の単一品種として、中程度のボディのある良質な辛口のワインを造る。

Oseleta オゼレータ ●
　ヴェネト州の黒ブドウ。濃いルビー色をして、豊かな香りを持つ、フルボディの赤ワインを生む。DOC Valpolicella。

P

Passerina パッセリーナ ○
　中部イタリア、マルケ、ラツィオ、アブルッツォ3州の古代からの白ブドウ。DOCG Offida の中の単一品種ワインのような爽やかな白ワインを造る。酸味が勝るのでスプマンテに向く。

Pecorino ペコリーノ ○
　マルケ、アブルッツォ州で栽培されている白ブドウ。熟した果実とスパイスのアロマを持つ、しっかりしたボディの白ワインを生む。DOCG Offida。

Pelaverga ペラヴェルガ ●
　北部イタリア、ピエモンテ州の黒ブドウ。DOC Colline Saluzzesi の中の単一品種ワインを造る。Pelaverga と Pelaverga piccola の2タイプがあり、後者の方が熟成向き。

Perricone ペッリコーネ ●
　シチリアで栽培されている黒ブドウ。豊かな香りと果実味を持つ赤ワインを生む。

Petit Rouge プティ・ルージュ ●
　北部イタリア、ヴァッレ・ダオスタ州の黒ブドウで、DOC Valle d'Aosta の中の赤ワイン、優雅な DOC Enfer d'Arvier、熟成が効く DOC Torrette を造る。

Petit Verdot プティ・ヴェルド ●
　ボルドー原産の黒ブドウ。晩熟で酸のしっかりとした品種なので、イタリアの暑い気候でも良い成果が出ている。赤い果実、スパイスの香りを持つ、タンニンのしっかりしたワインを生む。他のボルドー品種とブレンドされることが多い。DOC Bolgheri。

Petite Arvine プティ・アルヴィン ○
　ヴァッレ・ダオスタで栽培されているスイス系の品種。柑橘類、白い花の香りを持つ、ボディと酸のしっかりした白ワインを生む。

Picolit ピコリット ○
　北部イタリア、フリウリ地方土着の白ブドウ。果粒の密度がすきすきで、果粒も小さいのでこの名が出た。黄金色で甘口の DOCG Friuli Colli Orientali Picolit を造る。

Piedirosso ピエディロッソ ●
　南部イタリア、カンパーニア州で古代から栽培されている黒ブドウ。成熟すると茎（足）が赤くなるので「赤い足」という名が出た。DOC Campi Flegrei、DOC Taburno を造る。

Pigato ピガート ○
　北部イタリア、リグーリア州の白ブドウで、熟成できる辛口白ワイン、DOC Riviera Ligure di Ponente の中の香味に富む単一品種ワインの Pigato を造る。

Pignolo ピニョーロ ●
　フリウリで栽培されている黒ブドウ。明るいルビー色をして、フルーティーな赤ワインを生む。DOC Friuli Colli Orientali。

Pinot ピノ ○●
　主に北部イタリアで栽培されている国際品種で、Pinot bianco、Pinot grigio、Pinot nero に大別できる。中でも Pinot nero はロンバルディア州で DOCG Oltrepò Pavese Metodo Classico などのスプマンテを造る。

Primitivo プリミティーヴォ ●
　南部イタリア、プーリア州の古代からある黒ブドウで、赤ワインの DOC Primitivo di Manduria を造り、カンパーニア州で DOC Falerno del Massico の中の単一品種ワインになる。

R

Raboso ラボーソ ●
　北部イタリア、ヴェネト、エミリア-ロマーニャ両州の黒ブドウで Raboso piave と Raboso veronese の2種類があるが、後者の方がエレガントで、DOCG Piave Malanotte を造る。

Refosco dal Peduncolo rosso
　レフォスコ・ダル・ペドゥンコロ・ロッソ ●
　北部イタリアのフリウリ-ヴェネツィア・ジュリアほか1州と、南部イタリアのプーリアほか1州の黒ブドウ。DOC Friuli Isonzo の中の単一品種赤ワインを造る。

Ribolla gialla リボッラ・ジャッラ ○
　北部イタリア、フリウリ-ヴェネツィア・ジュリア州に古代からある白ブドウで、DOC Friuli Colli Ori-

entali の中の香味の豊かな単一品種白ワインを造る。

Riesling リースリング ○

ほとんどイタリア全土で栽培されている白ブドウで、ドイツ、モーゼル地方由来の国際品種の白ブドウ Riesling renano とイタリア土着品種の Riesling italico (Welschriesling) がある。

Rondinella ロンディネッラ ●

ヴェネト州で栽培されている黒ブドウ。色のしっかりとしたミディアムボディの赤ワインを生む。DOC Bardolino、Valpolicella。

Rossese ロッセーゼ ●

リグーリア州で栽培されている黒ブドウ。調和の取れたやわらかい赤ワインを生む。DOC Rossese di Dolceacqua。

Ruchè ルケ ●

北部イタリア、ピエモンテ州の黒ブドウで、軽いタイプの赤ワイン、DOCG Ruchè di Castagnole Monferrato を造る。Rouchet ともいう。「神秘的な」起源のブドウで、「高貴な」ブドウといわれてきた。

S

Sagrantino サグランティーノ ●

中部イタリア、ウンブリア州の黒ブドウで、長期熟成向きの赤ワイン、DOCG Montefalco Sagrantino を造る。ワインが主に祝祭に使われたので "sagra"（「聖なる」）という。

Sangiovese サンジョヴェーゼ ●

イタリア全土で栽培されている黒ブドウで、ブドウの生産量で第1位。中部イタリアのトスカーナ州で DOCG Chianti、Brunello di Montalcino を造る。クローンが多い。

Sauvignon Blanc ソーヴィニヨン・ブラン ○

主に北部イタリアで栽培されている国際品種の白ブドウで、DOC Alto Adige、DOC Friuli Grave の中で魅力ある香りと、豊かな香味の単一品種白ワインを造る。

Schiava スキアーヴァ ●

北部イタリアのトレンティーノ-アルト・アディジェ、ロンバルディア、ヴェネト3州の黒ブドウで、種類が多い。DOC Alto Adige の中の優れた赤ワイン、Santa Maddalena を造る。

Schioppettino スキオッペッティーノ ●

北部イタリア、フリウリ-ヴェネツィア・ジュリア州の黒ブドウで、DOC Friuli Colli Orientali の中の深みがあり、香味に富む単一品種赤ワインを造る。

Susumaniello ススマニエッロ ●

南部イタリア、プーリア州の黒ブドウで DOC Brindisi や DOC Ostuni に Malvasia nera などと混醸されるほかに、Montepulciano との相性も良い。クロアチア由来とされている。

Sylvaner シルヴァネール ○

北部イタリア、トレンティーノ-アルト・アディジェ州の国際品種の白ブドウで、DOC Alto Adige の中の芳香に富む単一品種の白ワインを造り、地元で人気がある。

Syrah シラー ●

北部・中部イタリアと、南部のシチリア、サルデーニャ両州の、フランス、コート・デュ・ローヌ地方原産の黒ブドウで、DOC Valle d'Aosta の中の単一品種赤ワインを造る。

T

Tazzelenghe タッツェレンゲ ●

北部イタリア、フリウリ-ヴェネツィア・ジュリア州の黒ブドウで、DOC Friuli Colli Orientali を造る。鋭いタンニンが「舌（lenga>lingua）を刺す」という。

Teroldego テロルデゴ ●

北部イタリア、トレンティーノ-アルト・アディジェ州の黒ブドウで、「チロルの黄金」という意味。「イタリアの最も傑出した赤ワインの一つ」のDOC Teroldego Rotaliano を造る。

Terrano テッラーノ ●

Refosco と同じ。フリウリで栽培されている黒ブドウ。酸とタンニンが強い赤ワインを生む。トリエステ周辺が名産。DOC Carso。

Timorasso ティモラッソ ○

北部イタリア、ヴァッレ・ダオスタ、ピエモンテ両州の白ブドウで、DOC Colli Tortonesi の中の単一品種白ワインを造る。

Tintilia ティンティリア ●

中部イタリア、アブルッツォ、モリーゼ両州のスペイン由来の黒ブドウで、DOC Molise の中の色調が濃く、アルコール度も高い単一品種赤ワインを造る。

Torbato トルバート ○

南部イタリア、サルデーニャ州で栽培されているスペイン、カタルーニャ地方原産の白ブドウで、DOC Alghero の中の香味に富み、切れ味も良い単一品種の白ワインを造る。

Trebbiano トレッビアーノ ○

イタリア全土で栽培されている白ブドウで、Trebbiano toscano と、Trebbiano romagnolo がある。白ブドウの生産量としては合計で1位。単醸あるいは混醸として多用される。

U

Uva di Troia　ウーヴァ・ディ・トロイア　●

南部イタリア、プーリア州の黒ブドウで、アルコール度が高く、タンニンの多いDOC Cacc'e mmitte di Luceraのようなワインを造る　小アジアのトロイ起源。

V

Veltliner　ヴェルトリナー　○

オーストリア原産とされる白ブドウ。イタリアではアルト・アディジェで多く栽培されている。繊細でアロマティックな白ワインを生む。

Verdeca　ヴェルデーカ　○

主にプーリア州で栽培されている白ブドウ。ややニュートラルな味わいの白ワインを生む。ビアンコ・ディ・アレッサーノとブレンドされることが多い。DOC Martina Franca。

Verdicchio　ヴェルディッキオ　○

中部イタリア、マルケ、ラツィオ両州の白ブドウで、アーモンドの風味があるDOC Verdicchio dei Castelli di Jesiを造る。北部・南部イタリアの一部でも使われている。

Verdiso　ヴェルディーゾ　○

北部イタリア、ヴェネト、フリウリ-ヴェネツィア・ジュリア両州の白ブドウで、DOC Colli di Coneglianoの中の甘口ワイン、Torchiato di Fregonaを造る。

Verduzzo　ヴェルドゥッツォ　○

北部イタリア、フリウリ-ヴェネツィア・ジュリア州の白ブドウで、Verduzzo friulanoとVerduzzo trevigianoの2種類がある。前者は甘口のDOCG Ramandoloを造る。

Vermentino　ヴェルメンティーノ　○

北部のリグーリア州、中部のトスカーナ州、南部のサルデーニャ州で栽培されているスペイン由来の白ブドウで、DOCG Vermentino di Galluraを造る。Favoritaは同属。

Vernaccia　ヴェルナッチャ　○●

中部イタリア、トスカーナ州と南部イタリア、サルデーニャ州の白ブドウで、Vernaccia di San GimignanoとVernaccia di Oristanoの2種類があり、別に黒ブドウもある。

Vespaiola　ヴェスパイオーラ　○

ヴェネト州ヴィチェンツァ県で栽培されている白ブドウ。香り高く酸のしっかりした白ワインを生む。DOC Breganze。

Vespolina　ヴェスポリーナ　●

ピエモンテ州で栽培されている黒ブドウ。フラワリーでスパイシーな香りを持つ、優しい軽めの赤ワインを生む。厳格なネッビオーロを飲みやすくするために少量ブレンドされることが多い。DOCG Gattinara、DOCG Ghemme。

Viognier　ヴィオニエ　○

フランスのローヌ原産の白ブドウ。蜂蜜、アプリコットなどのアロマを持つ、豊かな白ワインを生む。

Vitovska　ヴィトヴスカ　○

北部イタリア、フリウリ-ヴェネツィア・ジュリア州の、スロヴェニア由来の白ブドウで、DOC Carsoの中の単一品種白ワインを造る。

Z

Zibibbo　ジビッボ　○

南部イタリア、シチリア州の、アフリカ由来の白ブドウ。甘口のDOC Moscato di Pantelleriaを造る。Moscato d'Alessandriaと同じ。Zibibboは乾いたブドウを意味するアラブ語。

ワイン法

ワイン法の歴史

　イタリアにおけるワインの法的規制のはしりは、トスカーナ大公国のコジモ（Cosimo）3世が1716年に自国の著名なワインをまがい物から守るためにChianti, Carmignanoなどの生産地の線引きをしたこととされている。その後、個々のワインについての原産地呼称制度への動きはあったが、国としての統一的な立法はなされなかった。

　第二次世界大戦後に政府は1963年の「ワイン用ブドウ果汁とワインの原産地呼称保護のための規則」で、ワイン産地の線引きによる「原産地呼称」の認定、ブドウ生産者の登録とブドウ生産量の申告、生産者によるワインの「保護協会」(Consorzio) の設立、原産地呼称認定のための「国立原産地呼称委員会」の設置などを定めている。この法律ではワインは地方の伝統あるブドウを地方色のある醸造方法で造ったワインに許される「単純原産地呼称」(Denominazione di Origine Semplice, DOS)、ブドウの収率、ワインの収率、アルコール度などが厳しく制約された、より上級なワインに許される「統制原産地呼称」(Denominazione di Origine Controllata, DOC)、さらに制約が厳しく、出荷に際して国の検査を必要とするワインに与えられる「統制保証原産地呼称」(Denominazione di Origine Controllata e Garantita, DOCG) の3つのクラスに格付けされることになったが、この法は上級ワインだけを対象にしたものであった。

　そこで、政府は1965年に「不正防止のための規則」を公布してワイン全般の取り締まりに踏み出した。この法律ではワインを「ブドウだけを原料としたアルコール飲料で、既得アルコール度が6％以上、かつ総体アルコール度の5分の3を下らないもの」と定めている。こうして、イタリアワインの法体系が一応完成した。

　やがて1970年代になると欧州共同体（EC）諸国間で、ワインについての共通の規制が必要となった。そしてECでは下部機構の1つである欧州経済共同体（EEC）を通して、加盟国の合意に基づくワインのための「規則」(Regolamento) を次々と発表するようになった。1970年の最初の規則では域内のワイン産地をA.B.CIa.CIb.CII.CIIIa.CIIIb.の7つのゾーンに分け、ゾーンごとにワインの天然アルコール度、総体アルコール度などを定めたが、イタリアはCIb.CII.CIIIbのゾーンに属することとなった。また、ワインをハレのときに飲む上級ワインのVini di Qualità Prodotti in Regioni Determinate（V.Q.P.R.D.）と、日常消費用の並のワインの「ヴィーノ・ダ・ターヴォラ」Vino da Tavola（V.d.T.）の2つに分類している。

　従って、イタリアの場合、DOCGとDOCワインがV.Q.P.R.D.に、DOSとそれ以外のワインが並のクラスのV.d.T.に格付けされることとなった。

現在のワイン法

　2008年までのイタリアワインの法的規制の大枠は、上記のような欧州連合（EU）の「ブドウおよびワイン市場に関する共同機構（OCM）への覚書」(1999) と、国内法としての「原産地呼称ワインに関する新規則」(1992) とであるが、EUでは2009年8月1日施行の新規則を決めたので、イタリアでもこれに対応して、2010年4月8日に新しい国内法を制定した。

EUワイン規則 （2009年8月1日以降）

・EUの新規則（Regolamento Ce n. 423, 479および n. 555/08）が目的としているのは、①良い伝統を守りながら、②単純な規則に基づいたブドウとワインの管理制度を構築して、③域内のワイン生産者の競争力を高めること、である。そして、新規則では次のような規則を定めている。

・「ワイン」(vino) とは「破砕されたか、あるいは破砕されないままの生ブドウ、あるいはブドウ果汁の全部ないし部分的アルコール発酵だけによって得られる生産物」である。

・「スプマンテ」(spumante) はVino Spumante（パルティータの総体アルコール度8.5％以上、ガス圧20℃で3バール以上）、Vino Spumante di Qualità（パルティータの総体アルコール度9％以上、ガス圧3.5バール以上）、Vino Spumante Aromatico di Qualità（総体アルコール度10％以上、既得アルコール度6％以上、ガス圧3バール以上）の3タイプとする。「フリッツァンテ」(frizzante) のガス圧は20℃で1～2.5バール。既得アルコール度は7％以上。「ヴィーノ・リクオローゾ」(Vino Liquoroso) の既得アルコール度は15％以上、22％まで。

・気象条件によって分けられたヨーロッパの地域区分

の中でイタリアを次の３つのゾーンに指定する。

 CI ヴァッレ・ダオスタ州、ソンドリオ県（ロンバルディア州）、トレント自治県、ボルザーノ自治県、ベッルーノ県（ヴェネト州）

 CII CI と CIIIb 以外の州と県

 CIIIb カラブリア州、バジリカータ州、プーリア州、サルデーニャ州、シチリア州

・気候条件が不良の年のブドウの天然アルコール度を高めるための「補糖」（arricchimento）の限度は、非発泡性ワインの場合Cゾーンでは1.5％。ただし、補糖後の天然アルコール度は CI, CII, CIIIb でそれぞれ12.5％、13％、13.5％を超えないこと。補糖に「蔗糖」を使用することはCゾーンでは禁止する。補糖はモスト・コンチェントラート（mosto concentrato 濃縮モスト）あるいはモスト・コンチェントラート・レッティフィカート（mosto concentrato rettificato 精留濃縮モスト）で行うこと。

・加酸（acidificazione）と減酸（disacidificazione）の限度はそれぞれ1.5g/ℓと1g/ℓで、加酸は酒石酸による。

・消費に供するに際しての既得アルコール度はすべてのCゾーンで9％以上。総体アルコール度は15％を超えてはならない。地理（産地）表示付きワイン（I.G.）については個々に定める。

・ワインは「地理（産地）表示付きのワイン」（Vino a Indicazione Geografica, I.G.）と「地理（産地）表示の無いワイン」（Vino）とに分け、前者を「保護原産地呼称ワイン」（Vino a Denominazione di Origine Protetta, DOP）と「保護地理（産地）表示ワイン」（Vino a Indicazione Geografica Protetta, IGP）に分ける。DOPワインは、「その品質と特性をその産地の特別な地理的環境に、そしてその自然的・人文的要素に負うワインで、その土地のVitis vinifera種に属する品種のブドウを使用して、その土地で造られたものである」。また、IGPワインは「良い品質と評判、そしてその産地の特性を持つワインで、ワインの85％以上がその土地で造られたものである」。なお、地理（産地）表示の無いワインはVinoとする。

・域内でワイン用に使用できるブドウはDOPワインでは Vitis vinifera 種のみ、IGP では① Vitis vinifera 種、② Vitis vinifera 種と他の種との間でできた交雑種の２つのいずれかに限る。ただし、特定の品種〔Noah, Othello, Isabelle, Jacquez, Clinton, Herbemont〕を除く。

・瓶のラベルの表示事項はDOP、IGPについて次のように定められている。
義務表示：① DOP、IGP であるという表示，②既得アルコール度、③産地名、④瓶詰め業者の名前、spumante の場合は製造業者の名前、⑤ spumante の場合は残存糖分量

任意表示：①ブドウの収穫年、②ブドウの品種名、③伝統的表示、④ワインの製造方法、⑤地域名・市町村名・地区名・区画名・畑名

イタリアワイン法（2011年１月１日現在）

イタリアワイン管理は18年にわたり1992年のイタリアワイン法（L.164/92）に基づき行われてきたが、2008年のEUの新ワイン規則（Reg.479/08）に合わせて国内法を改正する必要があった。その改正が2010年４月８日に行われ、旧法に代わる新しいイタリアワイン法（D Lgs 61/2010）が誕生した（施行は2010年５月11日）。基本的には旧法を大枠で引き継いだが、それでも以下の①〜⑦の変更があった。

① すでに2009年の８月１日よりEUレベルでは、ワインの格付けは「保護原産地呼称ワイン」（DOP）、「保護地理表示ワイン」（IGP）、「ヴィーノ」（VINO）の３段階となり、DOPにあたるDOCG、DOC、IGPにあたるIGTというイタリアの伝統的表示が特別に認められていた状態であった。新法では生産者がラベルに表示する呼称は、EU法によるDOP、IGP、イタリアの伝統的表示であるDOCG、DOC、IGTのどちらを選んでも、また両方を併記表示してもよいこととなった。したがってキアンティの生産者は「キアンティDOCG」または「キアンティDOP」または「キアンティDOCG/DOP」と３通りの表示ができるわけであるが、当面はほとんどの生産者が従来のイタリアの伝統的表示（DOCG、DOC、IGT）の使用を続けるものと思われるが、すでにDOP表示をしている生産者もいて、今後の進展は予想が難しい。

② 2009年８月１日以降に申請されるDOP、IGPについてはブリュッセルのEU本部による認定となっている。DOCからDOCGへの昇格の認定もEU本部が承認する権限を持つ。

③ DOCGへの昇格はDOCになってから最低10年を経過してから（旧法では５年）と定められ、DOCへの昇格はIGTになってから最低5年を経過してか

ら（旧法では規定なし）とされた。
④ 農林漁業政策省の諮問機関で原産地呼称の認定の審査を行っていた「国立原産地呼称委員会」は認定権限がEUに移行したのにともない、その役割を大幅に縮小され、今後は認定申請の国内レベルでの適合性の審査、申請書類の作成、EUへの送付などの役割を担う事となった。ただし、2009年7月31日までに認定申請された原産地呼称についてはEUではなく、イタリア国内で国立原産地呼称委員会が認定して、2012年1月1日に新委員会へ権限移譲した。
⑤ スパークリングワインにおいて歴史的地区で生産されたこと示す「ストリコ（storico）」という表示が導入された。これはスティルワインの「クラッシコ（classico）」にあたる表示である。
⑥ 生産規則が遵守されているかどうかの管理、監査は農林漁業政策省が認めた第三者機関（公立でも私立でもよい）により行われる必要があることが明記され、違反があった場合の罰則規定も明確化された。同時に、生産者の集まりである協会（Consorzio）による管理、監査はできないことになり、協会は生産規則の変更、研究、呼称の価値を高め、イメージを保護する、プロモーションなどの活動に専念することとなった。
⑦ 2010ヴィンテージからすべてのDOPを名乗るスティルワイン（したがって、スプマンテ、フリッツァンテ、リクオローゾは除く）はヴィンテージを表示することが義務付けられた。

DOP、IGP.のワインの生産規則に必要な項目は、旧法と同じで、生産地区、ワインの特性、畑1haあたりの最大ブドウ収穫量、最大ワイン生産量、ブドウの品種と混醸率、ブドウの栽培方法（植樹密度、製枝法、剪定法など）、熟成期間と容器、瓶の形状と容量などである。

・V.Q.P.R.D.の風味表示（残存糖分）は以下の通り。
　　Secco（辛口）　　　　　0〜4 g/ℓ
　　Abboccato（薄甘口）　　4〜12 g/ℓ
　　Amabile（中甘口）　　　12〜45 g/ℓ
　　Dolce（甘口）　　　　　45 g/ℓ 以上
・酸化防止剤としての二酸化硫黄（SO_2）の使用限度は赤ワイン160mg/ℓ、白・ロゼワイン210mg/ℓ、糖分が5g/ℓ以上のものは、赤ワイン210mg/ℓ、白・ロゼワイン260mg/ℓ。
・発泡性のヴィーノ・スプマンテは「ヴィーノ・スプマンテ」（Vino Spumante、略してV.S.）、「ヴィーノ・スプマンテ・ディ・クワリタ」（Vino Spumante di Qualità、略してV.S.Q.）、「ヴィーノ・スプマンテ・ディ・クワリタ・ア・デノミナツィオーネ・ディ・オリジネ・プロテッタ」（Vino Spumante di Qualità a Denominazione di Origine Protetta、略してV.S.Q.D.O.P.）の3つに分け、発泡酒のパルティータの総体アルコール度をそれぞれ8.5％、9％、9.5％以上、発泡後のガス圧をそれぞれ3バール、3バール、3.5バール（20℃）とする。さらにこの3タイプにパルティータがアロマ付きブドウ[指定の13品種]の場合の「ヴィーノ・スプマンテ・ディ・クワリタ・デル・ティーポ・アロマティコ」（Vino Spumante di Qualità del Tipo Aromatico、略してV.S.Q.T.A.）と「ヴィーノ・スプマンテ・ディ・クワリタ・デル・ティーポ・アロマティコ・ア・デノミナツィオーネ・ディ・オリジネ・プロテッタ（Vino Spumante di Qualità del Tipo Aromatico a Denominazione di Origine Protetta、略してV.S.Q.T.A.DOP）の2タイプが加わって、合計5タイプになる。
・ヴィーノ・スプマンテの糖度表示は次のように定められている。
　　Pas Dosé/Brut Nature　　0〜3 g/ℓ
　　Extra Brut　　　　　　　0〜6 g/ℓ
　　Brut　　　　　　　　　　0〜12 g/ℓ
　　Extra Dry　　　　　　　12〜17 g/ℓ
　　Secco（Dry）　　　　　　17〜32 g/ℓ
　　Semi Secco　　　　　　　32〜50 g/ℓ
　　Dolce　　　　　　　　　50 g/ℓ 以上
・弱発泡性の「ヴィーノ・フリッツァンテ」（Vino Frizzante）のガス圧は20℃で1〜2.5バール。消費に供する際の既得アルコール度は7％以上。リキュールタイプのヴィーノ・リクオローソ（Vino Liquoroso）は総体アルコール度17.5％以上、既得アルコール度15％以上、22％以下で、ヴィーノ・リクオローソとヴィーノ・リクオローソ・ディ・クワリタ・プロドット・イン・レジョーネ・デテルミナータ（Vino Liquoroso di Qualità Prodotto in Regione Determinata、略してV.L.Q.P.R.D.）に分類できる。
・発泡性のワインの造り方にはワインを瓶内で二次発酵させる方法（古典的方式あるいはシャンパーニュ法）と、タンク内で発酵させる方法（シャルマ法）の2つがある。前者の代表はDOCG Franciacorta、後者の代表はDOCG Asti Spumanteである。

・「ヴィーノ・ノヴェッロ」（Vino Novello）に関しては単独の立法で、(a) ヴィーノ・ノヴェッロはDOCG、DOCおよびI.G.T.にのみ許可される、(b) 瓶のラベルに収穫年を表示しなければならない、(c) 醸造期間は醸造開始後10日以内でなければならない、(d) 炭酸ガス浸漬法（Macerazione Carbonica、略してMC法）で造られたワインが40％以上含まれていなければならない、(e) 消費に供する時の総体アルコール度は11％以上、残存糖分は10g/ℓを超えてはならない、(f) ブドウを収穫した年の12月31日までに瓶詰めしなくてはならない、(g) 瓶のラベルにブドウの収穫年を記載しなくてはならない、(h) 10月30日の0時01分より前に消費に供してはならない、などが定められている。

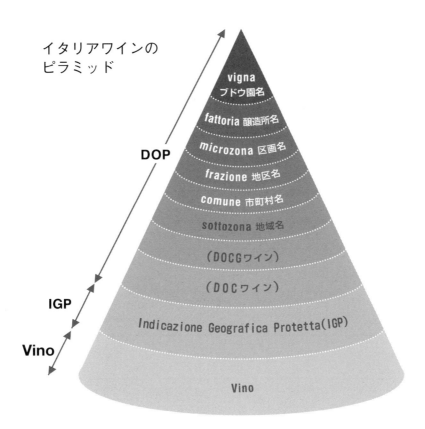

イタリアワインのピラミッド

ワイン用語集

醸造に関するもの

Uva　ウーヴァ	ブドウ。ワイン用ブドウは Uva da Vino という
Vigna/Vigneto　ヴィーニャ/ヴィニェート	ブドウ畑
Vitigno　ヴィティーニョ	ブドウ品種（総括的）
Varietà　ヴァリエタ	ブドウ品種（個別的）
Varietà Raccomandata ヴァリエタ・ラッコマンダータ	推奨品種。県ごとに生物気候学的に最適とされる品種（現在、EUはこの区別を強制していないので、採用しない県もある）
Varietà Autorizzata ヴァリエタ・アウトリッザータ	許可品種。使用しても良い第二義的な品種
Vitigno Autoctono ヴィティーニョ・アウトクトノ	土着品種という訳なら「その土地に昔からあるという歴史概念」。これに対して固有品種なら「その土地にのみあるという地理概念」
Vitigno Internazionale ヴィティーニョ・インテルナツィオナーレ	国際品種
Diraspatura-pigiatura ディラスパトゥーラ - ピジャトゥーラ	除梗・破砕
Mosto　モスト	ワイン用ブドウ果汁
Mosto Concentrato モスト・コンチェントラート	濃縮果汁。モストの補糖またはワインの加糖に使う
Mosto Concentrato Rettificato モスト・コンチェントラート・レッティフィカート	精留濃縮果汁。モストの補糖またはワインの加糖に使う
Fermentazione　フェルメンタツィオーネ	発酵
Fermentazione Malolattica フェルメンタツィオーネ・マロラッティカ	マロラクティック発酵。リンゴ酸を減酸するための乳酸発酵作業
Macerazione　マチェラツィオーネ	果皮浸漬。果皮の香りや成分を果汁に浸透させるために果汁の発酵後に果皮をしばらくワインに漬け込むこと
Skin Contact　スキン・コンタクト	果皮浸漬の一種で、ブドウの破砕後に短時間発酵前の果汁に果皮を漬け込むこと。白ワインに用いる
Macerazione Carbonica　マチェラツィオーネ・カルボニカ	ブドウを炭酸ガスで破砕する作業。MC法。ノヴェッロタイプのワイン造りに用いる
Anidride Solforosa アニドリーデ・ソルフォローザ	二酸化硫黄（SO_2）。通称、亜硫酸塩。揮発状は亜硫酸ガス、固形状はメタ重亜硫酸カリウム
Botte di Rovere　ボッテ・ディ・ロヴェレ	オーク（クエルクス属の木の一種。ナラやカシの仲間）の木樽
Barrique　バリック	225ℓのオーク樽
Cappello　カッペッロ	果帽。発酵中に果皮が果汁の表面に浮いたもの
Follatura　フォッラトゥーラ	ピストンの力または人手で発酵中に果汁の表面に浮いた果帽をモストの中へ沈め、成分の溶出を早める作業。ピジャージュまたはパンチングダウン

第一章　イタリアワインの基礎知識

Rimontaggio　リモンタッジョ	ポンプでタンクの底からモストを吸い上げて、発酵中に果汁の表面に浮いた果帽に注ぐ作業。ルモンタージュまたはポンピングオーヴァー
Déléstage　デレスタージュ	発酵中の果汁をいったんタンクから抜き取って空気に触れさせてから、また元のタンクに戻す作業
Chiarificazione　キアリフィカツィオーネ	清澄作業。できたワインの表面に浮いている異物を薬品（ベントナイトなど）や卵白で除去する作業
Affinamento　アッフィナメント	ワインを熟成させること
Imbottigliamento　インボッティリアメント	瓶詰め作業
Metodo Classico　メトド・クラッシコ	古典的方式。発泡性ワインを造る時の瓶内二次発酵。シャンパーニュ法
Metodo Charmat　メトド・シャルマ	発泡性ワインを造る時のタンク内二次発酵。シャルマ法
Fattoria　ファットリア	ブドウ園あるいは醸造所。中部イタリアの言葉
Tenuta　テヌータ	農場あるいはワイン醸造所
Azienda Agricola　アヅィエンダ・アグリコラ	農場あるいはワイン醸造所
Cascina　カシーナ	農場あるいは農園。北部イタリアの言葉
Casa Vinicola　カーザ・ヴィニコラ	ワイン醸造所。購入したブドウでワインを造る
Cantina　カンティーナ	ワイン醸造所
Podere　ポデーレ	ブドウ園あるいはワイン醸造所。小規模経営
Vigna　ヴィーニャ	ブドウ園、ブドウ畑
Cantina Sociale/Cantina Cooperativa　カンティーナ・ソチャーレ/カンティーナ・コオペラティーヴァ	ワイン醸造協同組合
Consorzio　コンソルツィオ	原産地呼称ワインの協会。自主規制の組合
Viticoltore　ヴィティコルトーレ	ブドウ栽培家
Vignaiolo　ヴィニャイオーロ	ブドウ栽培家
Enologo　エノロゴ	醸造技師
Produttore　プロドゥットーレ	ワイン生産者

ワインに関するもの

Bottiglia　ボッティリア	瓶
Fiasco　フィアスコ	トスカーナ州のキアンティワイン用の壺型の瓶
Etichetta　エティケッタ	ラベル
Tappo　タッポ	栓
Cavatappi　カヴァタッピ	栓抜き
Colore　コローレ	色調
Rosso　ロッソ	赤色
Rosato　ロザート	ロゼ色
Bianco　ビアンコ	白色

Cerasuolo　チェラズオーロ	さくらんぼ色から赤色まで
Chiaretto　キアレット	透明な明るい色の赤色。ボルドーのクラレットにちなむ
Giallo Paglierino　ジャッロ・パリエリーノ	麦わら色（淡黄色）
Ambrato　アンブラート	琥珀色（こはく）
Cremisi　クレミジ	深紅色
Profumo, Odore　プロフーモ、オドーレ	香り、匂い
Aroma　アロマ	アロマ、原料ブドウの香り
Bouquet　ブーケ	ブーケ、熟成により形成される香り
Corpo　コルポ	ボディー
Sapore, Gusto　サポーレ、グスト	風味、味わい
Retrogusto　レトログスト	後味、後口
Secco　セッコ	辛口
Asciutto　アシュット	辛口（「乾燥した」。口中が乾いたような感じ）
Abboccato　アッボッカート	薄甘口
Amabile　アマービレ	中甘口（「愛らしい」）
Dolce　ドルチェ	甘口
Amarognolo　アマローニョロ	ほろ苦い
Amaro　アマーロ	苦い
Amarone　アマローネ	「苦い」の強調形
Titolo Alcolometrico Volumico Totale ティートロ・アルコロメトリコ・ヴォルミコ・トターレ	総体アルコール度（％）。モストの糖分が全部発酵した時に得られるアルコールの容量を、ワインの全容量に対比させた数字
Titolo Alcolometrico Volumico Naturale ティートロ・アルコロメトリコ・ヴォルミコ・ナトゥラーレ	天然アルコール度（％）。補糖無しで発酵前のモストの糖分が完全に発酵した時に得られるアルコールの容量を、モストの段階で想定した数字
Titolo Alcolometrico Volumico Effettivo ティートロ・アルコロメトリコ・ヴォルミコ・エッフェッティーヴォ	既得アルコール度（％）。発酵途中のモストの中で既に得られたアルコールの容量をワインの全容量に対比させた数字。モストの糖分の5分の3以上が既得アルコールになった時に、それを「ワイン」と言う
Titolo Alcolometrico Volumico Potenziale ティートロ・アルコロメトリコ・ヴォルミコ・ポテンツィアーレ	潜在アルコール度（％）。モストの発酵途中でまだアルコールになっていないモストの糖分をアルコールに換算した数字。発酵途中のモストでは、既得アルコール＋潜在アルコール＝総体アルコールとなり、甘口ワインではこれを瓶のラベルに8.5＋2.5％のように表示する
Zucchero Residuo　ズッケロ・レシドゥオ	残存糖分
Acidità Totale Minima アチディタ・トターレ・ミニマ	最小総酸度（％、酒石酸換算）
Estratto Secco Netto Minimo エストラット・セッコ・ネット・ミニモ	最小純固形分（％、糖分抜き）
Spumante　スプマンテ	発泡性ワイン（20℃でガス圧3バール以上）
Frizzante　フリッツァンテ	弱発泡性ワイン（ガス圧1〜2.5バール、既得アルコール度7％以上）

Cremant/Crémant　クレマン	発泡性ワインで少しガス圧が低いもの（ガス圧の規定は無い。通常、4バール）。現在、この名称は一部のワインの生産規定には残されているが、実際には使用されていない
Vivace　ヴィヴァーチェ	微発泡性ワイン。ガス圧の規定は無い
Millesimato　ミッレジマート	収穫年入り（発泡性ワインのヴィンテージ）
Vendemmia/Annata ヴェンデンミア／アンナータ	Vendemmia は収穫と収穫年。Annata は収穫年
Vino Novello　ヴィーノ・ノヴェッロ	MC法で造られたワインが40％以上入っているワイン。ヌーヴォー・ワイン
Vino Santo/Vin Santo ヴィーノ・サント／ヴィン・サント	陰干しして糖度を高めたブドウで造るワインで、辛口・中甘口・甘口がある。トレンティーノでは Vino Santo、トスカーナでは Vin Santo という
Recioto　レチョート	陰干しして糖度を高めたブドウで造る甘口ワイン。元は耳を意味する"recie"から出た言葉で、日当たりの良いブドウの房の肩のこと。ヴェネトの言葉（ヴェネト州のワイン）
Passito　パッシート	陰干しして糖度を高めたブドウで造る甘口ワイン
Sforzato/Sfursat スフォルツァート／スフルサット	陰干しして糖度を高めたブドウで造る辛口ワイン（ロンバルディア州のワイン）
Vendemmia Tardiva ヴェンデンミア・タルディーヴァ	遅摘みしたブドウで造るワインの表示
Classico　クラッシコ	特定の古い地域で造られたワインの表示
Vecchio　ヴェッキオ	規定の熟成期間より一定期間長く熟成したワイン。一部のワインを除いてほとんど使用されない
Superiore　スペリオーレ	規定のアルコール度より一定量度数（0.5～1％）が高いワイン
Riserva　リゼルヴァ	規定の熟成期間より一定期間（1～2年）長く熟成したワイン
Liquoroso　リクオローゾ	ワインにそのワインで造ったアルコールを添加したもの。アルコール度15～22％
Scelto　シェルト	同じ呼称の中の並のワインとは異なる品種で造られ、アルコール度数が1％程度高いもの。シェルトとは「選ばれたもの」という意味

第二章の凡例

赤	Rosso	赤色	Sp	Spumante スプマンテ	
白	Bianco	白色	Sr	Superiore スペリオーレ	
ロゼ	Rosato, Rosé	ロゼ色	Vc	Vecchio ヴェッキオ	
チェ	Cerasuolo	チェラスオーロ色（ロゼ色）	VT	Vendemmia Tardiva ヴェンデンミア・タルディーヴァ	
キア	Chiaretto	キアレット色（ロゼ色）	VS	Vino Santo/Vin Santo ヴィーノ・サント/ヴィン・サント	
Cl	Classico クラッシコ		AT	Titolo Alcolometrico Volumico Totale 総体アルコール度（容量比）	
Cr	Cremant クレマン				
Fr	Frizzante フリッツァンテ		AE	Titolo Alcolometrico Volumico Effettivo 既得アルコール度（容量比）	
Iv	Invecchiato インヴェッキアート				
Lq	Liquoroso リクオローゾ		AN	Titolo Alcolometrico Volumico Naturale 天然アルコール度（容量比）	
Nv	Novello ノヴェッロ				
Ps	Passito パッシート		Pl	Periodo di Invecchiamento 法定熟成期間	
Rc	Recioto レチョート				
Rv	Riserva リゼルヴァ		AP	Titolo Alcolometrico Volumico Potenziale 潜在アルコール度（容量比）	
Sc	Scelto シェルト				
Sf	Sforzato/Sfursat スフォルツァート/スフルサット		ZR	Zucchero Residuo 残存糖分	

注：記号の後の数値はその項目に必要な最低限の数値を示す

第二章
州別・イタリアワイン解説

北部イタリア
①ヴァッレ・ダオスタ州（アオスタ）48
②ピエモンテ州（トリノ）50
③リグーリア州（ジェノヴァ）62
④ロンバルディア州（ミラノ）66
⑤トレンティーノ−アルト・アディジェ州（トレント）73
⑥ヴェネト州（ヴェネツィア）78
⑦フリウリ−ヴェネツィア・ジュリア州（トリエステ）89
⑧エミリア−ロマーニャ州（ボローニャ）95

中部イタリア
⑨トスカーナ州（フィレンツェ）103
⑩ウンブリア州（ペルージャ）117
⑪マルケ州（アンコーナ）122
⑫ラツィオ州（ローマ）127
⑬アブルッツォ州（ラクイラ）134
⑭モリーゼ州（カンポバッソ）138

南部イタリア
⑮カンパーニア州（ナポリ）140
⑯プーリア州（バリ）146
⑰バジリカータ州（ポテンツァ）153
⑱カラブリア州（カタンツァーロ）156
⑲シチリア州（パレルモ）160
⑳サルデーニャ州（カリアリ）169

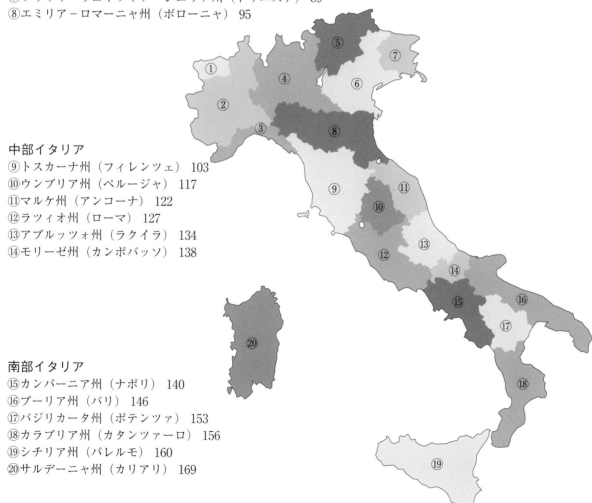

北部イタリア
ヴァッレ・ダオスタ州　*Valle d'Aosta*

プロフィール

　イタリアの北西部に位置するヴァッレ・ダオスタ州は、北はスイス、西はフランスと国境を接し、南と東はピエモンテ州に接している。イタリアで一番小さな州で、面積は3263㎢と、最大の州シチリアの8分の1である。人口も最も少なく、わずか13万人弱だ。アルプスのすぐ下にある州で、ヨーロッパ最高峰であるモンテ・ビアンコ（モンブラン）、チェルヴィーノ（マッターホルン）、モンテ・ローザ、グラン・パラディーゾなどに囲まれている。ヴァッレ・ダオスタはフランス語圏の自治州で、フランス語はイタリア語とともに公用語である。

　州を北西から南東へ流れるドーラ・バルテア川の両岸の傾斜面に張り付いた段々畑でブドウが栽培されている。石塀が畑を取り囲み、畑には石柱が立てられ、独特な棚式栽培が見られる。この州の特徴は認定品種が22種類と非常に多いことと、イタリアではここにしかないユニークな品種が栽培されていることである。

　畑の所有は細分化しており、規模の小さなヴィニュロン生産者が多い。生産者協同組合も良質なワインを生産している。

　白ワインはいかにも山のワインらしい清らかなアロマとフレッシュな酸を持ち、限りなく優美なものだ。赤ワインは意外にタンニンがしっかりとしていて、陰影に富んだものが多い。甘口ワインも酸に支えられてフレッシュかつ軽やかな味わいで、決して甘ったるくなることはない。

　この州のワインはすべて明確な個性を持ち、クリーンで品質も高いが、生産量が少ないため、州外で手に入れるのは簡単ではない。

歴史、文化、経済

　ほとんどが山岳地帯で、耕作面積は少なく、基本的に貧しい州であるが、古代ローマの時代からイタリアとフランス、スイスをつなぐ交通路として重要な役割を果たしてきた。住民のほとんどはドーラ・バルテア川沿いに暮らしている。谷間の街道沿いに残る数多くの城は、監視の役割を果たしていた。

　この州の住民は山の民らしくやや閉鎖的なところがあるが、控えめで勤勉な人が多い。文化的にはフラン

ス、スイス、ピエモンテの影響を受けている。

地理と風土

　ヴァッレ・ダオスタとはイタリア語で「アオスタの渓谷」の意味で、この巨大な渓谷は氷河により削られてできたものだ。谷底を流れるドーラ・バルテア川はポー河に流れ込む支流のうちでも非常に重要なもののひとつである。

　典型的なアルプス気候で、冬は寒さが厳しく降雪が多い。夏は涼しく昼夜の温度差が激しい。雨は少ない。ドーラ・バルテア川周辺はやや温和な気候である。

地域別ワインの特徴

　DOCワインはヴァッレ・ダオスタ／ヴァレ・ダオステ Valle d'Aosta/Vallée d'Aoste だけであるが、さまざまな品種表示、地理表示が認められている。

　ドーラ・バルテア川の上流から下流の順でワインを見ていくと、モンテ・ビアンコの高峰（4810m）の麓でプリエ・ブラン品種から造られるブラン・ド・モルジェ・エ・ド・ラ・サル Blanc de Morgex et de La Salle は、酸が非常に多く、フレッシュで、細身でデリケートな個性的ワインだ。ここの畑は標高900〜1300mに位置しているが、これはヨーロッパで最も高い。

　渓谷中部ではアンフェール・ダルヴィエール Enfer d'Arvier、トッレッテ Torrette、シャンバーヴ・ルージュ Chambave Rouge、ニュス・ルージュ Nus Rouge というプティ・ルージュをベースにした赤ワインが造られている。ピノ・グリで造られるマルヴォワジー・ド・ニュス Malvoisie de Nus、ミュスカで造られるシャンバーヴ・ミュスカ Chambave Muscat は生き生きとした味わいのエレガントな甘口ワインである（シャンバーヴ・ミュスカには辛口もある）。

　ピエモンテとの州境に近い地域では、地元でピコンテンドロと呼ばれるネッビオーロをベースにした

ドンナス Donnas とアルナ＝モンジョヴェ Arnad-Montjovet が特筆に値する。特にドンナスは、州境を越えたすぐ近くで造られる DOC カレーマに似たニュアンスに富む優美なワインである。

その他ミュラー・トゥルガウ、シャルドネ、プティ・アルヴィンによる白ワインや、ピノ・ネーロ、ガメイ、フミン、コルナラン、マヨレによる赤ワインにも良質のものが多い。

料理と食材

ヴァッレ・ダオスタの料理は地味ながらも味わい深い山の料理だ。この州ではオリーヴオイルでなく、バターとラードが中心になる。名産のフォンティーナ・チーズはあらゆるところに使われている。

前菜としてはカモシカの生ハム、モチェッタ Mocetta、ポレンタにフォンティーナをかけたポレンタ・エ・フォンティーナ Polenta e Fontina が挙げられる。

基本的にパスタ、米はなく、スープがよく食される。キャベツ、パン、フォンティーナのスープのズッパ・ヴァルペッリネーゼ Zuppa valpellinese、フォンティーナをかけたニョッキ・コン・フォンティーナ Gnocchi con Fontina が知られている。

山で獲れるカモシカの煮込み シヴェット・ディ・カモーショ Civet di camoscio は野性的な味わいだ。フォンティーナをのせた仔牛のカツレツのコストレッタ・アッラ・ヴァルドスターナ Costoletta alla valdostana、塩漬け牛肉を玉ネギと煮込んだカルボナーデ Carbonade も知られている。地元のマス、トロータ Trota は美味である。

食後にグロッラという木製のカップでグラッパまたはリキュール入りコーヒーのカフェ・アッラ・ヴァルドスターナ Caffè alla valdostana を飲む習慣もある。

チーズではフォンティーナ Fontina、ヴァッレ・ダオスタ・フロマーゾ Valle d'Aosta Fromadzo が DOP を取っている。

＜料理とワインの相性＞

Trota には、Blanc de Morgex et de la Salle。
Civet di camoscio には、Donnas、Arnad-Monjovet。
Carbonade には、Torrette、Chambave Rouge。
Costoletta alla valdostana には、Valle d'Aosta Pinot Nero。

DOP（DOP）ワイン（1）

DOC	特　性
Valle d'Aosta/Vallée d'Aoste　ヴァッレ・ダオスタ／ヴァレ・ダオステ（1971） 産地：アオスタ県の多数のコムーネ Chambave Moscato は Moscato bianco 100％。Nus Malvoisie は Pinot grigio 100％。Blanc de Morgex et de la Salle は Prié blanc 100%. Donnas は Nebbiolo 85％以上。Arnad-Montjovet は Nebbiolo 70％以上。Enfer d'Arvier は Petit rouge 85％以上。Chambave, Torrette は Petit rouge 70％以上。Nus は Petit rouge と Vien de Nus 70％以上。品種表示ワインはその品種85％以上。その他、15％まで。	白ワイン： 　Valle d'Aosta　Bianco/Blanc（以下、Valle d'Aosta を略す） 　　辛口　AT=9％ 　Müller Thurgau　辛口　AT=10％ 　Pinot Grigio, Pinot Bianco, Pinot Nero, Chardonnay, Petite Arvine, Chambave Moscato/Muscat, Nus Malvoisie, Blanc de Morgex et de la Salle　辛口　AT=11％ 　Blanc de Morgex et de la Salle　Sp　辛口 AT=10.5％ 　Chardonnay, Müller Thurgau, Pinot Grigio, Pinot Bianco, Petite Arvine, Blanc de Morgex et de la Salle に VT 　Chambave Moscato, Nus Malvoisie に Ps(Flétri)　甘口　AT=16.5％（うち、AE=13〜14％） 赤ワイン： 　Rosso/Rouge　辛口　AT=9.5％　Nv 　Pinot Nero, Mayolet, Merlot, Syrah, Cornalin, Donnas, Enfer d'Arvier　辛口　AT=11.5％　Sr　AT=12.5％ 　Gamay, Fumin, Nebbiolo, Petit Rouge, Arnad-Monjovet, Chambave, Nus, Torrette　AT=11％　Sr　AT=12％ ロゼワイン： 　Rosato/Rosé　辛口　AT=9.5％

ピエモンテ州　*Piemonte*

プロフィール

　ピエモンテとは「山の麓」を意味し、その名の通りアルプス山脈の南側に広がっている。北はヴァッレ・ダオスタ州、東はロンバルディア州、エミリア－ロマーニャ州（非常に短い距離）、南はリグーリア州と接している。北ではスイス、西ではフランスと国境を接してもいる。フランスに隣接する地理的位置からも、長年この地を支配したサヴォイア王家がフランスのサヴォア地方出身であったことからも、ピエモンテ州の慣習、文化にはフランスの影響が色濃く見られ、食文化、ワインも例外ではない。

　フランスの影響を受けた食文化は、イタリアでも特に興味深いものの一つで、スローフード運動もここで誕生した。コスティリオーレ・ダスティにある有名な外国人向け料理学校 ICIF では多くの日本人シェフが学んだし、スローフード協会が創設したポッレンツォの味覚大学は優れた食文化を守る人材を育成している。

　ピエモンテはトスカーナと並ぶ高級ワイン産地で、特にネッビオーロ品種で造られる深みのある長期熟成能力の高い赤ワイン（バローロ、バルバレスコなど）は世界的名声を誇っている。固有品種による単一品種ワインが多く、ネッビオーロ、バルベーラ、ドルチェット、アルネイス、コルテーゼ（ガーヴィ DOCG）などの品種で幅広いタイプのワインが造られている。イタリアでは珍しく単一畑文化の根付いている土地でもある。

歴史、文化、経済

　ピエモンテの人は派手なことが嫌いで、非常に控えめなので、あまりイタリア人らしくないともいわれるが、よく知ると親切で、真面目な働き者が多い。伝統を重んじて、頑固なところもある。控えめで、物静かな性格は文化にも反映され、豪華絢爛というより、洗練された渋い通好みのものが好まれる。

　産業に目を向けると、19世紀末に誕生したフィアットの企業城下町トリノは、ミラノと並んで第二次世界大戦後のイタリア「奇跡の経済成長」を象徴する工業都市だ。化学工業、食品工業も盛んでイタリアのチョコレートの生産の中心地である。オリヴェッティに代表される情報産業、電気製品も進んでいて、金融、保険関係の企業も多い。2006年にトリノで行われた冬季オリンピックをきっかけに観光業も伸び始めている。

　アルプスの豊かな雪解け水、多くの河川、水路を利用した農業も古くから盛んで、穀物、ポテト、野菜、甜菜、果実、ポプラ、飼料などが栽培されている。北東部のヴェルチェッリ県、ノヴァーラ県は米の栽培が盛んで、有名な映画「苦い米」はヴェルチェッリ県のヴェネリア農園で撮影された。丘陵地帯ではブドウ栽培が盛んである。動物は牛と豚が中心で、羊やヤギは少ない。

地理と風土

　ピエモンテはシチリアに次ぐ大きな面積（2万5399 km²）を持つ州で、北側、西側をアルプス山脈、南側をリグリア・アペニン山脈と三方を屏風のように山に囲まれた州で、ロンバルディア州と接している東だけがパダーノ平野として開かれている。アルプス山脈には3000m級の山が連なり、モンテ・ローザやグラン・パラディーゾのように4000mを超す山もある。ピエモンテ州は44.3%が山岳地帯、30.3%が丘陵、26.4%が平地である。アルプスから多くの川（ティチーノ川やタナロ川が有名）が流れ出ていて、雪解けの豊かな水を運び、最終的にポー河に流れ込んでいる。人工水路も整備されていて、イタリアには珍しく水に恵まれた州である。

　丘陵地帯であるカナヴェーゼ地方、ランゲ地方、ロエーロ地方、モンフェラート地方、コッリ・トルトネージ地方はブドウ栽培が盛んである。丘陵地帯の谷間にはヘーゼルナッツが栽培され、名産となっていると同時に特徴的な風景をつくりだしている。

　温帯、亜寒帯の大陸性気候で、冬は寒く、湿気が多

く、しばしば深い霧になる。一方、夏は暑くて、湿気があり、しばしば嵐に襲われる。雨は春と秋に集中している。

地域別ワインの特徴

北部では、ノヴァーラ県、ヴェルチェッリ県、トリノ県でネッビオーロ（地元名はスパンナ）をベースに造られる赤ワインが近年目覚ましい復興を遂げている。ヴェルチェッリ県で造られるガッティナーラ Gattinara は北ピエモンテで最も有名な呼称で、長期熟成能力を持つ辛口赤ワインとして、過去にはバローロにも勝る名声を誇っていた。北ピエモンテのネッビオーロ・ベースのワインの中では、最も肉づきが良く、深みがあり、力強い。タンニンが多く、酸が多いので、長期熟成させる必要がある。ノヴァーラ県で造られるゲンメ Ghemme も高貴なワインで、セシア川対岸で造られるガッティナーラと比べると、より女性的で優美だ。この2つの DOCG が有名だが、他にもボーカ Boca、シッツァーノ Sizzano、ファーラ Fara、ブラマテッラ Bramaterra、レッソーナ Lessona などの DOC があり、意欲的な生産者が良質のワインを造り始めている。北ピエモンテは大陸性気候で冷涼だが、夏の日中はかなり暑くなることもあり、アルプスからの乾燥した冷涼な風がブドウに良い影響を与える。このあたりのネッビオーロはバローロ、バルバレスコと比べると、やや軽めでフレッシュなもので、果実味よりもフラワリーなトーンやスパイスが味の中心となる。酸が生き生きとしていて、フードフレンドリーなワインが多い。

ネッビオーロ・ベースのワインで、もう一つ忘れてはいけないのが、ヴァッレ・ダオスタとの州境で造られる DOC カレーマ Carema だ。ネッビオーロ栽培可能北限で生まれるこのワインは、バラやスミレ、スパイス、なめし皮、タバコなどの複雑な香りがあり、味わいはフレッシュで厳格だ。長期熟成能力があり、ブルゴーニュの赤ワインを思わせるエレガントで繊細な味わいを持つ。

トリノ県の白ワイン、DOCG エルバルーチェ・ディ・カルーソ／カルーソ Erbaluce di Caluso/Caluso も個性的なワインで、注目に値する。エルバルーチェは非常に酸が多い品種で、フレッシュで、清らかな辛口白ワインが生まれる。パッシートの甘口ワインも興味深い。

中南部のアスティ県、アレッサンドリア県にまたがるモンフェッラート地方では、バルベーラ、グリニョリーノ、ドルチェット、モスカート・ビアンコが主に栽培されている。

最も重要なのは地元で非常に愛されているバルベーラで、DOCG バルベーラ・ダスティ Barbera d'Asti、DOC バルベーラ・デル・モンフェッラート Barbera del Monferrato などの呼称で、直截な果実味を持つ、酸の生き生きとした、チャーミングなワインが造られている。もともとはオステリア（簡単な料理を出す居酒屋）で飲まれる非常に酸っぱい安酒だったバルベーラだが、1980年代初頭にマロラクティック発酵が適切に行われるようになり、小樽熟成の試みも成功して、国際的知名度が一気に高まった。ランゲ地方では、最高の畑にはネッビオーロが植えられるために、バルベーラは常に第二級の畑に甘んじているが、モンフェッラート地方では、最高の畑にバルベーラが植えられているため、品質は高い。

リグーリアとの州境に近いところで造られる DOCG ガーヴィ／コルテーゼ・ディ・ガーヴィ Gavi/Cortese di Gavi は、ピエモンテでは珍しく知名度の高い白ワインだ。粘土石灰質に凝灰岩が混ざるガーヴィの丘陵地帯は、地中海の影響を受ける温暖な気候で、コルテーゼが完璧に成熟し、類まれなる優美なワインとなる。1960〜70年代に大ブームを巻き起こし、生産量が急増し、品質が落ちた時期もあったが、近年は本来の輝きを取り戻している。火打ち石、蜂蜜、ハーブの香りがあり、酸がしっかりとしたミネラルあふれる味わいがガーヴィの本領である。魚介類との相性は抜群だ。

モンフェッラート地方を中心に造られる DOCG アスティ Asti はモスカート・ビアンコで造られる香り高い甘口ワイン。スパークリングワインのアスティ（またはアスティ・スプマンテ）、微発泡のモスカート・ダスティ、スティルのヴェンデンミア・タルディーヴァがある。アスティ・スプマンテのほとんどはシャルマ方式で造られるが、瓶内二次発酵を行う生産者も少数いる。アスティはイタリアの乾杯ワインの定番であり、高い人気がある。

DOCG ブラケット・ダックイ／ダックイ Brachetto d'Acqui/Acqui は、微発泡性の甘口赤ワインで、バラ、スミレ、麝香を想起させるアロマティックな香りを持つ。DOCG アスティの赤ヴァージョン的な楽しまれ方をしている。

中南部のクーネオ県ではネッビオーロ3大 DOCG であるバローロ、バルバレスコ、ロエーロが造られる。

DOCG バローロ Barolo は「ワインの王」「王のワイ

ン」と讃えられる偉大なワインで、ネッビオーロの力強さ、厳格さ、深遠さが最も出る呼称。ラ・モッラ、バローロなどの村がある生産地区西側は、トルトニアーノと呼ばれる青い泥灰土で、砂も混ざり、マグネシウム、マンガンが豊富で、香り高く、優美で、比較的早飲みの女性的バローロが生まれる。セッラルンガ・ダルバ、モンフォルテ・ダルバ、カスティリオーネ・ファッレットなどの村がある東側はエレヴィツィアーノと呼ばれる泥灰土で、鉄分が多く赤茶色をしていて、厳格で、スパイシーな男性的バローロが生まれる。

　DOCG バルバレスコ Barbaresco はバローロと並び称される高貴なワインで、ネッビオーロの繊細さ、優美さが最も表に出る呼称だ。「バローロの弟分」と呼ばれ、コンプレックスに悩んだ時代もあったが、今はバローロとは異なるエレガントさを明確に売り物にするようになった。

　DOCG ロエーロ Roero は同じ呼称にネッビオーロで造られる赤ワインと、アルネイスで造られる白ワインが含まれる。タナロ川左岸の砂質土壌で造られるネッビオーロはバローロ・バルバレスコと比べると、骨格や複雑さではやや劣るが、チャーミングな果実味を持った魅力的なワインで、より早く楽しむことができる。ロエーロ・アルネイスは1980年代以降人気が爆発した白ワインで、チャーミングで分かりやすい果実味があり、やや酸が少なく優しい味わいの白ワインだ。

　DOC バルベーラ・ダルバ Barbera d'Alba は、バルベーラ・ダスティと比べると、より濃い紫色をしていて、濃厚な果実味（桑の実、ブルーベリー、プラムなど）がある。熟成を必要とするバルベーラ・ダスティに対して、バルベーラ・ダルバは若い段階から開いていて、楽しむことができる。バローロ、バルバレスコの生産者が造ることが多いので、醸造技術も安定していて、知名度も高く、市場で見かけることも多い。

　DOC ドルチェット・ダルバ Dolcetto d'Alba は、「デイリーワインのチャンピオン」で、地元で根強い人気がある。濃い紫色で、若々しいブドウの香りを持ち、フルーティーだが、タンニンはしっかりしている。後口に感じるほのかな苦みが食欲をそそる。ドルチェットは早熟な品種なので、ネッビオーロが成熟しない標高の高い畑や、あまり日当たりの良くない畑に植えられることが多い。

　ドリアーニ村周辺のドルチェットは長期熟成能力の高いしっかりしたもので、2011年に DOCG ドルチェット・ディ・ドリアーニ・スペリオーレ Dolcetto di Dogliani Superiore、DOC ドルチェット・ディ・ドリアーニ Dolcetto di Dogliani、DOC ドルチェット・デッレ・ランゲ・モンレガレージ Dolcetto delle Langhe Monregalesi が一つになり、DOCG ドリアーニ Dogliani となった。

料理と食材

　ピエモンテ料理は繊細で味わい深いものが多い。特筆すべきは前菜が充実していることで、普通の日本人なら前菜だけでお腹いっぱいになってしまうだろう。ピエモンテ牛の生肉を刻んだものにレモン、塩をかけたカルネ・クルーダ・バットゥータ Carne cruda battuta、ピエモンテ名産のピーマンにツナ、ケッパーなどを詰めたペペローネ・リピエーノ Peperone ripieno、仔牛の薄切りにツナマヨネーズのソースを添えたヴィテッロ・トンナート Vitello tonnato など、どれもじつにおいしい。パスタとしては、タイアリン Tajarin が有名で、これは卵入り手打ち細麺で、卵の黄身の量が多いのが特徴で、肉のラグーソースをかけたり、バターとチーズと絡めたりして食べられる。肉を詰めた小ぶりのラヴィオリであるアニョロッティ・デル・プリン Agnolotti del plin も親しまれている。メインディッシュで最も名高いのは牛肉の塊を野菜とともにワインでマリネしてから、長時間煮込んだブラザート Brasato だ。オリーヴオイルにアンチョヴィ、ニンニクを入れて火にかけながら、野菜にそのソースを付けて食べる料理、バーニャ・カウダ Bagna cauda も有名である。食材としては高級なアルバの白トリュフが有名である。ファッソーナ牛は、トスカーナのキアニーナ牛と並ぶ高級牛である。

　チーズも種類が豊富で非常においしい。山羊、羊、牛のミルクで造られる比較的フレッシュなロビオーラ・ディ・ロッカヴェラーノ Robiola di Roccaverano、高地で造られるブルーチーズのカステルマーニョ Castelmagno、乳牛で作られるセミハードタイプのブラ Bra などがよく知られた DOP チーズである。

＜地方料理とワインの相性＞

Carne cruda battuta、Peperone ripieno、Vitello tonnato などの前菜には、Roero Arneis、Grignolino d'Asti。
Tajarin、Agnolotti del plin には Dolcetto d'Alba、Barbera d'Asti。
Brasato には Barolo、Barbaresco。
名産のヘーゼルナッツのタルト、トルタ・ディ・ノッチョーラ Torta di nocciola には、Moscato d'Asti。

DOP（DOCG）ワイン（16）

DOCG	特　性
Asti　アスティ（1993） 産地：アスティ県、アレッサンドリア県、クーネオ県の多数のコムーネ Moscato bianco 100%	Asti Spumante　白　超辛口から甘口　AT=11.52% 　ガス圧は3バール以上 Moscato d'Asti　白　甘口　AT=11%（うち、AE=4.5～6.5%）ガス圧は2バール以下　VT 共にデザートに合う。よく冷やして食前・食後酒にもする。適温は6～8℃ Asti Spumante はごく一部を除きほとんどタンク内発酵。2017年から辛口の Asti Secco が加わり、アペリティフ市場を狙っている。
Alta Langa　アルタ・ランガ（2011） 産地：クーネオ県、アスティ県、アレッサンドリア県 Pinot nero、Chardonnay 90～100%。その他10%まで。	Sp　白・ロゼ　辛口　AT=11.5%　Rv 瓶内二次発酵によるスパークリングワインの呼称である。
Barbaresco　バルバレスコ（1981） 産地：クーネオ県のバルバレスコ Nebbiolo 100%	赤　ガーネット色　乾燥したすみれの花、バニラ、ナツメッグの香り　辛口　AT=12.5%　PI=ブドウ収穫の年の11月1日から26カ月（うち、木樽熟成9カ月）　ブドウ収穫の年から3年目の1月1日から消費できる。　Rv　PI=50カ月（うち、木樽熟成9カ月）。ブドウ収穫の年から5年目の1月1日から消費できる。 良いヴィンテージには20年以上熟成する能力のある偉大なワインで、牛肉のグリルや煮込み、ジビエなどに合う。 66ある地区名（Asili, Albesani など）＝追加地理言及（menzione geografica aggiuntiva）、畑名（vigna）をラベルに表示することができる。年間生産量は3200kℓ。 常に Barolo と比較されるが、Barbaresco の方がタンニンがより優しく、より繊細な味わいで、Barolo よりは早くから楽しむことができる。
Barbera d'Asti　バルベーラ・ダスティ（2008） 産地：アスティ県、アレッサンドリア県の多数のコムーネ Barbera 90～100%。Freisa, Grignolino, Dolcetto10%まで。	赤　ルビー色で熟成につれてガーネット色になる　辛口　AT=12%　　Sr　AT=12.5%　PI=14カ月（うち、木樽熟成6カ月） 次の特定の地域（sottozona）のものは瓶のラベルに Nizza, Tinella, Colli Astiani/Astiano などの地域名を表示することができる。共に　Sr　AT=13%　PI=18カ月（うち、木樽熟成6カ月）
Barbera del Monferrato Superiore バルベーラ・デル・モンフェッラート・スペリオーレ（2008） 産地：アスティ県、アレッサンドリア県の多数のコムーネ Barbera85～100%。 Freisa, Grignolino, Dolcetto15%まで。	赤　濃いめのルビー色　辛口　AT=13%　PI=14カ月（うち、木樽熟成6カ月）　Sr　AT=13% 特定の畑（Vigna）のものはその畑名を瓶のラベルに表示することができる。　AT=13%
Barolo　バローロ（1981） 産地：クーネオ県のバローロ、ラ・モッラなど11コムーネ Nebbiolo 100%。	赤　オレンジ色を帯びたガーネット色。乾燥したばらやすみれの香り。野いちご、ラズベリー、ジャムの香り　辛口　AT=13%　PI=ブドウ収穫の年の翌年1月1日から3年（うち、木樽熟成2年）　Rv　PI=5年　キナ風味の Barolo Chinato も認められている。 生産地域の西側の La Morra、Barolo 村の土壌は粘土石灰質でマグネシウム

DOCG	特　性
	に富み、ワインがまろやかで早めに成熟する。東側の Castiglione Falletto, Serralunga d'Alba, Monforte d'Alba 村の土壌は鉄分に富み、ワインはしっかりして味わいが厳しく、時間をかけて成熟する。 20年以上の熟成に耐える偉大な赤ワインで、野獣の焼き肉・煮込み、赤身の肉（成牛）の焼き肉、トリュフを入れた料理に合う。 昔から「ワインの王であり、王のワインである」といわれてきた。 170ある地区名（Cannubi、Brunate、Bussia など）＝追加地理言及（menzione geografica aggiuntiva）、畑名（vigna）をラベルに表示することができる。 年間生産量9000kℓ。
Brachetto d'Acqui/Acqui　ブラケット・ダックイ／アックイ（1996） 産地：アスティ県、アレッサンドリア県の多数のコムーネ Brachetto 100％。	赤、ロゼ　ルビー色からロゼ色まで。繊細な麝香（じゃこう）の香り　甘口　AT＝11.5％（うち、AE＝5％）弱発泡性のもののガス圧は1.7バール以下　Sp　甘口　AT＝12％（うち AE＝6％）　Ps 二次発酵にはタンク内発酵と瓶内発酵の両方が認められている。フルーツのタルト、ババロア、ムースなどに合う。
Dogliani　ドリアーニ（2011） 産地：クーネオ県の多数のコムーネ Dolcetto 100％	赤　ルビー色　辛口　AT＝12％　PI＝1年　Sr　AT＝13％ 特定の畑（vigna）のものはその畑名を瓶のラベルに表示することができる。 ※ Dolcetto di Dogliani Superiore/Dogliani DOCG が 2011年 Dolcetto di Dogliani DOC と Dolcetto delle Langhe Monregalesi DOC を包括して新しい Dogliani DOCG となった。
Dolcetto di Diano d'Alba/Diano d'Alba　ドルチェット・ディ・ディアーノ・ダルバ／ディアーノ・ダルバ（2010） 産地：クーネオ県 Dolcetto 100％。	赤　辛口　AT＝12％　Sr　AT＝12.5％　PI＝1年 特定の畑（vigna）のものはその畑名を瓶のラベルに表示することができる。
Dolcetto di Ovada Superiore/Ovada　ドルチェット・ディ・オヴァーダ・スペリオーレ／オヴァーダ（2008） 産地：アレッサンドリア県の多数のコムーネ Dolcetto 100％。	赤　濃いルビー色で熟成につれてガーネット色を帯びる　辛口　AT＝12.5％　PI＝1年　Rv　AT＝13％　PI＝2年 特定の畑（Vigna）のものはその畑名を瓶のラベルに表示することができる。AT＝13％　PI＝20カ月
Erbaluce di Caluso/Caluso　エルバルーチェ・ディ・カルーソ／カルーソ（2010） 産地：トリノ県、ヴェルチェッリ県、ビエッラ県 Erbaluce　100％。	白　辛口　AT＝11％　Sp　辛口　AT＝11.5％　Ps　甘口　AT＝17％　ZR＝70g/ℓ　PI＝4年　Ps Rv　甘口　AT＝17％　PI＝5年
Gattinara　ガッティナーラ（1990） 産地：ヴェルチェッリ県のガッティナーラ Nebbiolo (Spanna) 90％以上。Vespolina, Bonarda di Gattinara 10％まで。	赤　ガーネット色。熟成につれてオレンジ色を帯びる。すみれの花、木いちごのジャム、香料の香り　辛口　AT＝12.5％　PI＝3年（うち、木樽熟成1年）　Rv　AT＝13％　PI＝4年（うち、木樽熟成2年） ブドウの生産・ワインの醸造・熟成・瓶詰め・貯蔵は条件付きで周辺の村の一部に認められるほかは、すべて Gattinara 村の中に限られる。 年間生産量は400kℓ。Barolo にも勝る名声を誇っていたが、第二次大戦後生産量が減少した。意欲的な生産者の活躍により近年目覚ましい品質向上が見られる。
Gavi/Cortese di Gavi　ガーヴィ／コルテーゼ・ディ・ガーヴィ（1998）	白　辛口　AT＝10.5％。　Sp　Fr　共に辛口　AT＝10.5％ 北イタリアの代表的な白ワイン。鋭い切れ味と、新鮮で火打ち石を思わせる

DOCG	特 性
産地：アレッサンドリア県のガーヴィなど11コムーネ Cortese 100%。	硬い酸味で魚介類に最適。口当たりの優しい Roero Arneis の対極にある。株数3300本/ha、ブドウ収率9.5t/ha、ワイン収率(hℓ/q.li) 70%と白ワインの中では生産規定が厳しい方。 "Gavi di Gavi" という DOCG は無いのでこの表示は不可。**Gavi DOCG del Comune di Gavi** は可。
Ghemme　ゲンメ（1997） 産地：ノヴァーラ県のゲンメ、ロマニャーノ・セシア Nebbiolo (Spanna) 85％以上。Vespolina など15％まで。	赤　ルビー色でガーネット色を帯びる　辛口　AT=12%　PI=3年（うち、木樽熟成20カ月、瓶内洗練9カ月）　Rv　AT=12.5%　PI=4年（うち、木樽熟成25カ月、瓶内洗練9カ月） 生産量が少なく、年間生産量は120kℓ。
Roero　ロエーロ（2004） 産地：クーネオ県のサント・ステファノ・ロエーロなど19コムーネ Nebbiolo 95％以上、この州の黒ブドウ5％まで（昔は Nebbiolo bianco といわれる白ブドウの Arneis を10％混醸していたが生産規定が変更された）。 Roero Arneis は Arneis 95％以上。	Roero　赤　辛口　AN=12.5%　PI=20カ月（うち、木樽熟成6カ月） 　Rv　AN=12.5%　特定の畑（vigna）のものはその畑名を瓶のラベルに表示することができる。PI=32カ月（うち、木樽熟成6カ月） Roero Arneis　白　辛口　AN=11%　特定の畑のものは AT=11% 　Sp　白　辛口　AT=11.5% 比較的酸が少ない品種で、魅力的な果実味とまろやかな口当たりを持つ。1970年代には絶滅寸前の品種だったが、1980年代から大ブームとなり、今やピエモンテを代表する白ワインになった。
Ruchè di Castagnole Monferrato　ルケ・ディ・カスタニョーレ・モンフェッラート（2010） 産地：アスティ県 Ruchè 90％以上。	赤　辛口・中甘口　AT=12.5%

DOCG ニッツァについて

　DOCG バルベーラ・ダスティの下部地区であるニッツァが独立した DOCG ニッツァであるが、「国立原産地呼称委員会」が、DOCG 昇格が適当だと判断して EU に送ったのが2014年で、EU がまだ認定しない宙ぶらりん状態が4年以上続いている。「国立原産地呼称委員会」が認めたものを EU が否認することはほぼあり得ないとは思われるが、困った状況である。

　待ちきれないイタリア側は「暫定ラベルに関する認可」によりラベルに DOCG ニッツァと表記する暫定ラベルをイタリア農林省に申請して、許可を得た。それに基づいて2016年の7月から DOCG ニッツァと書いたラベルのワインが市場にリリースされている。ただ、この暫定ラベルを認めたイタリア農林省の書類には「EU の認定が得られなかった場合は、DOCG ニッツァと表記したラベルのワインを市場から引き揚げるか、ラベルを張り直すこと」と明記されているので、農林省も DOCG リストにニッツァを載せていない。このような奇妙な状態が未だに続いている。

DOP（DOC）ワイン（42）

DOC	特　性
Alba　アルバ（2010） 産地：クーネオ県 Nebbiolo 70〜85％、Barbera 15〜30％	赤　辛口　PI=17カ月（うち、9カ月以上は木樽）　　Rv　PI=23カ月（うち、12カ月以上は木樽）
Albugnano　アルブニャーノ（1997） 産地：アスティ県 Nebbiolo 85％以上。Freisa など15％まで。	Rosso　赤　辛口から薄甘口まで　AT=11.5％　Sr　辛口　AT=11.5％ PI=1年（うち、木樽熟成6カ月） Rosato　ロゼ　辛口から薄甘口まで　AT=11％
Barbera d'Alba　バルベーラ・ダルバ（1970） 産地：クーネオ県　Barbera 85〜100％。 Nebbiolo 0〜15％	赤　辛口　AT=12％　Sr　PI=1年（木樽熟成）
Barbera del Monferrato　バルベーラ・デル・モンフェッラート（1970） 産地：アレッサンドリア県、アスティ県 Barbera 85〜100％。Freisa など15％まで。	赤　辛口　時に薄甘口に近いものもある。 AT=11.5％　Fr　AT=11.5％ 時に微発泡の vivace や弱発泡の frizzante に近いものもある。
Boca　ボーカ（1969） 産地：ノヴァーラ県 Nebbiolo（Spanna）70〜90％。Vespolina と Uva rara（Bonarda novarese）で10〜30％。	赤　辛口　AT=12％　PI=34カ月（うち、木樽熟成18カ月）　Rv　AT=12％ PL=46カ月（うち、木樽熟成24カ月）
Bramaterra　ブラマテッラ（1979） 産地：ヴェルチェッリ県 Nebbiolo（Spanna）50〜80％。Croatina 30％以下。その他20％まで。	赤　辛口　AT=12％　PI=2年（うち、木樽熟成18カ月）　Rv　PI=3年（うち、木樽熟成24カ月）
Calosso　カロッソ（2011） 産地：アスティ県 Gamba Rossa N.（Imperatrice dalla gamba rossa）90％以上。	赤ワイン：辛口　AT=11.5％　PI=20カ月 　Rv　AT=12％　PI=30カ月 　Passarà　AT=14％
Canavese　カナヴェーゼ（1996） 産地：トリノ県、ビエッラ県、ヴェルチェッリ県 Bianco は Erbaluce 100％。Rosso、Rosato は Nebbiolo、Barbera、Bonarda、Freisa、Neretto 60％以上。その他40％まで。品種表示ワインはその品種85％以上。その他15％まで。	白ワイン： 　Bianco　辛口　AT=10％　Sp　AT=11％ 赤ワイン： 　Rosso　辛口　AT=10.5％　Nv 　Nebbiolo　辛口　AT=11％。 　Barbera　辛口　AT=10.5％ ロゼワイン： 　Rosato　辛口　AT=10.5％　Sp　AT=11％
Carema　カレーマ（1967） 産地：トリノ県 Nebbiolo 85％以上。その他15％まで。	赤　ルビー色。熟成につれてガーネット色になる。バラとスミレの花の香り、フルーツ、胡椒、タバコの香り　辛口　AT=12％　PI=3年（うち、木樽熟成2年）　Rv　PI=4年（うち、木樽熟成30カ月、瓶内洗練1年）。長命で10年以上の熟成に耐える評価の高いワイン。年間生産量35kℓ。
Cisterna d'Asti　チステルナ・ダスティ（2002）　産地：アスティ県、クーネオ県 Croatina 80〜100％。その他20％まで。	赤　辛口　AT=11.5％　Sr　辛口　AT=12％　PI=10カ月

DOC	特 性
Colli Tortonesi　コッリ・トルトネージ （1974）　産地：アレッサンドリア県 Bianco は Cortese、Favorita、Pinot bianco など、Rosso と Chiaretto は Aleatico, Barbera, Dolcetto, Fresia など、この県の推奨品種あるいは許可品種。品種表示ワインはその品種85％以上。その他15％まで。	白ワイン： 　Bianco　辛口　AT=10% 　Cortese　辛口　AT=10%　Sp　AT=11.5%　Fr　AT=10.5%。 　Moscato Bianco　甘口　AT=11%（うち、AE=5%）ガス圧は1.7バールまで 　Timorasso　辛口　AT=12% 　Favorita　白　辛口　AT=10% 赤ワイン： 　Rosso　辛口　AT=10%　Nv　AT=11% 　Barbera　辛口　AT=11.5%　Sr　辛口　AT=12.5% 　Croatina　辛口　AT=12% 　Dolcetto　辛口　AT=10.5%　Nv　AT=11%。 ロゼワイン： 　Chiaretto　ロゼ・赤　ロゼ色あるいは明るいルビー色　辛口　AT=10% Barbera のうち特定の地域（sottozona）の Monleale、Terre di Libarna はその地名を瓶のラベルに表示することができる。PI=20カ月（うち、木樽熟成6カ月）
Collina Torinese　コッリーナ・トリネーゼ （1999） 産地：トリノ県 Rosso は Barbera 60％以上。Freisa 25％以上。その他15％まで。品種表示ワインはその品種85％以上。その他15％まで。	Rosso　赤　辛口　AT=10.5%　Nv Barbera, Bonarda　赤　辛口　AT=10.5% Malvasia　チェ　甘口　AT=10%（うち、AE=5.5%）。 Pelaverga/Cari　チェ　甘口　AT=10%（うち、AE=5%）
Colline Novaresi　コッリーネ・ノヴァレージ（1994） 産地：ノヴァーラ県 Bianco は Erbaluce100％。Colline Novaresi は Nebbiolo 50％以上。品種表示ワインはその品種85％以上。その他15％まで。	白ワイン： 　Bianco　辛口　AT=11% 赤ワイン： 　Colline Novaresi　赤　濃いめの赤　辛口　AT=11%　Nv 　Nebbiolo, Uva Rara, Barbera, Vespolina, Croatina　赤　辛口 　　AT=11% ロゼワイン： 　Rosato　AT=11%
Colline Saluzzesi コッリーネ・サルッツェージ（1996） 産地：クーネオ県 Colline Saluzzesi は Pelaverga、Nebbiolo、Barbera、Chatus 60％以上。その他40％まで。品種表示ワインはその品種85％以上。その他15％まで。	Rosso　赤　ルビー色。ラズベリー、フサスグリの香り　辛口　AT=10% Pelaverga　薄い赤色　辛口　AT=10% Quagliano　薄い赤色　中甘口・甘口　AT=10%　Sp　甘口　AT=11%（うち、AE=7%）
Cortese dell'Alto Monferrato　コルテーゼ・デッラルト・モンフェッラート（1979） 産地：アスティ県、アレッサンドリア県 Cortese 85〜100％。その他15％まで。	白　辛口　AT=10%　Sp　辛口　Fr　辛口

DOC	特　性
Coste della Sesia　コステ・デッラ・セシア（1996） 産地：ヴェルチェッリ県 Bianco は Erbaluce 100％。Rosso と Rosato は Nebbiolo（Spanna）50％以上。その他50％まで。品種表示ワインはその品種85％以上。その他15％まで。	白ワイン： 　　Bianco　辛口　AT=10.5％ 赤ワイン： 　　Rosso　辛口　AT=11％ 　　Nebbiolo, Bonarda, Croatina, Vespolina　辛口　AT=11％ ロゼワイン： 　　Rosato　辛口　AT=10.5％
Dolcetto d'Acqui　ドルチェット・ダックイ（1972） 産地：アレッサンドリア県 Dolcetto 100％。	赤　辛口　AT=11.5％　Sr　AT=12.5％　PI=1年
Dolcetto d'Alba　ドルチェット・ダルバ（1974） 産地：クーネオ、アスティ県 Dolcetto 100％。	赤　辛口　AT=11.5％　Sr　AT=12.5％　PI=1年
Dolcetto d'Asti　ドルチェット・ダスティ（1974） 産地：アスティ県 Dolcetto 100％。	赤　辛口　AT=11.5％　Sr　AT=12.5％　PI=1年
Dolcetto di Ovada　ドルチェット・ディ・オヴァーダ（1972） 産地：アレッサンドリア県 Dolcetto 97〜100％。	赤　辛口　AT=11.5％
Fara　ファーラ（1969） 産地：ノヴァーラ県 Nebbiolo（Spanna）50〜70％、Vespolina と Bonarda novarese（Uva rara）で30〜50％。	赤　辛口　AT=12％　PI=3年（うち、木樽熟成2年） 赤身の焼き肉、野獣の肉料理に最適。17世紀から知られた銘酒。 平均生産量は70〜100kℓ
Freisa d'Asti　フレイザ・ダスティ（1972） 産地：アスティ県 Freisa 100％	赤　辛口・中甘口　AT=11％　Sr　AT=11％（AN=11.5％）　PI=収穫翌年の11月1日以降まで Sp naturale　Fr naturale
Freisa di Chieri　フレイザ・ディ・キエーリ（1974） 産地：トリノ県 Freisa 100％。	赤　辛口・中甘口　AT=11％　Sr　AT=11％（AN=11.5％）PI=1年 Sp naturale　Fr naturale
Gabiano　ガビアーノ（1984） 産地：アレッサンドリア県 Barbera 90〜95％以上。Grignolino、Freisa 5〜10％まで。	赤　濃いルビー色で熟成につれてガーネット色を帯びる。草花とフルーツの香り　辛口　AT=12％　Rv　AT=12.5％　PI=2年
Grignolino d'Asti　グリニョリーノ・ダスティ（1973） 産地：アスティ県 Grignolino 90％以上。Freisa 10％まで。	赤　辛口　AT=11％

DOC	特　　性
Grignolino del Monferrato Casalese グリニョリーノ・デル・モンフエッラート・カサレーゼ（1974） 産地：アレッサンドリア県 Grignolino90％以上。Freisa 10 ％まで。	赤　辛口　AT=11％
Langhe　ランゲ（1994） 産地：クーネオ県 BiancoとRossoはこの県の推奨品種か許可品種。品種表示ワインはその品種85％以上。	白ワイン：Bianco　AT=10.5％　Bianco Ps, Arneis, Arneis Ps, Chardonnay, Favorita, Nascetta, Riesling, Rossese bianco, Sauvignon 赤ワイン：Rosso　AT=11％　Rosso Ps, Barbera, Cabernet Sauvignon, Dolcetto, Dolcetto Nv, Freisa, Freisa Fr, Merlot, Nebbiolo, Pinot nero ロゼワイン：Rosato　AT=11.5％
Lessona　レッソーナ（1977） 産地：ヴェルチェッリ県 Nebbiolo（Spanna）85％以上。	赤　辛口　AT=12％　PI=22カ月（うち、木樽熟成1年） Rv　AT=12％　PI=46カ月（うち、木樽熟成30カ月）
Loazzolo　ロアッツォーロ（1992） 産地：アスティ県 Moscato bianco 100％	白　輝くような黄金色　甘口　AT=15.5％（うち、AE=11％）PI=2年（うち、木樽熟成6カ月）　VT
Malvasia di Casorzo d'Asti/Casorzo マルヴァジア・ディ・カソルツォ・ダスティ/カソルツォ（1968） 産地：アスティ県、アレッサンドリア県 Malvasia di Casorzo 90％以上。Freisaなど10％まで。	赤・チェ　ルビー色からロゼ色まで　甘口　AT=10.5 ％（うち、AE=4.5％）。ガス圧は20℃で1.7バールまで。Sp　甘口　AT=11％（うち、AE=6.5％）。ガス圧は3バール以上　Ps　甘口　AT=15％（うち、AE=10％）
Malvasia di Castelnuovo Don Bosco マルヴァジア・ディ・カステルヌオーヴォ・ドン・ボスコ（1974） 産地：アスティ県 Malvasia di SchieranoとMalvasia Nera Lungaで85％以上。Freisa 15％まで。	チェ　桜色　甘口　AT=10.5％　Sp　AT=11％　Fr
Monferrato　モンフェッラート（1994） 産地：アレッサンドリア県、アスティ県 Bianco、Rosso、Chiarettoはこの県の推奨品種あるいは許可品種のブドウ。CasaleseはCortese 85％以上。その他15％まで。品種表示ワインはその品種85％以上。その他15％まで。	白ワイン： 　Bianco　辛口　AT=10％ 　Casalese　辛口　AT=10.5％ 　特定の地理的表示（menzione geografica）のCasaleseのものはその地域名を瓶のラベルに表示することができる。 赤ワイン 　Rosso　辛口　AT=11％　Nv 　Dolcetto, Freisa　辛口　AT=11％　Nv ロゼワイン： 　Chiaretto (Ciaret)　キア　ロゼ色または明るい赤色。辛口　AT=10.5％
Nebbiolo d'Alba　ネッビオーロ・ダルバ（1970） 産地：クーネオ県　　　Nebbiolo 100％。	赤　辛口から甘口まで　AT=12％　PI=1年（辛口）Sp

DOC	特 性
Piemonte　ピエモンテ (1994) 産地:アレッサンドリア県、アスティ県、クーネオ県 Moscato は Moscato bianco100%。その他の品種表示ワインはその品種85%以上。	白ワイン: 　Chardonnay　辛口　AT=10.5%　Sp　Fr 　Cortese　辛口　AT=10%　Sp　Fr 　Moscato　甘口　AT=10.5%（うち、AE=5.5%）　Ps　甘口　AT=15.5% 　　（うち、AE=11%） 　Piemonte, Pinot Nero, Pinot Bianco, Pinot Grigio, Pinot-Chardonnay, Chardonnay-Pinot　辛口　AT=10.5%　すべてに Sp 赤ワイン: 　Barbera　辛口　AT=11%　Fr　AT=11% 　Grignolino 辛口　AT=11% 　Brachetto　甘口　AT=11%（うち、AE=6%）　Sp 赤 甘口 AT は左と同じ 　Bonarda　辛口・中甘口　AT=11%　Fr　AT=11%　すべてに Nv ロゼワイン: 　Rosato　AT=10.5%
Pinerolese　ピネロレーゼ (1996) 産地:トリノ県、クーネオ県 Rosso、Rosato は Barbera、Bonarda、Nebbiolo、Neretto 50%以上。その他50%まで。Ramie は Avanà 30%以上。Avarengo 15%以上。Neretto 20%以上。その他35%まで。品種表示ワインはその品種85%以上。	赤ワイン: 　Rosso　辛口　AT=10% 　Barbera, Bonarda, Dolcetto, Freisa　辛口　AT=10.5% 　Ramie 赤　辛口　AT=10% ロゼワイン: 　Rosato　辛口　AT=10% 　Doux d'Henry　辛口　AT=10%
Rubino di Cantavenna　ルビーノ・ディ・カンタヴェンナ (1970) 産地:アレッサンドリア県 Barbera 75〜90%。Grignolino、Freisa 25%まで。	赤　辛口　AT=11.5%　PI=1年
Sizzano　シッツァーノ (1969) 産地:ノヴァーラ県 Nebbiolo (Spanna) 50〜70%。Vespolina と Bonarda novarese で30〜50%。	赤　ガーネット色を帯びたルビー色。スミレの花の香りを伴ったワインらしい（vinoso）香り　辛口　AT=12%　PI=3年（うち、木樽熟成2年） 10年以上の熟成に耐えることもある偉大なワイン。同じノヴァーラ県の Ghemme の弟格。年間生産量は20kℓ。
Strevi　ストレーヴィ (2005) 産地:アレッサンドリア県 Moscato bianco 100%	白　Ps　甘口　AT=20%（うち、AE=12.5%）　PI=2年 特定の畑（vigna）のものはその畑名を瓶のラベルに表示することができる。AE=13%
Terre Alfieri テッレ・アルフィエーリ (2009) 産地:アスティ県、クーネオ県 Arneis、Nebbiolo それぞれ85%以上。その他、この州の同色のブドウ15%まで。	白ワイン: 　Arneis　辛口　AT=11.5% 赤ワイン: 　Nebbiolo　辛口　AT=12.5% 特定の畑（vigna）のものはその畑名を瓶のラベルに表示することができる。ただし、AT は0.5%増加。

DOC	特　性
Valli Ossolane ヴァッリ・オッソラーネ（2009） 産地：ヴェルバーノ・クシオ・オッソラ県 **Bianco** は Chardonnay 60%以上、その他、この県の白ブドウ40%まで。**Rosso** は Nebbiolo、Croatina、Merlot 60%以上。その他、この県の黒ブドウ40%まで。**Nebbiolo** は Nebbiolo 85%以上。その他、この県の黒ブドウ15%まで。	白ワイン： 　Bianco　辛口　AT=11% 赤ワイン： 　Rosso　辛口　AT=11% 　Nebbiolo　辛口　AT=11%　Ｓｐ　AT=11.5% 特定の畑（vigna）のものはその畑名を瓶のラベルに表示することができる。ただし、AT は0.5%増加。
Valsusa ヴァルスーザ（1997） 産地：トリノ県 Avanà、Barbera、Dolcetto、Neretta cuneese 60%以上。その他40%まで。	赤　辛口　AT=11%　Nv
Verduno Pelaverga/Verduno ヴェルドゥーノ・ペラヴェルガ／ヴェルドゥーノ（1995） 産地：クーネオ県 Pelaverga piccolo 85%以上。その他15%まで。	赤　辛口　AT=11% 特定の畑（vigna）のものはその畑名を瓶のラベルに表示することができる。

リグーリア州　*Liguria*

プロフィール

　イタリアの北西部に位置するリグーリア州は、西はフランスと国境を接し、北はピエモンテ州とエミリア－ロマーニャ州、東はトスカーナ州と接している。州都ジェノヴァはイタリア最大の港町である。

　リグーリアは、西にリグーリア・アルプス山脈、北はリグーリア・アペニン山脈、南はリグーリア海に挟まれ、東西に弓形に細長く延びている。

　わずかな耕作可能な土地を利用して、困難なブドウ栽培が行われているが、この州の魅力は100種類以上ともいわれる土着品種である。ピガート、ヴェルメンティーノでは、香り高く心地よい塩っぽさを持つフレッシュな白ワインが造られ、ボスコ、アルバローラでは個性的で複雑な白ワインが造られる。ロッセーゼでは果実味豊かで調和の取れた味わいの赤ワインが造られ、オルメアスコ（ドルチェットの地元名）では喜ばしい赤ワインが造られている。過去に多く栽培されていたにもかかわらず、ほとんど消滅してしまった品種や、まだ潜在能力を発揮できていない品種も多くあり、今後の発展に期待がかかる。

　リグーリア州のワインは、成熟した果実味を持つが、重くなりすぎることはなく、爽やかなアロマとフレッシュな飲み口を保持していることが多い。後口のかすかな苦みや、ミネラルのトーンが絶妙のアクセントとなっている。

　生産量が少ないため、地元住民とこの地を訪れる大量の観光客により消費されてしまい、州外で手に入れるのは簡単ではない。

歴史、文化、経済

　リグーリアは古代ローマ時代からイタリアとフランスを結ぶ重要な交通路として栄えた。

　中世後期にはジェノヴァ共和国がヴェネツィア共和国と地中海貿易の覇権を争うほどに繁栄した。多くの冒険家、探検家を輩出したが、最も有名なのは新大陸を発見したクリストフォロ・コロンボ（コロンブス）である。

　ウィーン会議（1814－1815）後にサヴォイア王家のサルデーニャ王国に併合され、イタリア統一に重要な役割を果たしたジュゼッペ・ガリバルディ、ジュゼッペ・マッツィーニなどを輩出した。

　産業革命以降は、重要な港町であるジェノヴァ、ラ・スペツィア、サヴォーナ周辺に、鉄鋼業、石油化学産業、重工業が発展し、第二次世界大戦後は、ロンバルディア、ピエモンテと共に高度経済成長の牽引役を果たした。

　美しい海と、背後にそびえる山という自然に恵まれたリグーリアはイタリアでも屈指の観光地である。音楽祭で有名なサンレモ、瀟洒な港町ポルトフィーノ、ポルト・ヴェネレ、世界遺産に登録されているチンクエ・テッレなど多くの名勝地がある。夏には人口が3倍に膨れ上がるほどヴァカンス客が押し寄せる。

　「イタリアで最も吝嗇」とされるリグーリア人だが、非常に狭い土地で多くの人間が暮らしていく中で生まれてきた節約の知恵だろう。文化レベルは高く、俳優、音楽家、政治家などを多く輩出している。

地理と風土

　5420km²の面積を持つリグーリア州は、イタリアではヴァッレ・ダオスタ、モリーゼに次いで小さな州であるが、人口は160万人以上と多く、人口密度が高い州である。海と山に挟まれた細長い土地に多くの住民が住んでいる。

　州の65%が山岳地帯で、35%が丘陵地帯、平野はない。そのうえ土地の69%が森林なので、耕作可能な土地は非常に少ない。海のすぐそばに絶壁がそそり立つところも多く、急な傾斜の狭い段々畑でブドウが栽培されている風景は実に印象的である。

　ジェノヴァから西がリヴィエーラ・ディ・ポネンテ、東がリヴィエーラ・ディ・レヴァンテと呼ばれている。

海岸沿いは温暖な地中海気候に恵まれていて、フランス国境を越えて西に続いているコート・ダジュールと同じく、避寒地としても人気がある。温暖な気候を利用した花の栽培も盛んで、有名なウィーンフィルのニューイヤー・コンサートで飾られる花は毎年サンレモから送られるものだ。リグーリア海からの海風の微妙な影響もブドウ栽培にとっては重要である。柑橘類も栽培され、繊細なオリーヴオイルも有名だ。ローズマリー、タイム、バジリコなどのハーブは非常に香り高いものができる。

内陸部は亜大陸性気候で、冬の寒さ、夏の暑さが厳しい。

地域別ワインの特徴

州西部には、リグーリアで最も重要な赤ワインであるDOCロッセーゼ・ディ・ドルチェアックア Rossese di Dolceacqua がある。心地よい果実味があり、かすかにスパイシーなロッセーゼは、軽い早飲みのスタイルから、熟成能力を持ったしっかりとした味わいのものまで、様々なタイプがある。

DOCオルメアスコ・ディ・ポルナッシオ Ormeasco di Pornassio は、地元でオルメアスコと呼ばれるドルチェットで造られる赤ワインである。生産者によっては、ピエモンテに負けないものもある。

DOCリヴィエーラ・リグレ・ディ・ポネンテ Riviera Ligure di Ponente では、ピガート、ヴェルメンティーノの出来が良い。石灰土壌で生まれるこれらの白ワインは、みずみずしい味わいと、心地よいミネラルが特徴だ。

ジェノヴァの東のリヴィエーラ・ディ・レヴァンテでは、DOCチンクエ・テッレ Cinque Terre が有名だ。チンクエ・テッレは5つの村の総称で、海に迫る絶壁の段々畑の風景は唯一のもので、世界遺産に登録されている。ボスコ、アルバローラ、ヴェルメンティーノで造られる白ワインだが、手作りの農夫的なワイン造りをする生産者が多い。白ワインではあるが、果皮とともに発酵するのがこの地の伝統で、ワインは色が濃く、常にやや酸化したトーンがある。チンクエ・テッレの陰干し甘口ヴァージョンが、DOCチンクエ・テッレ・シャッケトラ Cinque Terre Sciacchetrà で、これもやや酸化したトーンのある、非常に複雑なワインである。辛口のものも、シャッケトラも、ともに海を想起させるアロマや塩っぽさがワインに感じられる。

トスカーナにまたがる呼称DOCコッリ・ディ・ルーニ Colli di Luni の石灰質土壌では、ミネラル分あふれる優美なヴェルメンティーノと、味わい深いサンジョヴェーゼ・ベースの赤ワインが造られている。ヴェルメンティーノの品質は特記に値する。

料理と食材

典型的な地中海料理で、海の幸と山の幸がバランスよく使われている。

最も有名なのはバジリコ、松の実をすりつぶしてパルミジャーノ・チーズとオリーヴオイルを入れたペスト・ジェノヴェーゼ Pesto genovese で、トレネッテ Trenette、トロフィエ Trofie などのパスタを和えるのに使われるのが定番であるが、それ以外にミネストローネ Minestrone に入れたり、魚料理のソースとして添えたりすることも多い。

ラヴィオーリの一種にクルミのソースをかけたパンソーティ・コン・ラ・サルサ・ディ・ノーチ Pansoti con la salsa di noci も山の幸をうまく利用したリグーリアらしい料理だ。

ブリッダ Buridda は干ダラなどを使ったスープで、チュッピン Ciuppin は魚を裏ごししたスープである。

有名なカッポン・マーグロ Cappon Magro は大皿の上に10種類近い魚介類、野菜を盛り付けるという豪華な料理で、伊勢海老を盛り付けるゴージャスなヴァージョンもある。

チーマ・アッラ・ジェノヴェーゼは Cima alla genovese は、仔牛のミンチ、胸腺、野菜、ゆで卵、松の実などを大きなロールにして火を通して、それを冷製にして食するもので、地元の食料品店でよく見かける。

DOPにも認定されているリヴィエーラ・リグレ Riviera ligure のオリーヴオイルは、強烈なアロマと攻撃的な味わいを持つトスカーナのものとは対照的に、控えめで繊細な香りで、非常にエレガントな味わいである。魚介類との相性が抜群のオイルだ。

<料理とワインの相性>
Ciuppinには、Colli di Luni Vermentino。
Buriddaには、Cinque Terre。
Trenette al pesto genoveseには、Riviera Ligure di Ponente Vermentino。
Cappon Magroには、Riviera Ligure di Ponente Pigato。
Cima alla genoveseには、Rossese di Dolceacqua、Ormeasco di Pornassio。

DOP（DOC）ワイン（8）

DOC	特　性
Cinque Terre, Cinque Terre Sciacchetrà チンクエ・テッレ、チンクエ・テッレ・シャッケトラ（1973） 産地：ラ・スペツィア県 Bosco 40％以上。Albarola と Vermentino 40％まで。その他、20％まで。	白　辛口　AT＝11％ Sciacchetrà　白　黄金色を帯びた琥珀色　薄甘口から甘口まで　AT＝17％（うち、AE＝13.5％）PI＝1年 Sciacchetrà　Rv　上と同じ。PI＝3年 次の特定の地域（sottozona）のものはその地域名を瓶のラベルに表示することができる。 Costa de Sera, Costa de Campu, Costa da Posa 特定の地域のワインは AT が他のものより0.5％多い。 Sciacchetrà はブドウを乾燥させて糖度を高めて造る甘口ワインで、食後酒または瞑想ワインとして飲まれている。
Colli di Luni　コッリ・ディ・ルーニ（1989） 産地：ラ・スペツィア県、トスカーナ州マッサ-カッラーラ県 Bianco は Vermentino 35％以上。Trebbiano toscano 25〜40％。その他35％まで。Rosso は Sangiovese 50％以上。その他50％まで。Vermentino は同名品種90％以上。Albarola は同名品種85％以上。	白ワイン： 　Bianco　辛口　AT＝11％ 　Vermentino　辛口　AT＝11.5％　Sr　AT＝12.5％　Albarola　辛口　AT＝11.5％ 赤ワイン： 　Rosso　辛口　AT＝11.5％　Rv　AT＝12.5％　PI＝2年
Colline di Levanto　コッリーネ・ディ・レヴァント（1995） 産地：ラ・スペツィア県 Bianco は Vermentino 40％。Albarola 20％以上。その他40％まで。Rosso は Sangiovese 40％。Ciliegiolo 20％以上。その他40％まで。Vermentino は同名品種85％以上。	白ワイン： 　Bianco　辛口　AT＝11％　Vermentino　辛口　AT＝11.5％ 赤ワイン： 　Rosso　辛口　AT＝11％　Nv　甘口・薄甘口　AT＝11％
Golfo del Tigullio-Portofino/Portofino ゴルフォ・デル・ティグッリオ－ポルトフィーノ／ポルトフィーノ（1997） 産地：ジェノヴァ県 Bianco は Vermentino と Bianchetta genovese で60％以上。Moscato Ps は Moscato 100％。Rosso と Rosato は Ciliegiolo 20〜70％と Dolcetto で60％以上。その他40％まで。品種表示ワインはその品種85％以上。その他15％まで	白ワイン： 　Bianco　辛口　AT＝10.5％　Fr 　Golfo del Tigullio　Sp　辛口　AT＝11％ 　Golfo del Tigullio　Ps　甘口　AT＝16.5％（うち、AE＝14％） 　Bianchetta Genovese, Vermentino　辛口　AT＝10.5％　共に Fr 　Moscato　甘口　AT＝10％（うち、AE＝5.5％）Ps　甘口　AT＝15.5％（うち、AE＝11％） 赤ワイン： 　Rosso　辛口　AT＝10.5％　Nv　Fr ロゼワイン： 　Rosato　辛口　AT＝10.5％　Fr 　Ciliegiolo　辛口　AT＝11％　Nv　Fr
Pornassio/Ormeasco di Pornassio ポルナッシオ／オルメアスコ・ディ・ポルナッシオ（2003） 産地：インペリア県 Ormeasco（Dolcetto）95％。その他5％まで。	赤　辛口　AT＝11％　Sr　AT＝12.5％　PI＝1年 Sciacchetrá　ロゼ　珊瑚色(さんご)　辛口　AT＝10.5％ Ps　甘口　AT＝16.5％（うち、AE＝15％）PI＝12カ月 Ps　Lq　甘口　AT＝18％（うち、AE＝16％）PI＝12カ月

DOC	特 性
Riviera Ligure di Ponente　リヴィエーラ・リグレ・ディ・ポネンテ（1989） 産地：サヴォーナ県、インペリア県 Granaccia（Alicante）、Rossese は同名品種90％以上。Pigato、Vermentino は同名品種95％以上。 Moscato は Moscato bianco 100％。	白ワイン： 　Pigato, Vermentino　辛口　AT=11％ 赤ワイン： 　Rossese　辛口　AT=11％ 次の特定の地域（sottozona）のものはその地域名を瓶のラベルに表示することができる。 　Riviera dei Fiori, Albenga/Albenganese, Finale/Finalese
Rossese di Dolceacqua/Dolceacqua　ロッセーゼ・ディ・ドルチェアックア/ドルチェアックア（1972） 産地：インペリア県 Rossese 95％. 以上。その他5％まで。	赤　辛口　AT=12％　Sr　AT=13％　PI=1年
Val Polcèvera　ヴァル・ポルチェーヴェラ（1999） 産地：ジェノヴァ県 Bianco は Vermentino、Bianchetta genovese、Albarola 60％以上。その他40％まで。Rosso, Rosato は Dolcetto, Sangiovese, Ciliegiolo 60％以上。Barbera 40％まで。品種表示ワインはその品種85％以上。その他15％まで。	白ワイン： 　Bianco　辛口　AT=10％　Sp　辛口　AT=11％　Fr　Ps　甘口 　　AT=15.5％（うち、AE=14％）　Lq 　Vermentino, Bianchetta Genovese　辛口　AT=10.5％　共に Fr 　Coronata　辛口　AT=11％ 赤ワイン： 　Rosso　辛口　AT=10.5％　Fr　Nv ロゼワイン： 　Rosato　辛口　AT=10.5％　Fr

IGP：Colline del Genovesato, Colline Savonesi, Liguria di Levante, Terrazze dell'Imperiese

ロンバルディア州　*Lombardia*

プロフィール

　イタリアの北西部に位置するロンバルディア州は、北はスイスと国境を接し、西はピエモンテ州、東はトレンティーノ－アルト・アディジェ州、ヴェネト州、南はエミリア－ロマーニャ州に接している。

　イタリアで最も豊かな州で、国民総生産の4分の1を生み出している。工業、金融、商業の中心地ミラノは、ファッションの都でもあり、多くの外国人観光客が訪れる。

　ワイン生産地としては、厳格な「山のワイン」産地のヴァルテッリーナ、高級スパークリング産地のフランチャコルタ、ミラノに大量にワインを供給してきたオルトレポ・パヴェーゼの3つが中心となる。山岳地帯、丘陵地帯、平野部と変化に富んだ州らしく、ワインのタイプも多く、その個性も様々である。

歴史、文化、経済

　古代ローマ時代にすでにミラノは重要な都市として栄えていた。ゲルマン大移動でイタリア半島にやってきて、パヴィアを首都に王国を築いたランゴバルド族が、この州の名前の由来となっている。中世からルネッサンス期にかけてはマントヴァのゴンツァーガ、ミラノのヴィスコンティ、スフォルツァなどの有名な貴族が都市を支配した。その後、フランス、スペイン、オーストリアなど外国支配の時代が続いたが、ロンバルディアはイタリア統一運動の中心となり、イタリア王国成立に貢献した。第二次世界大戦後は「奇跡の経済成長」の中心としてイタリア経済を引っ張り、南部から多くの国内移民が流入した。現在イタリアで最も人口の多い州で、1000万人近い。

　商業、金融、重工業、軽工業、ファッション、食品、薬品などロンバルディアにはあらゆる産業が集まっている。優れたマネージャーや経営者を数多く輩出したミラノのボッコーニ大学はエリート養成校である。観光は最も重要な産業ではないが、やはりミラノやコモ湖は人気があり、観光客の数ではイタリアのトップ5に入っている。

　ルネッサンス期から豊かな文化が花開いていたが、その後フランス、スペイン、オーストリアの影響を受けることにより、さらに洗練された文化が根付くようになった。イタリアでは珍しくサロン文化のあるところで、社交界も華やかであった。レオナルド・ダ・ヴィンチの「最後の晩餐」のフレスコ画があるのもミラノで、ブレーラ美術館も有名だ。スカラ座はイタリア・オペラの殿堂で、毎年12月7日に行われるオープニング公演には、各界の名士が着飾って駆けつける。ミラノはまた、ジャーナリズムや出版の重要な中心でもある。

地理と風土

　ロンバルディアは面積2万3862km²でイタリアで4番目に大きな州だ。山岳地帯が40.5%、平野が47.1%で、丘陵地帯は12.4%と少ない。北に連なるアプルス山脈の南には、プレアルプス地帯があり、そこには多くの湖が並んでいる。湖の南には、氷河が運んだ氷堆石により形成された丘陵地帯があり、ブドウ栽培が盛んである。さらにその南には広大なポー平野が広がっている。

　イタリア最大のガルダ湖、マッジョーレ湖、コモ湖、イゼオ湖など数多く存在する湖は、風光明媚な観光地、保養地であるだけなく、独自の微気候をつくりだしていて、ブドウ栽培に適している。河川も多く、ポー、アッダ、ティチーノ、オリオ、ミンチョなど全てポー河に流れ込んでいる。イタリアには珍しく水の豊かな州である。

　基本的には大陸性気候だが、北はアルプス気候だ。大きな湖の周りは温暖な地中海性気候で、オリーヴや柑橘類も栽培されている。

　ブドウが栽培されている丘陵地帯では、プレアルプスから冷たい風が吹き、昼夜の温度差をつくり、アロマの形成に非常に重要である。

ポー平野は、夏は非常に暑く湿度が高いうえに、風がほとんどなく非常に過ごしにくい。ここではブドウ栽培はほとんど行われていない。

地域別ワインの特徴

スイス国境に近いソンドリオ県ヴァルテッリーナでは、山の急傾斜にブドウ畑が張り付き、非常に困難な条件と闘いながらブドウ栽培が行われている。地元でキアヴェンナスカと呼ばれるネッビオーロで造られるDOCヴァルテッリーナValtellinaは、果実味は少なく、スパイス、なめし皮のトーンが中心となる厳格なワインであるが、非常にフレッシュで、陰影に富んでいて、複雑だ。ヴァルテッリーナ・スペリオーレValtellina Superiore、ブドウを陰干しして造るスフォルツァート・ディ・ヴァルテッリーナ Sforzato di ValtellinaはDOCGに昇格している。

ブレーシャ県のイゼオ湖の南に広がる氷堆石丘陵がDOCGフランチャコルタの産地である。イゼオ湖が生み出す温暖な気候、イゼオ湖の北にあるプレアルプスのカモニカ谷からの冷涼な風が独自の微気候を形成していて、水はけのよい氷堆石土壌でシャルドネ、ピノ・ネーロ、ピノ・ビアンコは完璧に成熟する。瓶内二次発酵で造られるフランチャコルタは、誰もが好きになる喜ばしい果実味があり、純粋な味わいである。1961年に生まれた新しい産地であるにもかかわらず、イタリアのメトド・クラッシコ（瓶内二次発酵）のスパークリングワインの産地として確固たる地位を固めた。

同じブレーシャ県には、黒ブドウのモスカート・ディ・スカンツォで造られる甘口赤ワインのDOCGモスカート・ディ・スカンツォMoscato di Scanzoがあり、イチゴ、赤い果実に胡椒などのスパイシーなトーンが混ざるユニークな甘口ワインである。

ブレーシャ県からヴェネト州ヴェローナ県にまたがる呼称がDOCルガーナLuganaで、ガルダ湖の南に広がる粘土質の土壌で造られ、しっかりとした酸と豊富なミネラル分を持つ白ワインである。中心となる品種はトレッビアーノ・ディ・ルガーナ（トレッビアーノ・ディ・ソアーヴェ）だ。

大産地オルトレポ・パヴェーゼはミラノに大量にテーブル・ワインを供給する必要から、昔は質より量の産地であったが、近年は収穫量を抑えて、品質の高いワインを造ろうとしている。白ではリースリング、赤ではバルベーラ、クロアティーナが興味深いが、これら以外にも様々な品種が栽培されていて、いくつかのタイプは独立してDOCを獲得している。その中でも注目すべきはDOCGオルトレポ・パヴェーゼ・メトド・クラッシコ Oltrepò Pavese Metodo Classicoで、特にピノ・ネーロを使ったものが素晴らしい。

料理と食材

ロンバルディアは伝統を重んじる農村地帯で、料理も伝統的なものが多いが、ミラノを通じて様々な外国の影響も受けている。

前菜としてよく出されるのがミラノ風のサラミSalame Milano、ヴァルテッリーナの名産の牛肉の生ハムのブレザオラBresaolaだ。

サフラン風味のリゾット・アッラ・ミラネーゼRisotto alla milanese、野菜のスープのミネストローネMinestroneはあまりにも有名だ。マントヴァ県ではカボチャのトルテッリのトルテッリ・ディ・ズッカTortelli di zuccaも有名だ。ロンバルディアでもポレンタはよく食される。

肉料理としてはカツレツのミラノ風のコストレッタ・アッラ・ミラネーゼ Costoletta alla milanese、仔牛のすね肉の輪切りの煮込みであるオッソブーコOssobucoが有名だ。仔牛の胃袋をインゲン豆、トマトと煮込んだブセッカBusecca、豚足や豚の頭と縮緬キャベツの煮込み、カッソエウラCassoeulaなどは伝統的庶民料理である。

クリスマスのお菓子の定番パネットーネPanettoneはミラノのものだ。

チーズの種類も豊富で、パルミジャーノ・レッジャーノに似たグラーナ・パダーノ Grana Padano、ウォッシュタイプのタレッジョ Taleggio、青かびタイプのゴルゴンツォーラ Gorgonzola（ピエモンテでも造られる）などが有名である。日本でも大人気のお菓子ティーラミス Tiramisú に使われるチーズ、マスカルポーネ Mascarponeもこの州のものだ。

＜料理とワインの相性＞
Salame Milanoには、Lambrusco Mantovano、Garda Chiaretto。
Costoletta alla Milaneseには、Bonarda dell'Oltrepò Pavese、Oltrepò Pavese Barbera。
Buseccaには、Valtellina。
Ossobucoには、Valtellina Superiore。

DOP（DOCG）ワイン（5）

DOCG	特　　性
Franciacorta　フランチャコルタ（1995） 産地：ブレーシャ県の多数のコムーネ Chardonnay 0〜100％、Pinot nero 0〜100％、Pinot bianco 50％以下、Erbamat 10％以下。Rosato/Rosé は Pinot nero 25％以上。Satèn は白ブドウのみ使用可。	白ワイン： 　　Franciacorta　辛口　Sp　AT=11.5％ ロゼワイン： 　　Franciacorta　Rosato/Rosé　辛口　Sp　AT=11.5％ 　　瓶内二次発酵（メトド・クラッシコ）による。PI=18カ月（瓶内洗練）。ワインは最も新しいパルティータとなるブドウの収穫の初めの月から数えて25カ月間は消費できない。収穫年(millesimato)入りのものは PI=30カ月。その収穫年の収穫の初めの月から数えて36カ月は消費できない。 　　"Satèn" は白ブドウのみを使用して、ガス圧が低めで、普通4〜4.5バール。 　　Franciacorta のガス圧 は6バール未満（20℃）。 　　Franciacorta の年間生産量は1750万本。
Moscato di Scanzo/Scanzo　モスカート・ディ・スカンツォ/スカンツォ（2009） 産地：ベルガモ県 Moscato di Scanzo 100％	赤　甘口　AT=17％以上（うち、AE=14％）　ZR 50〜100g/ℓ　PI=2年
Oltrepò Pavese Metodo Classico　オルトレポ・パヴェーゼ・メトド・クラッシコ（2007） 産地：パヴィア県の多数のコムーネ Chardonnay、Pinot bianco、Pinot grigio、Pinot nero 100％。Metodo Classico は Pinot nero 70％以上。Pinot Nero は Pinot nero 85％以上。Metodo Classico の Rosé にはガス圧の低い Cremant タイプも認められている。	白ワイン： 　　Oltrepò Pavese Metodo Classico　辛口　AT=11.5％　PI=15カ月 　　収穫年入り（millesimato）のものは PI=24カ月 　　Oltrepò Pavese Metodo Classico Pinot Nero　辛口　AT=12％ ロゼワイン： 　　Oltrepò Pavese Metodo Classico Rosé　辛口　AT=11.5％ 　　Cr　辛口（ガス圧の指定無し） 　　Oltrepò Pavese Metodo Classico Pinot Nero Rosé　辛口　Sp 　　　AT=12％ すべて瓶内二次発酵（メトド・クラッシコ）による。
Sforzato di Valtellina/Sfursat di Valtellina　スフォルツァート・ディ・ヴァルテッリーナ/スフルサット・ディ・ヴァルテッリーナ（2003） 産地：ソンドリオ県の多数のコムーネ Nebbiolo(Chiavennasca) 90％以上。その他、この県の推奨品種10％まで。	赤　辛口　AT=14％　PI=20カ月（うち、木樽熟成12カ月） ブドウを陰干し（appassimento）する条件：原料ブドウのAN=11％。陰干しした後のAN=14％ 陰干しをしてもワインが濃厚になり過ぎることはなく、フレッシュな味わいと「山のワイン」ならではの厳格さを保つ。 "sforzato" とは「強化した」という意味。
Valtellina Superiore　ヴァルテッリーナ・スペリオーレ（1998） 産地：ソンドリオ県の多数のコムーネ Nebbiolo(Chiavennasca) 90％以上。その他、この県の推奨品種10％まで。	赤　辛口　AT=12％　PI=24カ月（うち、木樽熟成12カ月） 　Rv　PI=3年 次の特定の地域（sottozona）のものは瓶のラベルにその地域名を表示することができる。Maroggia, Sassella, Grumello, Inferno, Valgella。この中、Maroggia のワインは親しみやすく、Sassella は上品で、Grumello は口当たりが良くて長命、Inferno はコクがあるといわれている。 スイス国内で瓶詰めしたものは瓶のラベルに Stagafassli と表示することができる。

DOP（DOC）ワイン（21）

DOC	特　性
Bonarda dell'Oltrepò Pavese　ボナルダ・デッロルトレポ・パヴェーゼ（2010） 産地：パヴィア県 Croatina 85％以上。Barbera、Ughetta（Vespolina）、Uva Rara 他15％以下。	赤　辛口　AT=12%　　Fr　AT=11%
Botticino　ボッティチーノ（1968） 産地：ブレーシャ県 Barbera 30％。Marzemino 20％。Sangiovese 10％。Schiava gentile 10％以上。その他、10％まで。	赤　辛口　AT=11.5%　Rv　辛口　AT=12.5%　PI=2年
Buttafuoco dell'Oltrepò Pavese/Buttafuoco　ブッタフオーコ・デッロルトレポ・パヴェーゼ／ブッタフオーコ（2010） 産地：パヴィア県 Barbera 25〜65％。Croatina 25〜65％。Uva Rara、Ughetta（Vespolina）他45％以下。	赤　辛口　AT=12%　　Fr　AT=12%（AE=11.5%） Buttafuoco とは「火をつけろ」という意味。
Capriano del Colle　カプリアーノ・デル・コッレ（1980） 産地：ブレーシャ県 **Bianco** は Trebbiano di Soave、Trebbiano toscano 85％以上。その他15％まで。**Rosso** は Sangiovese 40％以上。Marzemino 35％以上。Barbera 3％以上。その他15％まで。	白ワイン： 　Bianco/Trebbiano　辛口　AT=11%　Fr　辛口　AT=11% 赤ワイン： 　Rosso　辛口　AT=11%　Rv　辛口　AT=12%　PI=2年　Nv　辛口　AT=11%
Casteggio　カステッジョ（2010） 産地：パヴィア県 Barbera 65％以上。Croatina、Uva Rara、Pinot Nero 35％以下。	赤　辛口　Rv　AT=12.5%
Cellatica　チェッラティカ（1968） 産地：ブレーシャ県 Marzemino、Barbera 各30％以上。Incrocio Terzi n.1 10％以上。その他10％まで。	赤　辛口　AT=11.5%　Sr　辛口　AT=12%（AN=11%）
Curtefranca　クルテフランカ（1995） 産地：ブレーシャ県 **Bianco** は Chardonnay 50％以上。Pinot bianco、Pinot nero 50％まで。**Rosso** は Cabernet franc、Carmenère 20％以上。Cabernet sauvignon 10〜35％。Merlot 25％以上。	白ワイン： 　Bianco　辛口　AT=11% 赤ワイン： 　Rosso　辛口　AT=11% 特定の畑（vigna）のものはその畑名を瓶のラベルに表示することができる。AT=12%. 2008年まで DOC Terre di Franciacorta と呼ばれていた。

DOC	特　性
Garda Colli Mantovani　ガルダ・コッリ・マントヴァーニ（1976） 産地：マントヴァ県 **Bianco** は Garganega, Trebbiano toscano、Chardonnay を各35%まで。その他、15%まで。 **Rosso** と **Rosato** は Merlot 45%まで。Rondinella 40%まで。Cabernet 20%まで。その他、15%まで。品種表示ワインはその品種85%以上。その他15%まで。	白ワイン： 　Bianco　辛口　AT=10.5% 　Chardonnay, Pinot Bianco, Pinot Grigio, Sauvignon　辛口 　　AT=11% 赤ワイン： 　Rosso/Rubino　辛口　AT=10.5% 　Merlot, Cabernet　辛口　AT=11.5%　Rv　PI＝2年 ロゼワイン： 　Rosato/Chiaretto　辛口　AT=10.5%
Lambrusco Mantovano　ランブルスコ・マントヴァーノ（1987） 産地：マントヴァ県 Lambrusco（Viadanese、Maestri、Marani、Salamino）4品種で85%以上。その他 Lambrusco（di Sorbara、Grasparossa）、Ancelotta, Fortana15%まで。	赤ワイン： 　Rosso　Fr　辛口・中甘口　AT=10.5% ロゼワイン： 　Rosato　Fr　辛口・中甘口　AT=10.5% 次の特定の地域（sottozona）のものはその地域名を瓶のラベルに表示することができる。 　Viadanese Sabbionetano　赤・ロゼ　辛口・中甘口　AT=11% 　Oltrepò Mantovano　赤・ロゼ　辛口・中甘口　AT=11%
Lugana　ルガーナ（1967） 産地：ブレーシャ県、ヴェネト州ヴェローナ県 Trebbiano di Soave（Trebbiano di Lugana）90%以上。その他、10%まで。	白　辛口　AT=11%　Sr　辛口　AT=12%　Rv　辛口　AT=12% 　VT　amabile から dolce　AT=13%　Sp　辛口　AT=11.5% 特定の畑（vigna）のものはその畑名を瓶のラベルに表示することができる。
Oltrepò Pavese　オルトレポ・パヴェーゼ（1970） 産地：パヴィア県 **Bianco** は Riesling と Riesling italico 60%以上。Pinot nero 40%まで。 **Rosso, Rosato** は Barbera, Croatina 25〜65%。Uva rara, Ughetta（Vespolina）、Pinot nero 45%まで。 品種表示ワインはその品種85%以上。その他15%まで。	白ワイン： 　Bianco　辛口　AT=12% 　Chardonnay, Riesling, Pinot Nero　辛口　AT=11%　Sp　Fr 　Sauvignon　辛口　AT=11%　Sp 　Cortese　辛口　AT=10.5%　Sp　Fr 　Malvasia　辛口　AT=12%　Sp　辛口・中甘口・甘口　AT=11%（うち、AE=6%）Fr　辛口 　Moscato　甘口　AT=11%　Sp　甘口　AT=11%　Lq　辛口 　　AT=18%　Ps　甘口　AT=15%（うち、AE=12%） 赤ワイン： 　Rosso　辛口　AT=11.5%　Rv　辛口　AT=12.5% 　Barbera　辛口　AT=11%　Fr 　Cabernet Sauvignon　辛口　AT=11.5% ロゼワイン： 　Rosato　辛口　AT=10.5%　Sp　AT=11%　Fr　AT=10.5%　辛口 特殊な表示を名簿（albo）に登録したもの。 DOC Oltrepò Pavese Spumante はタンク内二次発酵。
Oltrepò Pavese Pinot Grigio　オルトレポ・パヴェーゼ・ピノ・グリージョ（2010） 産地：パヴィア県 Pinot Grigio 85%以上。	白　辛口　AT=11%　　Fr　AT=11%（AE=10.5%）

DOC	特　性
Pinot Nero dell'Oltrepò Pavese　ピノ・ネーロ・デッロルトレポ・パヴェーゼ（2010） 産地：パヴィア県 Pinot Nero 95%以上。	赤　辛口　AT=12%　　Rv　AT=12.5%
Riviera del Garda Bresciano/Garda Bresciano　リヴィエーラ・デル・ガルダ・ブレシャーノ／ガルダ・ブレシャーノ（1977） 産地：ブレーシャ県 Bianco は Riesling italico、Riesling renano 80%以上。その他、20%まで。Rosso と Chiaretto は Groppello 30〜60%。Sangiovese 10〜25%。Marzemino 5〜30%。Barbera 10〜20%。その他、10%まで。品種表示ワインはその品種85%以上。その他15%まで。	白ワイン： 　Bianco　辛口　AT=11% 赤ワイン： 　Rosso　輝くような濃いルビー色　辛口　AT=11%　Sr　AT=12% 　　PI=1年　Nv 　Chiaretto　キア　ルビー色を帯びた桜色　辛口　AT=11.5%。 　Groppello　赤　輝くようなルビー色　辛口　AT=12% ロゼワイン： 　Sp Rosato/Rosé　辛口　extra brut, brut　AT=11.5%
San Colombano al Lambro/San Colombano　サン・コロンバーノ・アル・ランブロ／サン・コロンバーノ（1984） 産地：ミラノ県、ローディ、パヴィア県 Bianco は Chardonnay 50%以上。Pinot nero 10%以上。その他15%まで。Rosso は Croatina 30〜50%。Barbera 25〜50%。Uva rara 15%まで。その他15%まで。	白ワイン： 　Bianco　辛口　AT=11%　Fr　AT=11% 赤ワイン： 　Rosso　辛口・薄甘口　AT=11%　Rv　辛口　AT=12.5%　Fr　AT=11% 特定の畑（vigna）のものはその畑名を瓶のラベルに表示することができる。 Bianco　AT=11.5%。 Rosso　AT=12%　Rv　AT=12.5%
Sangue di Giuda dell'Oltrepò Pavese/Sangue di Giuda　サングエ・ディ・ジューダ・デッロルトレポ・パヴェーゼ／サングエ・ディ・ジューダ（2010） 産地：パヴィア県 Barbera 25〜65%、Croatina 25〜65%、Uva Rara, Ughetta (Vespolina) 他45%以下。	赤　甘口　AT=12%（AE=5.5%）　ZR=80g/ℓ 以上 　Fr　AT=12%（AE=7%）　ZR=80g/ℓ 以上　　Sp　AE=9% Sangue di Giuda とは「ユダの血」という意味。
San Martino della Battaglia　サン・マルティーノ・デッラ・バッタリア（1970） 産地：ブレーシャ県、ヴェネト州ヴェローナ県 Friulano (Tocai friulano) 80%。その他20%まで。	白　辛口　AT=11.5%　Lq　甘口　AT=15%　ZR=40g/ℓ 以上。 Lq はチーズの Gorgonzola によく合う。
Terre del Colleoni/Colleoni　テッレ・デル・コッレオーニ／コッレオーニ（2011） 産地：ベルガモ県 品種表示ワインは、その品種が85%以上。	白ワイン：辛口　Pinot Bianco, Pinot Grigio, Chardonnay, Incrocio Manzoni, Moscato Giallo, Sp Fr　AT=11%　Moscato Giallo Ps　AT=16%（うち AE=9%） 赤ワイン：辛口　Schiava, Merlot, Marzemino, Cabernet, Franconia, Incrocio Terzi, Nv　AT=11%
Valcalepio　ヴァルカレピオ（1976） 産地：ベルガモ県 Bianco は Chardonnay 55〜80%。Pinot grigio 20〜45%。Moscato Passito は Moscato 100%。Rosso は Cabernet sauvignon 25〜60%。Merlot 40〜75%。	白ワイン： 　Bianco　辛口　AT=11.5% 　Moscato Ps　甘口　AT=17%（うち、AE=15%） 赤ワイン： 　Rosso　辛口　AT=11.5%　Rv　AT=12.5%　PI=3年（うち、木樽熟成1年）

DOC	特　性
Valtellina Rosso/Rosso di Valtellina ヴァルテッリーナ・ロッソ/ロッソ・ディ・ヴァルテッリーナ（1968） 産地：ソンドリオ県 Nebbiolo (Chiavennasca) 90％以上。その他10％まで。	赤ワイン　辛口　AT=11%　PI=6カ月（瓶内洗練）
Valtenèsi　ヴァルテネージ　（2011） 産地：ブレーシャ県 Groppello 50%以上。	赤ワイン：辛口　Rosso　AT=11.5% ロゼワイン：辛口　Chiaretto　AT=11.5%

IGP：Alto Mincio, Benaco Bresciano, Bergamasca, Collina del Milanese, Montenetto di Brescia, Provincia di Mantova, Provincia di Pavia, Quistello, Ronchi di Brescia, Ronchi Varesini, Sabbioneta, Sebino, Terrazze Retiche di Sondrio, Terre Lariane, Valcamonica

トレンティーノ−アルト・アディジェ州
Trentino-Alto Adige

プロフィール

イタリアで最も北に位置するトレンティーノ−アルト・アディジェ州は、北はオーストリア、スイスと国境を接し、西はロンバルディア州、東はヴェネト州に接している。北のボルツァーノ自治県がドイツ語圏のアルト・アディジェ地方で、南のトレント自治県がイタリア語圏のトレンティーノ地方である。両県とも自治県で、幅広い権限を持っている。アルト・アディジェでは、道路標識、ワインのラベルなど全てドイツ語、イタリア語併記である。

州の真ん中を北から南にアディジェ川が流れ、その両側には世界遺産ドロミーティ山塊が連なっている。

アルト・アディジェは、イタリアを代表する白ワイン産地だ。気候、土壌、標高に応じて多数の品種が植えられているが、白ワインはすべて清らかな酸を持ち、香り高く、クリーンかつフレッシュな味わいで、抜群の安定感を誇る。ピノ・ビアンコ、シャルドネ、ソーヴィニヨン・ブランなども素晴らしいが、ケルナー、シルヴァナー、リースリング、ゲヴルツトラミネルなどのアロマティック品種のものも卓越している。量は多くないがヴェンデンミア・タルディーヴァ（遅摘み）などの甘口ワインも素晴らしい。

赤ワインではデリケートなデイリーワインを生むスキアーヴァ品種と、濃厚な果実味を持つラグラインが重要だ。生産者協同組合の造るワインの品質が高いのもアルト・アディジェの特色である。

サン・ミケーレ・アッラディジェ農業学校はブドウ栽培、醸造の研究で知られていて、多くの優れた研究者や醸造家を輩出している。

トレンティーノで近年成長が著しいのが、瓶内二次発酵によるスパークリングワインの DOC トレント Trento である。シャルドネを中心に造られるトレントは、鮮やかなアロマと、ミネラル分に富んだ味わいを持つ。DOCG フランチャコルタと並んで、イタリアの瓶内二次発酵スパークリングワインを代表する呼称であるが、果実中心のフランチャコルタ、ミネラル中心のトレントとその個性は対照的だ。

白ワインにも優れたものが多く、ミュラー・トゥルガウ、ピノ・グリージョ、シャルドネの出来が特に良い。

赤ワインでは繊細なマルツェミーノ、濃厚な果実を持つテロルデゴが注目に値する。

ノジオーラ品種で造られる繊細かつ甘美なヴィーノ・サントも忘れられない。

トレンティーノには巨大な生産者協同組合が多いが、ワインの品質は安心できるものだ。

歴史、文化、経済

南北を結ぶ交通の要所としてローマ時代から栄えたトレントは、中世以降、聖俗両方の権力を行使するトレント司教公により統治された。宗教改革に対抗するために開かれたトレント公会議（1545−1563）は有名である。その後、ナポレオンの支配を経てハプスブルグ領となった。チロル公国からハプスブルグへと引き継がれていたアルト・アディジェがトレンティーノとともにイタリア王国領となったのは、第一次世界大戦後である。この併合はアルト・アディジェのオーストリア系住民には受け入れがたく、戦後に至るまで根強い抵抗が行われた。その後、自治州としての手厚い保護により、不満は収まり、テロなども影を潜めたが、アルト・アディジェの住民は頑固に自分たちの文化を守っている。

農業、商業も盛んだが、観光業が非常に重要である。戦後は自治県として多くの優遇が与えられていることもあり、住民一人あたりの所得は高く、生活の質が高いことでも知られている。

「ドイツ人以上にドイツ的」といわれるアルト・アディジェの住民は非常に伝統を重視し、勤勉である

が、イタリア人によると「融通が利かない」とされる。非常に几帳面な人たちである。トレンティーノの住民も、勤勉で控えめな人が多い。

地理と風土

南北に連なるドロミーティ山塊は3000mを超す峰々が続く。州の面積は1万3607km²だが、ほとんどが山岳地帯で、森林が土地の70%以上を占め、耕作可能な土地は少ない。

ブドウ畑は標高200〜1300mに広がっているので、それぞれの標高に適した品種を栽培することができる。ドロミーティは石灰質の苦灰石で、ミネラル分に富んだ、フレッシュなワインを生む。アディジェ川沿いは沖積土壌、氷堆石土壌である。

トレンティーノの南にはガルダ湖があり、この辺りは温暖な亜地中海性気候で、オリーヴ、糸杉なども見られる。アディジェ川中部の渓谷は、亜大陸性気候で、雨が少なく、りんごの栽培で有名だ。さらに上流に行くと大陸性気候になり、もっと北ではアルプス性気候となる。

地域別ワインの特徴

アルト・アディジェのワインはほとんどがDOCアルト・アディジェAlto Adigeに入るが、その中でも大きなテロワールの違いがある。

ボルツァーノからブレッサノーネにかけて北東へ延びるイサルコ谷は、標高も高く、気候が冷涼である。ここではミュラー・トゥルガウ、シルヴァナー、ケルナーなどのドイツ系アロマティック品種の白ワインが、清冽な味わいで素晴らしい。

ボルツァーノからメラーノにかけて北西に伸びるヴェノスタ谷のほうでは、リースリング、ピノ・ネーロに興味深いものが多い。

ボルツァーノの北西にあるテルラーノでは、石灰質土壌で、ミネラル分の強い長期熟成能力を持つ偉大な白ワインが造られている。洗練された味わいのピノ・ビアンコ、シャープな味わいのソーヴィニヨン・ブラン、調和の取れたシャルドネなど、どれも卓越している。

ボルツァーノ周辺は昔から赤ワイン産地として有名で、スキアーヴァ品種によるデリケートな赤ワインが多く造られてきたが、近年はラグラインLagreinの産地としても注目されている。ラグラインは濃厚な果実味を持つ品種で、近代的な赤ワインを生むが、ロゼにしても非常においしい。やや青いトーンのあるカベルネ・ソーヴィニヨンも魅力的である。

ボルツァーノの南にあるカルダーロ湖周辺も、スキアーヴァで有名だが、フレッシュだが、優しい味わいを持つ白ワインも見逃せない。

カルダーロ湖の南にあるテルメーノの村では、ゲヴルツトラミネルが有名だ。テルメーノのドイツ語読みがトラミンTraminなので、地元の人はゲヴルツトラミネルはここが原産と主張しているが、証明されてはいない。

トレンティーノを代表するDOCトレントには、ほとんどの場合標高350m以上の畑のブドウが使われ、フレッシュさを保持したスパークリングワインが造られている。

トレント市の北にあるロタリアーノ平野では、テロルデゴが栽培され、DOCテロルデゴ・ロタリアーノが造られている。ちょっと荒々しい野性的な果実を持つテロルデゴは、1980年代末から90年代初頭にかけて大いに注目を浴び、ブームとなったが、その後、再び地元消費中心に戻ってしまったのは残念である。

トレントの北のラヴィス村から東に延びるチェンブラ谷は、斑岩土壌で、ミュラー・トゥルガウ、ノジオーラにとって最高のテロワールである。ほのかにアロマティックで、フレッシュな酸を持つミュラー・トゥルガウはトレンティーノならではの白ワインで、食前酒としても最高である。

ロヴェレートの町の周辺に広がるラガリーナ谷はマルツェミーノの産地だ。モーツァルトの歌劇「ドン・ジョヴァンニ」のアリアでも有名なこの赤ワインは、過去に高い名声を誇っていた。繊細な果実のトーンがあるフレッシュな赤ワインで、軽やかで喜ばしい。

トレントの西にある「湖の谷」と呼ばれる渓谷では、ノジオーラを陰干ししてヴィーノ・サントが造られている。トスカーナのヴィン・サントと比べると、酸化香が控えめで、よりデリケートで繊細な味わいである。「湖の谷」地方は、蒸留でも有名で、一家に一台蒸留器があるといわれるほどである。

料理と食材

トレンティーノ＝アルト・アディジェ地方には素朴な山の料理が多い。

アルト・アディジェの名産は燻製したベーコンのスペックSpeckで、これをつまみながら飲むピノ・ビアンコやスキアーヴァは地元の人の何よりの楽しみである。

アルト・アディジェの伝統にはパスタはなく、

スープが中心だ。仔牛のレバーを入れたパンの団子をスープに浮かべたレーバークネーデルズッペ Leberknödelsuppe が代表である。

ベーコン、ハム、玉子などを混ぜたパン団子は、アルト・アディジェではクネーデル Knödel、トレンティーノではカネデルリ Canederli と呼ばれて、スープに入れて食べられることが多い。

アルプスのマスをクールブイヨンで煮たフォレッレ・ブラウ Forelle Blau は清らかな味だ。

肉は豚が多く、ジビエもよく食べられる。

トレンティーノではポレンタがよく食される。まあ、キノコは豊富に採れおいしいし、ハーブは非常に香り高いものだ。フランボワーズ、ブルーベリー、黒イチゴなどの果実もおいしい。

トレンティーノ・アルト・アディジェはヨーロッパ有数のリンゴの産地で、リンゴ入りリゾットのリゾット・コン・レ・メーレ Risotto con le mele、豚とリンゴを一緒にローストしたマイアーレ・アッラ・トレンティーナ Maiale alla trentina などが食べられる。

デザートにはリンゴ、干しブドウ、松の実をロールしたストゥルデル Strüdel が欠かせない。

DOPチーズとしては、スプレッサ・デッレ・ジュディカリエ Spressa delle Giudicarie などがある。

＜料理とワインの相性＞
Speckには、Alto Adige Pinot Bianco, Alto Adige Schiava。
Knödel, Canederliには、Lago di Caldaro, Alto Adige Santa Maddalena。
Forelle Blau には、Alto Adige Pinot Bianco, Alto Adige Chardonnay。
Maiale alla trentina には、Teroldego Rotaliano、Alto Adige Lagrein。

DOP（DOC）ワイン（8）

DOC	特　　性
Alto Adige/Südtirol アルト・アディジェ/ジュードティロール（1975） 産地：ボルツァーノ自治県 BiancoとPsはChardonnay、Pinot bianco、Pinot grigio 75%以上。その他25%まで。 Santa Maddalena、Colli di Bolzano、Meranese di CollinaはSchiava85%以上。その他、15%まで。Klausner LaitacherはSchiava、Portoghese、Lagrein、Pinot neroなどで100%。品種表示ワインはその品種85%以上。その他、15%まで2品種表示のものは片方が15%以上必要。 ドイツ語ではPinot neroをBlauburgunder、Pino grigio を Ruländer、Traminer aromaticoをGewürztraminerという。	白ワイン： 　Bianco　辛口　AT=11.5%　Ps　VT　中甘口・甘口　AT=16%（うち、AE=10%） 　Chardonnay, Müller Thurgau, Pinot Bianco, Riesling, Riesling Italico, Kerner, Sylvaner, Terlano　辛口　AT11% 　Pinot Grigio, Sauvignon　辛口　AT=11.5% 　Traminer Aromatico　辛口・薄甘口　AT=11.5% 　Valle Isarco Veltliner　辛口　AT=10.5% 　Moscato Giallo　辛口・甘口　AT=11% 　Alto Adige Spのほかに Chardonnay, Pinot Grigio, Pinot Nero, Pinot Bianco に Sp　辛口　AT=11.5% 赤ワイン： 　Cabernet, Cabernet Franc, Cabernet Sauvignon, Lagrein, Merlot, Pino Nero, Cabernet-Lagrein, Cabernet-Merlot, Merlot-Lagrein　辛口　AT=11.5%　Rv　PI=2年 　Santa Maddalena, Schiava Grigia　辛口　AT=11.5% 　Merlot, Colli di Bolzano, Meranese di Collina, Klausner Laitacher　辛口　AT=11% 　Schiava　辛口　AT=10.5% ロゼワイン： 　Rosato　辛口　AT=11% 　Lagrein Rosato, Merlot Rosato　辛口　AT=11% 　Pinot Nero Rosato　ロゼ　辛口　AT=11.5% 　Moscato Rosa　甘口　AT=12.5%　Ps　VT　AT=16%（うち、AE=10%） 　Alto Rose Adige Sp　辛口　AT=11.5%　Rv　PI=36カ月

DOC	特　性
	赤・白ワイン共に VT がブドウ品種の表示付きで認められている。 1993年に DOC Terlano, Santa Maddalena, Valle Isarco, Meranese di Collina, Colli di Bolzano が Alto Adige に吸収されたので、現在でもこれに Valle Venosta を加えた6地域 (sottozona) の地域名を、瓶のラベルに表示することができる。
Casteller　カステッレール (1974) 産地：トレント自治県 Merlot 50％以上。Schiava grossa など50％まで。	赤　辛口　AT=11％
Lago di Caldaro/Caldaro/Kalterersee/Kalterer　ラーゴ・ディ・カルダーロ／カルダーロ／カルテラーゼー／カルテラー (1970) 産地：ボルツァーノ自治県、トレント自治県 Schiava (grossa、gentile、grigia) 85％以上。その他15％まで。	赤　辛口　AT=10.5％　Cl　Sr　AT=10.5％ (AN=10.5％) Sc　赤　辛口　AT=11.5％ (AN=11％) 特定の古い地域のものは瓶のラベルに Classico と表示することができる。
Teroldego Rotaliano　テロルデゴ・ロタリアーノ (1971) 産地：トレント自治県 Teroldego 100％	ロゼ Kretzer から赤 Rubino まで　辛口　AT=11.5％ 　Sr　辛口　AT=11.5％ (AN=11.5％)　Rv　AT=11.5％　PI=2年 このワインが造られるメッツォロンバルド、サン・ミケーレ・アッラディジェ周辺はヨーロッパでも最も美しいブドウ栽培地帯とされ、Teroldego Rotaliano は昔から「トレントの王子」と呼ばれてきた北イタリア屈指の銘酒である。
Trentino　トレンティーノ (1971) 産地：トレント自治県 Bianco は Chardonnay、Pinot bianco 80％以上。その他20％まで。VS は Nosiola 85％以上。その他15％まで。Rosso は Cabernet franc、Cabernet sauvignon、Merlot 100％。Rosato (Kretzer) は Enantio、Schiava、Teroldego, Lagrein 70％。その他30％まで。品種表示ワインはその品種85％以上。その他15％まで。	白ワイン： 　Bianco　辛口　AT=11％　Rv　AT=11.5％　PI=1年 　Chardonnay, Pinot Bianco, Pinot Grigio, Riesling, Sauvignon　辛口 　　AT=11％　Rv　AT=11.5％　PI=1年 　Müller Thurgau　白　辛口 AT=11％ 　Nosiola, Riesling Italico　辛口　AT=10.5％ 　Traminer Aromatico　辛口・薄甘口　AT=11.5％ 　Moscato Giallo　辛口・甘口　AT=11％　Lq 　Trentino VS　琥珀色を帯びた黄色　甘口　AT=16％ (うち、AE=10％)　PI=3年 赤ワイン： 　Rosso　辛口　AT=11.5％　Rv　AT=12％　PI=2年 　Cabernet, Cabernet Franc, Cabernet Sauvignon, Lagrein, 　Marzemino. Merlot　辛口　AT=11％ 　　すべてに Rv　AT=11.5％　PI=2年。 　Pinot Nero　辛口　AT=11.5％　Rv　AT=12％　PI=2年 ロゼワイン： 　Rosato/Kretzer　辛口　AT=11％ 　Moscato Rosa　甘口　AT=15％　Lq 白・赤ワインの大部分に、AT が1〜1.5％高く、PI=4〜24カ月の Sr が認められている。 　Sr VS　甘口　AT=18％ (うち、AE=11％)　PI=48カ月 　Sr VT　中甘口・甘口　AT=15％ (うち、AE=11％) 特定の地域 (sottozona) の Sorni はその地域名を瓶のラベルに表示することができる。

DOC	特 性
Trento トレント（1993） 産地：トレント自治県 Chardonnay、Pinot bianco、Pinot nero、Meunier 100%	**Bianco** Sp 白 濃いめの黄色 辛口 AT=115% PI=15カ月 **Rosato** Sp ロゼ 薄いロゼ 辛口 AT=11.5% PI=15カ月 **Sp Rv** 麦わら色から濃いめの黄金色まで 辛口 AE=12% 瓶内二次発酵。年間生産量7000kℓ。 ストレートな果実味とやわらかな口当たりが特徴のFranciacortaに対して、Trentoはシャープな酸と厳格なミネラルが特徴である。世界遺産でもあるドロミテ山塊からの冷涼な風の影響を受け、非常にフレッシュなスパークリングワインが生まれる。
Valdadige/Etschtaler ヴァルダディジェ/エッチュターラー（1975） 産地：ボルツァーノ自治県、トレント自治県、ヴェネト州ヴェローナ県 **Bianco**はPinot bianco、Pinot grigio、Riesling italico、Chardonnayなどで100%。 **Rosso**と**Rosato**はEnantio、Schiava 50%以上。その他、Merlot、Pinot neroなど50%まで。品種表示ワインはその品種85%以上。その他15%まで。	白ワイン： 　**Bianco** 辛口・中甘口 AT=10.5% 　**Chardonnay, Pinot Bianco** 辛口 AT=10.5% Fr 辛口・中甘口 　　AT=11% 　**Pinot Grigio** 辛口 AT=10.5% 赤ワイン： 　**Rosso** ロゼ・赤 ロゼ色から赤色まで 辛口・中甘口 AT=10.5% ロゼワイン： 　**Rosato** 辛口 AT=10.5% Enantio種は古代ローマ時代のEnantiumと同じでLambrusco種の一つのLambrusco a foglia frastagliataのこと。
Valdadige Terradeiforti/Terradeiforti ヴァルダディジェ・テッラデイフォルティ/テッラデイフォルティ（2006） 産地：トレント自治県、ヴェネト州ヴェローナ県 **Ps**はChardonnay 60%以上。その他40%まで。品種表示ワインはその品種85%以上。その他15%まで。	白ワイン： 　**Pinot Grigio** 辛口 AT=11% Sr AT=12% 赤ワイン： 　**Enantio** 辛口 AT=12% PI=10カ月 Rv 辛口 AT=12.5% 　　PI=24カ月 　**Casetta** 辛口 AT=12% Rv 辛口 AT=12.5% PI=24カ月

IGP：Delle Venezie, Vallagarina, Vigneti delle Dolomiti/Weinberg Dolomiten, Mitterberg

ヴェネト州　*Veneto*

プロフィール

　イタリアの北東部に位置するヴェネト州は、ヴェネツィアを州都とし、東はフリウリ－ヴェネツィア・ジュリア州、北はオーストリア、トレンティーノ－アルト・アディジェ州、西はロンバルディア州、南はエミリア－ロマーニャ州と接している。そして、南にはアドリア海が広がっている。北部はドロミーティ山岳地帯だが、イタリアにしては平野部が広いのもこの州の特徴である。アルプスの雪解け水を運ぶ豊かな河川（アディジェ、ブレンタ、ピアーヴェなど）により水には不自由せず、農業が盛んである。

　大ワイン産地で、イタリア州別ワイン生産量のトップの座を占めることが多い。ソアーヴェ、ヴァルポリチェッラ、バルドリーノなどのよく知られたワイン産地を抱え、シンプルなデイリー・ワインから、長期熟成能力を持つ複雑なワインまで、幅広いレンジのワインがそろうのがこの州の強みである。レチョート・ディ・ソアーヴェ、レチョート・ディ・ヴァルポリチェッラ、レチョート・ディ・ガンベッラーラ、ブレガンツェ・トルコラートなどの甘口ワインも充実している。アマローネ・デッラ・ヴァルポリチェッラはパワフルな辛口赤ワインで、世界中で人気急上昇中だ。国際ワイン見本市ヴィーニタリーが毎年開かれるヴェローナは「イタリアワインの首都」と考えられている。ブドウの搾りかすから造る蒸留酒グラッパで有名なバッサーノ・デル・グラッパもあり、蒸留も盛んである。

歴史、文化、経済

　州都ヴェネツィアは7世紀に小さな島が集まって誕生したが徐々に勢力を拡大し、東方貿易の独占により大いに繁栄する。最盛期にはパドヴァやベルガモの内陸部から、キプロス島、クレタ島なども支配下に治める巨大な共和国となり、「ラ・セレニッシマ（La Serenissimaはイタリア語で非常に穏やかなという意味）」「アドリア海の女王」と讃えられた。

　ヴェネト州の文化を考える時は、ヴェネツィア共和国の影響下にあった海岸地帯と、農業地である内陸部を分けて考える必要がある。

　ヴェネツィアの影響を受けた地域では、ほとんど退廃的なまでに洗練された文化が花開いた。16-17世紀のヴェネツィア学派の音楽、ジョルジョーネ、ティチアーノから始まり、ティントレット、ヴェロネーゼへと続くヴェネツィア派の絵画、18世紀の劇作家カルロ・ゴルドーニなど、文化史上の巨人が数多く輩出した。

　一方、内陸部は非常に保守的な風土で、素朴な農民文化が色濃く残っている。酒を飲み交わすということが重要な社会的意味を持っているのもこの地域の特徴で、ワイン、グラッパなどをよく飲むし、人にもよく勧める。

　農業を中心とした貧しい州だったが、第二次世界大戦後は高度経済成長の波に乗り、工業が発展した。1970年代以降は中小企業が順調に成長し、イタリアでも最も豊かな州となっている。皮加工品、金銀細工などが有名だ。ポー河下流の平野部では農業、畜産も盛んである

　美しい自然に恵まれた州で、訪れる観光客の数はイタリアでもトップクラス。ヴェネツィア、ヴェローナ、パドヴァ、ヴィチェンツァなど由緒ある美しい町も多く、美術、建築にも見るべきものが多い。劇場も有名で、ヴィチェンツァにはアンドレア・パッラディオ設計による有名なオリンピコ劇場があるし、ヴェネツィアのラ・フェニーチェ歌劇場はオペラファンの憧れのまとである。

地理と風土

　ヴェネト州は、総面積1万8391km²でイタリアでも8番目に大きい。平野部が大きく56.4%で、山岳部が29.1%、丘陵地帯が14.5%となっている。北部に東西に延びるドロミーティ山塊はアルプス山脈の一部であ

り、そこから南にあるアドリア海に向かって多くの川が流れ出している。

　北にあるベッルーノ県は寒冷な気候で、アドリア海周辺は地中海性の気候であるが、それ以外は基本的に亜大陸性気候である。アルプス山脈が北からの冷たい風を防ぎ、アドリア海が気候をやわらげるので、基本的には温暖だ。ロンバルディア州との境にあるガルダ湖周辺は特に温暖で、レモン、オレンジの柑橘類やオリーヴが栽培されている。

地域別ワインの特徴

　西部のヴェローナ県では、バルドリーノ Bardolino、ヴァルポリチェッラ Valpolicella、ソアーヴェ Soave という世界的に有名な3つのDOCが質でも量でも圧倒的存在感を示している。ヴェネト州とロンバルディア州にまたがるガルダ湖周辺は非常に温暖で、その影響はバルドリーノ地区に顕著だが、ヴァルポリチェッラ地区にも及ぶ。ガルダ湖からの暖かい風と、北にそびえるモンティ・レッシーニ山塊からの冷たい風により、昼夜の温度差が激しく、ブドウのアロマの形成に良い影響を及ぼす。

　DOCバルドリーノは、ヴァルポリチェッラと似たブドウ品種（Corvina Veronese 35〜80%、Rondinella 10〜40%、Molinara15%以下）で造られるが、その個性は全く異なる。バルドリーノの方が、より軽めで、香しく優美な果実味があり、後口にほのかな苦みと塩っぽいトーンがある。非常に飲みやすくチャーミングなワインで、幅広い料理にマッチする。一時期、人気に甘えて安易に大量生産をして品質が低下したり、間違った方向を目指してスタイルが混乱したりなどの過ちを繰り返し、低迷した時期もあったが、最近ようやく自分のアイデンティティーを見出し、復活しつつある。この地域は、基本的には小石が多く、水はけの良い典型的な氷堆積土壌で、香り高く、軽めのワインが生まれやすい。バルドリーノ・スペリオーレはDOCGに昇格していて、最低アルコール度数12度以上で、最低1年の熟成が義務付けられている。特筆すべきは、キアレットと呼ばれるロゼの喜ばしい味わいである。

　バルドリーノからアディジェ川を越えて東側に行くとDOCヴァルポリチェッラ Valpolicella が生まれる美しい丘陵地帯が広がる。こちらは主に石灰質、凝灰岩土壌で、バルドリーノ地区より気候も冷涼だ。ここでは4種類のワインが造られている。品種はすべて Corvina Veronese 45〜95%、Rondinella 5〜30%、他の品種を合わせて25%以下。DOCヴァルポリチェッラは、辛口赤ワインで、チャーミングなチェリーのアロマがあり、ミディアム・ボディで、バランスが良い。DOCヴァルポリチェッラ・リパッソ Valpolicella Ripasso はヴァルポリチェッラのワインにレチョート・デッラ・ヴァルポリチェッラ、アマローネ・デッラ・ヴァルポリチェッラのヴィナッチャ（ブドウの搾りかす）を入れて、再発酵させて造られる。よりボディのしっかりした深みのある味わいのあるワインで、地元の肉料理（特に煮込み）によく合う。2010年に DOCG に昇格したレチョート・デッラ・ヴァルポリチェッラ Recioto della Valpolicella とアマローネ・デッラ・ヴァルポリチェッラ Amarone della Valpolicella は、両方ともブドウを陰干しして造られる。残糖を残したものが甘口ワインのレチョートで、ほとんど残糖を残さずに辛口に仕上げたアルコールの高いワインがアマローネである。両方とも深み、複雑さ、官能的な魅力を持つ偉大なワインであるが、アマローネが世界中で大人気で、生産本数が急上昇しているのに対して、レチョートは非常に限られた愛好家の間で消費されているだけで生産本数は少ない。

　ヴァルポリチェッラ丘陵地帯からさらに東に行くと、DOCソアーヴェ生産地区がある。ここではガルガネガという土着白ブドウに、トレッビアーノ・ディ・ソアーヴェなどをブレンドして、フレッシュで優美な白ワインが造られている。石灰質土壌が混ざる火山性土壌で生まれるソアーヴェは、喜ばしい香りと、良質の果実、生き生きとした酸、複雑なミネラルのトーンを持つ高貴な白ワインである。世界的人気が高すぎたために生産地区を平野部にまで拡大したので、ややシンプルなソアーヴェも多いが、ソアーヴェ村とモンテフォルテ・ダルポーネ村の背後に広がる丘陵地帯（クラッシコ地区）のソアーヴェはイタリアを代表する高品質白ワインで、時に驚くほどの長期熟成能力を発揮する。ソアーヴェのブドウを陰干しして造るレチョート・ディ・ソアーヴェ Recioto di Soave は1998年にDOCGに昇格しているが、アプリコット、黄桃の喜ばしいアロマがあり、後口にアーモンドのトーンがあるエレガントな甘口ワインである。ソアーヴェ・スペリオーレ Soave Superiore も2001年にDOCGに昇格しているが、この呼称を使用する生産者が少ないのは残念である。

　中部ヴィチェンツァ県、パドヴァ県はアルプス山脈が冷たい風を妨げるので比較的温暖な気候で、DOCガンベッラーラ Gambellara、DOCブレガンツェ

Breganze、DOC コッリ・ベリチ Colli Berici、DOC コッリ・エウガネイ Colli Euganei などの呼称で、多様なワインが造られている。

　ガンベッラーラはガルガネガをベースに造られるソアーヴェに似た白ワインで、ソアーヴェと同じく甘口のレチョート・ディ・ガンベッラーラは DOCG に昇格している。

　ブレガンツェでは白ブドウではフリウラーノ、ピノ・ビアンコ、黒ブドウではメルロ、カベルネ・ソーヴィニヨン、ピノ・ネーロなどを使ってワインが造られているが、ここで有名なのはトルコラートと呼ばれる甘口ワインで、ヴェスパイオーラ品種を陰干しして造られる甘美なワインである。

　コッリ・ベリチ、コッリ・エウガネイともにガルガネガ、ピノ・ビアンコ、フリウラーノを使った白ワイン、カベルネ・ソーヴィニヨン、メルロを使った赤ワインなどが造られている。それなりのおいしいワインなのだが、残念ながら州外で確固たる名声を得るには至っていない。珍しいモスカート・ジアッロを使って造られる白ワイン、コッリ・エウガネイ・フィオル・ダランチョは、2010年に DOCG．に昇格した。やや甘口か、甘口の白ワインで、オレンジの香りが特徴である。

　東部トレヴィーゾ県は、プロセッコの故郷である。プロセッコはグレーラと呼ばれる白ブドウ（以前はプロセッコと呼ばれていた）で造られる爽やかな白ワインで、スティルの白ワインや、微発泡のフリッツァンテもあるが、ほとんどは発泡性のスプマンテである。白桃、白い花などの喜ばしい香り、シンプルだが、フレッシュな味わいと、かすかにほろ苦い後口は、食前酒に最高で、価格が手頃であることもあり世界中で人気急上昇中である。コネリアーノ・ヴァルドッビアデネ−プロセッコ／コネリアーノ−プロセッコ／ヴァルドッビアデネ−プロセッコ Conegliano Valdobbiadene-Prosecco/Conegliano-Prosecco/Valdobbiadene-Prosecco とコッリ・アゾラーニ・プロセッコ／アゾロ・プロセッコ Colli Asolani Prosecco/Asolo Prosecco が、2009年に DOCG に昇格したのと同時に、ヴェネト州、フリウリ−ヴェネツィア・ジュリア州の広範囲に渡る DOC プロセッコ Prosecco が誕生し、増え続ける世界的需要に対応することとなった。ヴァルドッビアデネ村とコネリアーノ村の間に広がる美しい丘陵地帯の厳しい傾斜で生まれるプロセッコはワンランク上の切れ味を持つ。ヴァルドッビアデネ村にあるカルティッツェの丘はプロセッコのグランクリュといわれ、清冽なアロマとしっかりした味わいを持つプロセッコが生まれる。

　トレヴィーゾ県、ヴェネツィア県、フリウリ−ヴェネツィア・ジュリア州ポルデノーネ県でタイ品種（トカイ・フリウラーノ）で造られるリソン Lison、トレヴィーゾ県、ヴェネツィア県で酸とタンニンの強い野性的な黒ブドウラボーゾ品種で造られるピアーヴェ・マラノッテ／マラノッテ・デル・ピアーヴェ Piave Malanotte / Malanotte del Piave が、2010年に DOCG に昇格している。

料理と食材

　ヴェネト料理は素朴で味わい深いものが多い。内陸部の農村地帯は肉、野菜などの食材の宝庫で、南に広がるアドリア海は魚介類が豊かである。

　ポレンタ polenta がよく食べられる地域で、ポレンタに溶かしたチーズを載せたり、ポレンタにサラミをのせたりしたものが、前菜として出されることも多い。サルデ・イン・サオール Sarde in saor と呼ばれるイワシの南蛮漬けも親しみやすい味わいである。

　ヴェネト州は米の栽培が盛んで、リゾット Risotto もよく食べられる。ヴェローナ近郊で栽培されている米の品種ヴィアローネ・ナーノ・ヴェロネーゼ Vialone Nano Veronese は、ピエモンテ州のカルナローリ Carnaroli と並び称される高品質米である。

　グリーンピースとお米を煮込んだリゾット風の料理リージ・エ・ビージ Risi e bisi は、この州らしい素朴な料理。インゲン豆のスープにパスタを入れたパスタ・エ・ファジョーリ Pasta e fagioli とともに家庭的な味わいだ。うどんのような手打ち麺をアンチョヴィのソースで和えた料理、ビゴリ・イン・サルサ・ディ・アッチューゲ Bigoli in salsa di acciughe もシンプルな料理だ。ヴェネツィア周辺では、イカ墨を使ったリゾットやスパゲッティ、リゾット・アル・ネーロ・ディ・セッピア Risotto al nero di seppia、スパゲッティ・アル・ネーロ・ディ・セッピア Spaghetti al nero di seppia が人気がある。

　塩ダラもよく食され、塩ダラをミルクで煮込んだ料理、バッカラ・アッラ・ヴィチェンティーナ Baccalà alla vicentina が有名。この料理にもポレンタが添えられることが多い。

　仔牛のレバーを玉ネギと炒めたフェガト・アッラ・ヴェネツィアーナ Fegato alla veneziana、馬肉を長時間煮込んだシチュー、パスティッサーダ・デ・カヴァル Pastissada de caval は肉料理の代表である。

野菜がおいしい州でもあり、トレヴィーゾ名産のトレビスであるラディッキオ・ロッソ・ディ・トレヴィーゾ Radicchio rosso di Treviso、バッサーノ・デル・グラッパ名産のホワイトアスパラであるアスパラゴ・ビアンコ・ディ・バッサーノ・デル・グラッパ Asparago bianco di Bassano del Grappa などが知られている。

北に連なるアルプスの麓ではチーズが造られていて、牛乳で作るハードタイプのモンテ・ヴェロネーゼ Monte Veronese や、アジアーゴ Asiago が DOP を獲得している。

＜料理とワインの相性＞
Risi e bisi には、Soave、Bardolino Chiaretto。
Pasta e fagioli には Bardolino。
Baccalà alla vicentina には、Lison。
Fegato alla veneziana には Valpolicella。
Pastissada de caval には Amarone della Valpolicella。

DOP（DOCG）ワイン（14）

DOCG	特　性
Amarone della Valpolicella　アマローネ・デッラ・ヴァルポリチェッラ（2010） 産地：ヴェローナ県 Corvina Veronese 45〜95%、Rondinella 5〜30%、その他25%。	赤　辛口　AT=14%　PI=2年　Rv　AT=14%　PI=4年 陰干ししたブドウから得た果汁の残糖がほとんど無くなるまで発酵させ、さらに木樽で2年以上熟成させて造る amarone（苦みの強い）ワイン。
Bagnoli Friularo/Friularo di Bagnoli　バニョーリ・フリウラーロ / フリウラーロ・ディ・バニョーリ（2011） 産地：パドヴァ県 Raboso piave 90% 以上。	赤ワイン：辛口　AT=11.5%　Rv　AT=12.5%　Cl　VT 　　　　　甘口　Ps　AT=15.5%（うち AE=12.5%）　Cl
Bardolino Superiore　バルドリーノ・スペリオーレ（2001） 産地：ヴェローナ県 Corvina veronese 35〜80%。Rodinella 10〜40%。Molinara15%以下。その他の品種 20%まで。	赤　辛口　AT=12%　PI=1年 特定の古い地域のものは瓶のラベルに Classico と表示することができる。ブドウのうち、Corvina がルビー色とボディーを作り、Rondinella が草の香りを作り、Molinara は芳香を与える。
Colli Asolani-Prosecco/Asolo-Prosecco　コッリ・アゾラーニ-プロセッコ / アゾロ-プロセッコ（2009） 産地：トレヴィーゾ県 Glera 85%以上。Verdiso, Bianchetta trevigiana、Perera、Glera lunga 15%まで。すでに、これまで登録済みのものは Pinot bianco、Pinot nero、Pinot grigio、Chardonnay を単独または混醸で使用しても良い。	白　AT=10.5% Sp　Sr　AT=11%　brut から demi-sec まで Fr　AT=10.5%　辛口　secco から中甘口　amabile まで 瓶内二次発酵によるものは "rifermentazione in bottiglia" と瓶のラベルに表示することができる。
Colli di Conegliano　コッリ・ディ・コネリアーノ（2011） 産地：トレヴィーゾ県 Bianco は Manzoni bianco（I.M.6.0.13）30%以上、Pinot Bianco と Chardonnay で30%以上、Sauvignon と Riesling で10%以下。Torchiato di Fregona は Glera30% 以上、	白ワイン： 　辛口　Bianco　AT=12% 　甘口　Torchiato di Fregona　AT=18%（うち AE=14%） 赤ワイン： 　辛口　Rosso　AT=12.5%　Rv　AT=13% 　Refrontolo 辛口から甘口　AT=14.5% 　Ps　AT=15%（うち AE=12%）

DOCG	特性
Verdiso20%以上、Boschera25%以上。**Rosso**はCabernet franc、Cabernet Sauvignon、Marzemino、Merlotがそれぞれ10%以上。ただし、Merlotは40%以下。Incrocio Manzoni 2.15とRefosco p.r.で20%以下。**Refrontolo**はMarzemino 95%以上。	
Colli Euganei Fior d'Arancio/Fior d'Arancio Colli Euganei　コッリ・エウガネイ・フィオル・ダランチョ/フィオル・ダランチョ・コッリ・エウガネイ（2011） 産地：パドヴァ県 Moscato giallo 95%以上。	白　辛口から甘口　AT=10.5%　　Sp AT=10.5%　　Ps AT=15.5% Moscatoの中では比較的珍しいMoscato gialloだが、Colli Euganei地区では昔から大切に栽培されてきた。Fior d'Arancioはオレンジの花を意味する。収穫年の11月1日より最低1年の熟成を経てから消費することができる。
Conegliano Valdobbiadene-Prosecco/Conegliano-Prosecco/Valdobbiadene-Prosecco　コネリアーノ・ヴァルドッビアデネ-プロセッコ/コネリアーノ-プロセッコ/ヴァルドッビアデネ-プロセッコ（2009） 産地：トレヴィーゾ県 Glera 85%以上。Verdiso、Bianchetta Trevigiana、Perera、Glera lunga 15%まで。すでに登録済みのものはPinot bianco、Pinot nero、Pinot grigio、Chardonnayを単独または混醸で使用しても良い。	白　AT=10.5%　辛口　Sp Sr　AT=11% Fr 辛口　AT=10.5% 瓶内二次発酵によるものは"rifermentazione in bottiglia"と瓶のラベルに表示することができる。 特定の畑（vigna）のCartizzeブドウで造られたものは瓶のラベルに"Superiore di Cartizze"と表示することができる。
Lison　リソン（2011） 産地：ヴェネツィア県、トレヴィーゾ県、フリウリーヴェネツィア・ジュリア州ポルデノーネ県 Tai 85%以上。	白　辛口　AT=12%　Cl AT=12.5% DOC Lison Pramaggioreから独立したDOCG。TaiはTai biancoのことで、以前はTocai friulanoとかTocai italicoと呼ばれていた白ブドウ。 収穫翌年の3月1日から消費することができる。
Montello Rosso/Montello　モンテッロ・ロッソ/モンテッロ（2011） 産地：トレヴィーゾ県 Cabernet Sauvignon 40〜70%。Merlot、Cabernet Franc、Carmenèreで30〜60%。その他のブドウ15%以下。	赤ワイン：辛口　AT=12.5%　Sp AT=13%
Piave Malanotte/Malanotte del Piave　ピアーヴェ・マラノッテ/マラノッテ・デル・ピアーヴェ（2010） 産地：トレヴィーゾ県、ヴェネツィア県 Raboso piave 最低70%、Raboso veronese 30%以下、他の黒ブドウ5%以下。	赤　AT=12.5%　PI=最低36カ月（うち最低12カ月は木樽） Raboso piaveとRaboso veroneseの15〜30%を陰干しにすることが義務付けられている。Rabosoはヴェネト州、フリウリーヴェネツィア・ジュリア州の土着品種で、渋みがあり、酸っぱくて荒々しいところのある品種だが、果実味に溢れる力強い非常に個性的なワインを生む。2008年ヴィンテージからDOCGを名乗れる（2011年11月から販売可能）。
Recioto della Valpolicella　レチョート・デッラ・ヴァルポリチェッラ（2010） 産地：ヴェローナ県 Corvina Veronese 45〜95%、Rondinella 5〜30%、その他25%まで。	赤　濃いめのルビー色で時々紫色を帯びる。　甘口　AT=12%（AP=2.8%） Sp 甘口　AT=12%（AP=2.8%） Reciotoという言葉はrecie（耳）からきたもので、昔ブドウの房の日当たりが良く糖度の高い肩の部分でワインを造ったので、この名前がついた。 特定の古い地域のものは瓶のラベルにClassicoと表示することができる。

DOCG	特　性
Recioto di Gambellara　レチョート・ディ・ガンベッラーラ (2008) 産地：ヴィチェンツァ県　Garganega 100%。	白　麦わら色から黄金色まで　中甘口から甘口まで　Cl　AT=14%（うち、AE=11.3%）ワイン収率40%　Sp　ワイン収率50% 特定の古い地域のものは瓶のラベルに Classico と表示することができる。
Recioto di Soave　レチョート・ディ・ソアーヴェ (1998) 産地：ヴェローナ県 Garganega 70%以上。Trebbiano di Soave 30%まで。その他、この県の推奨または許可品種5%まで。	白　甘口　AE=12%（AN=14%）　Sp　薄甘口・甘口　AE=11.5% ブドウ収穫の翌年8月31日まで消費できない。特定の古い地域のものは瓶のラベルに Classico と表示することができる。
Soave Superiore　ソアーヴェ・スペリオーレ (2001) 産地：上と同じ。 ブドウ品種は上と同じ。	白　Sr　辛口　AT=12%　PI=3カ月（瓶内洗練）　Sr Rv　辛口　AT=12.5%　PI=2年（うち、瓶内洗練3カ月）　Sr Cl 上と同じ。 特定の古い地域のものは瓶のラベルに Classico と表示することができる。 年平均生産量200〜300kℓ。うち、3分の2は Cl 地域のもの。

DOP（DOC）ワイン（24）

DOC	特　性
Arcole　アルコレ (2000) 産地：ヴェローナ県、ヴィチェンツァ県 Bianco は Garganega 50%以上。その他、品種表示ワイン用のブドウ50%まで。Rosso, Rosato, Nero は Merlot 50%以上。その他、品種表示ワイン用のブドウ50%まで。品種表示ワインはその品種85%以上。その他15%まで。	白ワイン： 　Bianco　辛口　AT=10.5% 　Sp/Arcole Sp　辛口から甘口まで　Extra brut, Brut, Extra dry, Dry, Abboccato, Dolce　AT=11%　Fr　辛口・薄甘口・甘口　AT=10.5% 　　Ps/Arcole Ps　中甘口・甘口　AT=14.5% 　Pinot Bianco, Pinot Grigio, Sauvignon　辛口　AT=11% 　Chardonnay　辛口　AT=11%　Fr　AT=10.5% 　Garganega　辛口　AT=10.5%　VT　AT=12.5% 　　VT は11月11日（聖マルティーノの祝日）以降に収穫したブドウで造り、翌年の10月31日まで消費できない。 赤ワイン： 　Rosso　辛口　AT=11%　Rv　辛口　AT=12%　Fr　辛口・薄甘口　AT=11%　Nv　辛口　AT=11% 　Nero　濃い赤、熟成につれてガーネット色　辛口　AT=13.5% 　　Nero のワイン収率は45%以下。 　Cabernet Sauvignon, Cabernet, Carmenère　赤　辛口　AT=11.5% 　　すべてに Rv　AT=12%　PI=2年 ロゼワイン： 　Rosato　辛口　AT=10.5%　Fr　辛口・薄甘口・甘口　AT=10.5%
Bagnoli di Sopra/Bagnoli　バニョーリ・ディ・ソプラ/バニョーリ (1995) 産地：パドヴァ県 Bianco は Chardonnay 30%以上。Tocai italico と Sauvignon 20%以上。Raboso piave など10%以上。Sp は Raboso piave、Raboso veronese 40%以上。Chardonnay 20%以上。その他10%まで。Rosso は Merlot 15〜60%。Cabernet sauvignon、Cabernet franc、Carmenère 15%以上。	白ワイン： 　Bianco　辛口・中甘口　AT=10.5%　Sp　辛口　AT=11.5% 赤ワイン： 　Rosso　辛口　AT=11%　Rv　PI=2年　Ps　中甘口　AT=14.5%　PI=2年 　Cabernet, Merlot　辛口　AT=11%　Rv　PI=2年 　Vin da Viajo Lq　amabile から dolce　AT=15.5% ロゼワイン： 　Rosato　辛口・中甘口　AT=10.5%　Sp　辛口・中甘口　AT=11.5% 特定の古い地域のものは瓶のラベルに Classico と表示することができる。

DOC	特性
Raboso piave など15％以上。その他10％まで。**Ps** は Raboso piave、Raboso veronese 70％以上。その他30％まで。**Rosato** は Raboso piave、Raboso veronese 50％以上。Merlot 40％まで。その他10％まで。品種表示ワインはその品種85％以上。その他15％まで。	
Bardolino　バルドリーノ (1968) 産地：ヴェローナ県 Corvina veronese 35～80％。Rondinella 10～40％。Molinara 15％以下。その他の品種20％まで。	赤・チェ　ルビー色から桜色まで。熟成につれてガーネット色を帯びる 　辛口　AT=10.5％　Nv　辛口　AT=11％　Nv はワインの85％以上が炭酸ガス浸漬法（MC）で造られていることを要する。 キア　ロゼ色　辛口　AT=10.5％ Sp　ロゼ色　辛口　brut　AT=11.5％ 特定の古い地域のものは瓶のラベルに Classico と表示することができる。
Bianco di Custoza/Custoza　ビアンコ・ディ・クストーザ/クストーザ (1971) 産地：ヴェローナ県 Trebbiano toscano 20～45％, Garganega 20～40％, Friulano 5～30％。その他20～30％。	白　辛口　AT=11％　Sr　辛口　AT=12％　PI=5カ月　Sp　辛口　AT=11.5％　Ps　中甘口・甘口　AT=15％（うち AE=12％）
Breganze　ブレガンツェ (1969) 産地：ヴィチェンツァ県 Bianco は Friulano 85～100％。その他、15％まで。Rosso は Merlot 85～100％。その他、15％まで。品種表示ワインはその品種85％以上。その他15％まで。	白ワイン： 　Bianco　辛口　AT=11％ 　Torcolato　黄金色から濃い琥珀色まで　薄甘口から甘口まで。AT=14％　Sr　Rv　PI=2年 　Torcolato はブドウ収穫の翌年の12月31日まで消費できない。ブドウを収穫の翌年1月まで吊るして乾燥させてから搾汁する。 　Pinot Bianco, Pinot Grigio, Sauvignon, Vespaiola, Chardonnay 　　辛口　AT=11％　Sr　AT=12％ 赤ワイン： 　Rosso　辛口　AT=11％　Sr　Rv　PI=2年 　Cabernet, Cabernet Sauvignon, Marzemino, Pinot Nero　辛口　AT=11％　Sr　AT=12％　Rv　PI=2年
Colli Berici　コッリ・ベリチ (1974) 産地：ヴィチェンツァ県 Pinot Bianco は Pinot bianco 85％以上。Pinot grigio 15％まで。Sp は Garganega 50％以上。Pinot bianco など50％まで。品種表示ワインはその品種90％以上。その他10％まで。	白ワイン： 　Garganega　辛口　AT=10％ 　Tai (Friulano), Sauvignon, Chardonnay, Pinot Bianco　辛口　AT=11％ 　Colli Berici Sp　辛口　AT=11％　Fr　AT=10.5％　Ps　AT=14％（うち、AE=11.5％） 赤ワイン： 　Cabernet　辛口　AT=11％　Rv　辛口　AT=12％　PI=3年 　Tai Rosso, Merlot　辛口　AT=11％ 特定の地域（sottozona）の Barbarano は瓶のラベルにその地域名を Tai Rosso di Barbarano または Barbarano と表示することができる。 　AT=11.5％

DOC	特　性
Colli Euganei　コッリ・エウガネイ（1969） 産地：パドヴァ県 **Bianco** は Garganega 30～50％。Serprino（Glera）10～30％。その他、Pinot bianco など20％まで。 **Serprino** は Serprino（Glera）90％以上。その他、10％まで **Moscato** は Moscato 95％以上。その他、5％まで。**Rosso** は Merlot 60～80％。Cabernet franc 20～40％。その他の品種表示ワインはその品種90％以上。その他10％まで。	白ワイン： 　Bianco　辛口　AT=10.5%　Sp 　Chardonnay, Serprino, Pinello　辛口　時に薄甘口 AT=10.5%　Fr 　Pinot Bianco　AT=11.5%　辛口　時に薄甘口。 　Tai　辛口・薄甘口　AT=11% 　Moscato　中甘口・甘口　AT=10.5% 赤ワイン： 　Rosso　辛口　AT=11%　Rv　辛口　AT=12.5%　Nv　辛口　時に薄甘口　AT=11% 　Cabernet, Cabernet Franc, Cabernet Sauvignon　辛口　AT=11% 　Merlot　辛口　時に薄甘口　AT=11%　Rv　AT=12.5%
Corti Benedettine del Padovano　コルティ・ベネデッティーネ・デル・パドヴァーノ（2004） 産地：パドヴァ県、ヴェネツィア県 **Bianco** は Friulano 50％以上。その他、50％まで。**Moscato Sp** は Moscato giallo 95％以上。その他、5％まで。**Ps** は Moscato giallo 70％以上。その他、15％まで。**Rosso** と **Rosato** は Merlot 60～70％。Raboso Piave など30％まで。品種表示ワインはその品種85％以上。その他15％まで。	白ワイン： 　Bianco　辛口　AT=10.5% 　Pinot Bianco, Sauvignon　辛口 AT=11.5% 　Tai, Pinot Grigio　辛口　AT=11% 　Moscato Sp　甘口　AT=11%（うち、AE=6%） 　Chardonnay　辛口　AT=11.5%　Sp AT=11.5%　辛口　Fr　AT=10.5% 　　extra brut, brut, extra dry, dry　Fr　AT=10.5% 　Corti Benedettine del Padovano Ps　中甘口・甘口　AT=13%（うち、AE=11%） 赤ワイン： 　Rosso　辛口　AT=11%　Nv　辛口 　Cabernet, Cabernet Sauvignon, Refosco dal Peduncolo Rosso　辛口 　　AT=11.5%　Rv AT=12.5%。 　Raboso　辛口　AT=11%　Rv　AT=12.5%　Ps　辛口から中甘口 　　AT=14% 　 Merlot　赤　辛口　AT=11.5% ロゼワイン： 　Rosato　辛口　AT=11%
Gambellara　ガンベッラーラ（1970） 産地：ヴィチェンツァ県 Garganega 80％以上。その他20％まで。	白　辛口　AT=10.5%　Cl　AT=11.5%　Sr　AT=12%　Sp　AT=11% 　VS　甘口　AT=16% 特定の古い地域のものは瓶のラベルに Classico と表示することができる。
Garda　ガルダ（1996） 産地：トレヴィーゾ県、ヴェローナ県、ロンバルディア州ブレーシャ県、マントヴァ県 **Cl Bianco** は Riesling と Riesling italico で70％以上。その他30％まで。**Garda Fr** は Chardonnay 100％。**Cl Rosso** と **Cl Chiaretto** は Groppello 30％以上。Marzemino, Sangiovese, Barbera 5％以上。その他、10％まで。品種表示ワインは その品種85％以上。その他15％まで。	白ワイン： 　Cl Bianco　辛口　AT=11%　Fr　辛口・中甘口　AT=10% 　Garganega, Pinot Grigio, Cortese, Sauvignon　辛口　AT=10.5% 　Pinot Bianco, Chardonnay, Riesling, Riesling Italico　辛口 　　AT=10.5%　Sp 　Tai（Friulano）　辛口・薄甘口　AT=10.5% 赤ワイン： 　Cl Rosso　辛口　AT=11%　Sr　AT=12%　Nv 　Cl Groppello　辛口　AT=11%　Rv　AT=12% 　Cabernet, Cabernet Sauvignon, Merlot, Pinot Nero　辛口 　　AT=11% 　Marzemino, Corvina, Barbera　辛口　AT=10.5%

DOC	特　　性
	ロゼワイン： 　Cl　Chiaretto　くすんだロゼ色からルビー色を帯びた緋色まで　辛口 　　AT=11.5% 　Rosé　濃いめのロゼ色。　辛口　AT=11.5% 特定の古い地域のものは瓶のラベルに Classico と表示することができる。
Lison Pramaggiore　リソン・プラマッジョーレ（1971） 産地：ヴェネツィア県、トレヴィーゾ県、フリウリ‐ヴェネツィア・ジュリア州ポルデノーネ県 Bianco は Friulano 50〜70%。その他30〜50%まで。Rosso は Merlot 50〜70%。その他、30〜50%まで。品種表示ワインはその品種85%以上。その他、15%まで。	白ワイン： 　Bianco　辛口　AT=11% 　Pinot Bianco, Chardonnay　辛口　AT=11%　Sp　Fr 　Pinot Grigio, Riesling　辛口　AT=11%　Sp 　Riesling Italico, Sauvignon　辛口　AT=11%。 　Verduzzo　辛口・中甘口・甘口　AT=11%　Ps 赤ワイン： 　Rosso　辛口　AT=11.5%　Rv　AT=12%　Nv　AT=11% 　Merlot, Cabernet, Cabernet Franc, Cabernet Sauvignon　辛口 　　AT=11.5%　Rv　AT=12% 　Malbech, Refosco dal Peduncolo Rosso　辛口　AT=11.5%
Lessini Durello/Durello Lessini　レッシーニ・ドゥレッロ／ドゥレッロ・レッシーニ（2011） 産地：ヴェローナ県、ヴィチェンツァ県 Durella 85%以上。Garganega, Pinot bianco, Chardonnay, Pinot nero で15%以下。	白ワイン：辛口　Sp　AT=11%　Sp Rv　AT=12%
Merlara　メルラーラ（2000） 産地：パドヴァ県 Bianco は Friulano 50〜70%。その他30〜50%まで。Rosso は Merlot 50〜70%。Cabernet franc, Cabernet sauvignon, Carmenère, Marzemino 50%まで。品種表示ワインはその品種85%以上。その他15%まで。	白ワイン： 　Bianco　辛口　AT=11%　Fr　AT=10.5% 　Malvasia, Tai　辛口　AT=11% 赤ワイン： 　Rosso　辛口　AT=11%　Nv 　Merlot, Cabernet Sauvignon　辛口　AT=11.5%。 　Cabernet　辛口　AT=11%。 　Marzemino　Fr　甘口　AT=11%
Montello‐Colli Asolani　モンテッロ‐コッリ・アゾラーニ（1977） 産地：トレヴィーゾ県 Rosso は Merlot 40〜60%。Cabernet 30〜50%。品種表示ワインはその品種85%以上。その他15%まで。	白ワイン： 　Chardonnay, Pinot Bianco　辛口　AT=10.5%　Sp 　Pinot Grigio　辛口　AT=11% 赤ワイン： 　Rosso　辛口　AT=11%　Sr　AT=11.5% 　Cabernet, Cabernet Franc, Cabernet Sauvignon　辛口 AT=11.5% 　　Sr　AT=12%　PI＝2年 　Merlot　辛口　AT=11%　Sr　AT=11.5%
Monti Lessini　モンティ・レッシーニ（1988） 産地：ヴェローナ県、ヴィチェンツァ県他。 Bianco は Chardonnay 50%以上。その他、Pinot bianco, Pinot nero など50%まで。Durello は Durella 85%以上。その他15%まで。Pinot nero は Pinot nero 85%以上。	白ワイン： 　Bianco　濃いめの麦わら色　辛口　AT=11.5% 　Ps　中甘口・甘口　AT=14.5%（うち、AE=11.5%） 　Durello　濃いめの麦わら色　辛口　AT=10.5% 　AT=11.5% 赤ワイン： 　Pinot nero　辛口　AT=12.5%

DOC	特 性
Piave　ピアーヴェ（1971） 産地：トレヴィーゾ県、ヴェネツィア県 Cabernet は Cabernet franc, Cabernet sauvignon。Verduzzo は Verduzzo friulano, Verduzzo trevigiano。品種表示ワインはその品種95％以上。その他5％まで。	白ワイン： 　Chardonnay, Pinot Bianco, Pinot Grigio, Tai, Verduzzo　Ps 　　辛口　AT=11% 赤ワイン： 　Cabernet Sauvignon, Merlot　辛口　AT=11%　Rv AT=12.5% 　　PI=2年 　Cabernet, Pinot Nero　辛口　AT=11% 　Raboso　辛口　AT=12%　PI=2年
Prosecco　プロセッコ（2009） 産地：トレヴィーゾ県、ヴェネツィア県、ベッルーノ県、パドヴァ県、ヴィチェンツァ県、フリウリ－ヴェネツィア・ジュリア州ポルデノーネ県、ウーディネ県、ゴリツィア県、トリエステ県 Glera 85％以上。Verdiso、Bianchetta trevigiana、Perera、Glera lunga、Chardonnay、Pinot bianco、Pinot grigio、Pinot nero を15％まで加えても良い。	Prosecco　白　辛口、中甘口　AT=10.5% 　Sp　Brut から Demi-sec まで。　AT=11% 　Fr　辛口、中甘口　AT=10.5%
Riviera del Brenta　リヴィエーラ・デル・ブレンタ（2004） 産地：ヴェネツィア県、パドヴァ県 Bianco は Tai 50％以上。その他、この呼称の品種表示ワイン用の品種 50％まで。Sp は Chardonnay 60％以上。その他40％まで Rosso, Rosato は Merlot 50％以上。その他、この呼称の品種表示ワイン用の品種50％まで。	白ワイン： 　Bianco　辛口・中甘口　AT=10.5 %　Sp　AT=11.5 %　辛口 　　Fr　AT=10.5%　辛口・中甘口 　Chardonnay 辛口　AT=11.5%　Sp　Fr 　Pinot Bianco　辛口　AT=11%　Sp　Fr 　Pinot Grigio, Tai　辛口　AT=11% 　Riviera del Brenta　Sp　辛口　AT=11.5% 赤ワイン： 　Rosso　辛口　AT=11%　Rv 　Cabernet, Refosco　辛口　AT=11.5%　Rv　AT=12.5% 　Raboso　辛口　AT=11%　Rv　AT=12.5% 　Merlot　辛口　AT=11.5% 　Riviera del Brenta Novello　辛口　AT=11% ロゼワイン： 　Rosato　辛口　AT=11%
Soave　ソアーヴェ（1968） 産地：ヴェローナ県 Garganega 70％以上。Trebbiano di Soave, Pinot bianco, Chardonnay など30％まで。	白　辛口　AT=10.5% Cl と "Colli Scaligeri" のものは AT=11.5%　Sp　辛口　extra brut, brut, extra dry, dry　AT=11.5% 特定の古い地域のものは瓶のラベルに classico と表示することができる。 特定の地域（sottozona）の Colli Scaligeri のものはその地域名を瓶のラベルに表示することができる。
Valpolicella　ヴァルポリチェッラ（1968） 産地：ヴェローナ県 Corvina veronese 45～95％、Rondinella 5～30％、その他25％まで。	赤　ルビー色で熟成につれてガーネット色を帯びる　辛口　AT=11% 　Sr　AT=12%　PI=1年　Cl Valpantena　辛口　AT=12% 特定の古い地域の Classico と Valpantena はその地域名を瓶のラベルに表示することができる。

DOC	特　性
Valpolicella Ripasso　ヴァルポリチェッラ・リパッソ (2010) 産地：ヴェローナ県 Corvina Veronese 45～95%、Rondinella 5～30%、その他25%まで。	赤　しっかりとした赤色で熟成につれてガーネット色を帯びる。 　辛口　AT＝12.5%　Sp　AT＝13% Ripasso は Recioto、Amarone を造った時の搾りかす (vinacce) を入れて発酵させたもの。
Venezia　ヴェネツィア (2011) 産地：ヴェネツィア県、トレヴィーゾ県 白の Sp、Fr は Verduzzo friulano/Verduzzo trevigiano/Glera 50% 以上。 Rosso は Merlot 50% 以上。ロゼワインはすべて Raboso piave/Raboso veronese 70% 以上。 単一品種を名乗るワインはその品種85%以上。	白ワイン　AT＝11% 　Chardonnay　Pinot Grigio　Fr　Sp 赤ワイン　AT＝11% 　Rosso　Merlot　Cabernet Sauvignon　Cabernet Franc ロゼワイン 　Rosato　AT＝10.5%　Sp　AT＝11%　Fr　AT＝10.5%
Vicenza　ヴィチェンツァ (2000) 産地：ヴィチェンツァ県 Bianco は Garganega 50% 以上。その他50%まで。Rosso は Merlot 50% 以上。その他50%まで。品種表示ワインはその品種85%以上。その他15%まで。	白ワイン： 　Bianco　辛口　AT＝10.5%　Sp　辛口から甘口まで　AT＝11% 　　Fr　辛口から中甘口まで　AT＝10.5%　Ps　中甘口から甘口まで　AT＝13% 　Chardonnay, Pinot Bianco　辛口　AT＝11%　Sp　辛口。 　Riesling, Sauvignon, Manzoni Bianco, Pinot Grigio　辛口　AT＝11% 　Garganega　辛口　AT＝10.5%　Sp　辛口から中甘口まで　AT＝11% 　Moscato　中甘口から甘口まで　AT＝11%　Sp　辛口から甘口まで　AT＝11% 赤ワイン： 　Rosso　辛口　AT＝11%　Rv　AT＝12%　Nv　AT＝11% 　Cabernet, Cabernet Sauvignon, Merlot, Pinot Nero　辛口 　　AT＝11%　Rv　AT＝12% 　Raboso　赤　辛口　AT＝10.5%　Rv　AT＝11.5% ロゼワイン： 　Rosato　辛口から中甘口まで　AT＝10.5%　Fr　AT＝10.5%
Vigneti della Serenissima/Serenissima　ヴィニェーティ・デッラ・セレニッシマ/セレニッシマ (2011) 産地：ベッルーノ県、トレヴィーゾ県、パドヴァ県、ヴィチェンツァ県、ヴェローナ県 Chardonnay, Pinot bianco, Pinot nero	Vigneti della Serenissima/Serenissima　白辛口 Sp 　AT＝11.5%　PI＝12カ月 Vigneti della Serenissima/Serenissima rose'　ロゼ辛口 Sp 　AT＝11.5%　PI＝12カ月 Vigneti della Serenissima/Serenissima millesimato 　白辛口 Sp　AT＝11.5%　PI＝24カ月 Vigneti della Serenissima/Serenissima riserva 　白辛口 Sp　AT＝12%　PI＝36カ月

IGP：Alto Livenza, Colli Trevigiani, Conselvano, Delle Venezie, Marca Trevigiana, Verona/Provincia di Verona/Veronese, Vallagarina, Veneto, Veneto Orientale, Vigneti delle Dolomiti/Weinberg Dolomiten

フリウリ－ヴェネツィア・ジュリア州
Friuli-Venezia Giulia

プロフィール

　イタリアの北東部に位置するフリウリ－ヴェネツィア・ジュリア州は、北はオーストリア、東はスロヴェニアと国境を接し、西はヴェネト州に接していて、南にはアドリア海が広がっている。州土の大半を占めるフリウリと、東のトリエステ周辺の小さなヴェネツィア・ジュリアに分かれている。

　フリウリ－ヴェネツィア・ジュリアは白ワインの産地として知られていて、特にDOC コッリオ・ゴリツィアーノ／コッリオ Collio Goriziano/Collio、DOC フリウリ・コッリ・オリエンターリ Friuli Colli Orientali はイタリアを代表する高級白ワイン産地として高く評価されている。ただ、白ワイン産地としての名声は比較的新しく、1970年代に意欲的な生産者たちが、他の産地に先駆けてクリーンでフレッシュな白ワインを造りだしたことによる。代表的な土着品種はフリウラーノ（以前はトカイと呼ばれていた）、リボッラ・ジアッラだが、ピノ・グリージョ、ピノ・ビアンコ、シャルドネ、ソーヴィニヨン・ブランでも良い成果が出ている。

　フリウリ・コッリ・オリエンターリは、ピコリット、ヴェルドゥッツォなどの甘口ワインでも知られている。

　白ワイン人気が先行したフリウリ－ヴェネツィア・ジュリアだが、近年は土着品種による赤ワインにも注目が集まっていて、スキオッペッティーノ、レフォスコ、タッツェレンゲで個性的なワインが造られている。カベルネ、メルロにも複雑なものがある。

　品種、ワインの種類が多すぎて消費者を混乱させた時期もあったが、最近はそれぞれの地区が最適の品種に集中するようになり、品質が向上するとともに、消費者にとっても分かりやすくなってきた。

　DOC フリウリ・グラーヴェ Friuli Grave、DOC フリウリ・アクイレイア Friuli Aquileia、DOC フリウリ・ラティザーナ Friuli Latisana では、コスト・パフォーマンスの高いワインが大量に生産されている。

　コッリオやフリウリ・コッリ・オリエンターリの丘陵に広がるロンキと呼ばれる段々畑の風景は美しく、小規模のヴィニュロン生産者が多いこともあり、ブドウ栽培のレベルの高さは名高い。

　近年この地区の生産者が、果皮と共に発酵、マセラシオンするスタイルの白ワインを造るようになり、黄色い色をした、酸化が進み、タンニンが強い白ワインは、熱狂的支持者を生むとともに、猛烈に反発する消費者もいて、大いに論議を醸し出している。

　グラッパ蒸留も盛んで、フリウリ人はイタリアで一番お酒が強いとされている。

歴史、文化、経済

　フリウリはローマ時代から重要な地方で、アクイレイアは古代ローマでも最も重要な都市のひとつだった。当時プルチヌム Pulcinum と呼ばれるワインが高い名声を誇っていたが、これはグレーラ（以前はプロセッコと呼ばれていた品種）の先祖ではないかとされている。中世にはアクイレイア総大司教が支配した。その後、ヴェネツィア共和国の支配を経て、ハプスブルグ帝国領となり、トリエステはハプスブルグ帝国の港として重要な役割を果たし、文化的に栄えた。フリウリは1866年にイタリア王国となったが、トリエステは第一次世界大戦後に完全にイタリア王国領となった。第二次世界大戦後、トリエステはトリエステ自由地域として国際連合管理下に置かれたが、1954年にイタリア共和国に復帰した。本来フリウリの中心地であるウーディネが州都となるのが筋であるが、上記のような歴史的経緯によりトリエステに重要性を与えるためにトリエステを州都にしている。

　トリエステを中心とするヴェネツィア・ジュリアはハプスブルグ帝国下で栄えたが、フリウリは農業中心で非常に貧しい地方であった。フリウリからは多くの移民が海外（特に南北アメリカ）に出ていった。1970

年代から工業が発達して、意欲的な中小企業が活動を始め、今ではイタリアで最も豊かな地域の一つとなった。

あまり農業が盛んな州ではないが、平野部では、とうもろこし、大豆、甜菜などが栽培され、丘陵地帯ではブドウ栽培が行われている。牛の飼育も盛んだ。

イタリア語、フリウリ方言以外に、スロヴェニア語、ドイツ語も州の公用語として認められている。コッリオ、カルソには、スロヴェニア人の生産者が多い。

フリウリ人は寡黙で、頑固な人が多い。非常に慎重で、あまり感情を表に表わさないが、義理堅い人たちである。

地理と風土

北のオーストリア国境に沿って、アルプス山脈、プレアルプス地帯が東西に延びていて、その南に丘陵地帯があり、さらに南のアドリア海にかけては平野が広がっている。平野の真ん中をタリアメント川がアルプスからアドリア海に向かって流れている。トリエステ近郊にあるカルソ台地は標高200－600mで、アドリア海に面して細長く延びている。石灰岩台地だが、水による溶解浸食により、数多い洞穴や地下水脈ができているユニークな土地だ。

アドリア海の影響で海岸地帯は亜地中海性気候で、丘陵地帯も気候は比較的温和だ。平野部は温和な気候だが、湿度が高い。北はアルプス性気候で雨が多い。トリエステは雨が少なく、温暖だが、冬にはボーラと呼ばれる冷たい風が吹く。

地域別ワインの特徴

最も有名なDOCコッリオ・ゴリツィアーノ／コッリオ Collio Goriziano/Collio が生まれるのはスロヴェニアとの国境に広がる丘陵地帯だ。標高は50～120mと高くないが、フリッシュ flysch と呼ばれる柔らかい泥灰土と砂岩の混ざる石灰質土壌で、水はけが良い。良質の果実と適度のミネラル分を持つ、心地よくかつ複雑な白ワインが生まれる。品種ではフリウラーノとリボッラ・ジアッラが興味深い。ピノ・ビアンコ、ピノ・グリージョ、シャルドネ、ソーヴィニヨンでも良いワインが生まれている。卓越した白ワインの産地である。

DOCフリウリ・コッリ・オリエンターリ Friuli Colli Orientali もコッリオと同じく石灰質土壌で、南のコルノ・ディ・ロサッツォ、ブットリオ周辺はアドリア海の影響を受け温暖で、北のチヴィダーレ、ニミスは冷涼な気候だ。白ワインではコッリオにやや引けを取っているが、赤ワインと甘口ワインが卓越している。赤ワインでは土着品種スキオッペッティーノ、レフォスコ、タッツェレンゲによるスパイシーで個性的なワインが造られている。カベルネ・ソーヴィニヨン、メルロでもしっかりしたボディの熟成能力を持つワインが生まれる。ソットゾーナ（サブリージョン）であったロサッツォ Rosazzo が2011年にフリウラーノをベースにした白ワインとしてDOCGに昇格した。有名な甘口ワイン、ピコリット Picolit はここが本場である。もう一つの甘口ワインの品種ヴェルドゥッツォはややタンニンが強い興味深い白ブドウで、地区北端のラマンドロでは独立してDOCGラマンドロ Ramandolo となっている。

DOCイソンツォ Isonzo は、コッリオに近く、栽培されている品種はほとんど同じだが、こちらは平野部になる。土壌は石灰質土壌に、小石の多い沖積土壌が混ざる。海の影響を受けて気候は温暖で、コッリオより豊かな果実味を持った、親しみやすいワインが生まれる。

DOCカルソ Carso は、ヴィトヴスカ、マルヴァジアで白ワイン、テッラーノ（レフォスコの地元名）で赤ワインが造られているが、どれも非常に強いミネラル分を持つ厳格なワインである。

平野部のDOCフリウリ・グラーヴ Friuli Grave、DOCフリウリ・アクイレイア Friuli Acquileia、DOCフリウリ・ラティザーナ Friuli Latisana では、親しみやすい白ワイン、比較的早飲みのミディアム・ボディの赤ワインができる。コスト・パフォーマンスの高いワインが多い。

料理と食材

フリウリの料理は基本的にシンプルな農民料理で、ストレートな味わいのものが多い。トリエステはハプスブルグ帝国の港であったこともあり、ラテン、ゲルマン、スラヴの3つの食文化が混ざり合っている。

この州の最も有名な食材はサン・ダニエーレの生ハム Prosciutto di San Daniele であろう。パルマの生ハム Prosciutto di Parma と常にトップの座を争っている。デリケートで甘く口中でとろけるようなパルマの生ハムに比べて、サン・ダニエーレの生ハムはよりしっかりとした陰影に富んだ味わいである。

生ハムと並んで前菜によく食べられるのが、すりおろしたモンタージオ Montasio チーズの粉にトウモロ

コシの粉を混ぜたものを焼いて薄いオムレツのように仕上げたフリーコ Frico だ。

豚肉、スモーク・パンチェッタ、インゲン豆、クラウト、トウモロコシの粉の濃厚なスープであるヨータ Jota はトリエステの名物料理だ。

干しプラム入りのニョッキにバター、シナモン、砂糖のソースをかけたニョッキ・アッレ・プルーニェ Gnocchi alle prugne は中央ヨーロッパの影響の強い料理である。

メインディッシュでは、パプリカを使ったハンガリー風牛肉のシチューのグーラッシュ Goulash が有名だ。カモシカ、ノロジカ、ヤマウズラなどのジビエもよく食べられる。

海岸地帯ではアドリア海の魚も食されるが、ヴェネトと同じく魚の南蛮漬けがよく食べられる。

トウモロコシは広く栽培されていて、ポレンタ Polenta は大量に食べられている。チーズやサラミ、パンチェッタなどと合わせて前菜にしたり、肉や魚料理のつけあわせにしたりして食べられる。

州を代表するチーズは DOP のモンタジオ Montasio である。

＜料理とワインの相性＞
Prosciutto di San Daniele には、Collio Friulano、Friuli Colli Orientali Pinot Bianco。
Frico には、Friuli Colli Orientali Pinot Grigio。
Jota には、Friuli Grave Merlot、Friuli Colli Orientali Pinot Nero。
Goulash には、Friuli Colli Orientali Schioppettino、Friuli Colli Orientali Refosco。

DOP（DOCG）ワイン（3）

DOCG	特　性
Colli Orientali del Friuli Picolit コッリ・オリエンターリ・デル・フリウリ・ピコリット（2006） 産地：ウーディネ県 Picolit 85％以上。この州のアロマ付きでない白ブドウ15％まで。	白　濃いめの黄金色　中甘口・甘口　AT=16％　（AN=13％）　PI=1年 特定の地域（sottozona）の Cialla のものは Picolit 100％　AT=16％　（AN=14％）　Rv　PI=4年 ブドウ収穫の翌々年8月31日まで消費できない。Picolit は果粒が少なく生産性が低いのでワインの年平均生産量は100kℓ程度。陰干ししたブドウを発酵後、小樽で熟成させる。この甘口ワインはこの2世紀の間に王侯貴族に愛飲されて、そのスタイルも時々変わったが、今日では繊細な香味を持つデザートワインとして定着した。
Ramandolo　ラマンドロ（2001） 産地：ウーディネ県 Verduzzo friulano (Verduzzo giallo)100％。	白　濃いめの黄金色　甘口　AT=14％　（AN=12％） 陰干ししたブドウを発酵後、ワインを小樽で熟成させる。 年間生産量は200kℓ。
Rosazzo　ロサッツォ（2011） 産地：ウーディネ県 Friulano 50％以上、Sauvignon 20〜30％、Pinot bianco と Chardonnay で 20〜30％、Ribolla Gialla 10％以下。	白ワイン：辛口　AT=12％

DOP（DOC）ワイン（8）

DOC	特　性
Carso/Carso-Kras　カルソ/カルソ−クラス（1986） 産地：トリエステ県、ゴリツィア県 Rosso は Terrano 70％以上。その他、30％まで。品種表示ワインはその品種85％以上。その他15％まで。	白ワイン： 　Pinot Grigio, Sauvignon, Traminer, Chardonnay, Malvasia, Vitovska 　辛口　AT=11.5％ 　Vitovska, Malvasia, Sauvignon は Rv も。 赤ワイン： 　Rosso, Cabernet Sauvignon, Refosco dal Peduncolo Rosso, Merlot,

DOC	特 性
	Cabernet Franc　辛口　AT=11.5%. Terrano　辛口　AT=10.5%. Rosso, Terrano, Merlot は Rv も。Terrano は CI も。
Collio Goriziano/Collio　コッリオ・ゴリツィアーノ／コッリオ（1968） 産地：ゴリツィア県 Bianco は品種表示ワインの白ブドウでアロマ付きでないもの100％。ただし、Müller Thurgau と Traminer aromatico は15%まで。Rosso はこの品種表示ワイン用の黒ブドウでアロマ付きでないもの100％。品種表示ワインはその品種85%以上。その他15%まで。	白ワイン： 　Bianco　辛口　AT=11.5% 　Chardonnay, Malvasia, Müller Thurgau, Pinot Bianco, Pinot Grigio, Picolit, Ribolla Gialla, Riesling, Riesling Italico, Sauvignon, Friulano, Traminer Aromatico　辛口　AT=11.5% 　　Rv　PI=20カ月 赤ワイン： 　Rosso　辛口　AT=11.5% 　Cabernet, Cabernet Franc, Cabernet Sauvignon, Merlot, Pinot Nero　辛口　AT=11.5%　Rv　PI=30カ月
Friuli Annia　フリウリ・アンニア（1995） 産地：ウーディネ県 Bianco は品種表示ワイン用の白ブドウでアロマ付きでないもの100％。Rosso は品種表示ワイン用の黒ブドウでアロマ付きでないもの100％。Rosato はこの呼称の黒ブドウ100％。品種表示ワインはその品種90%以上。その他10%まで。	白ワイン： 　Bianco　辛口　AT=10.5% 　Chardonnay, Friulano, Malvasia, Pinot Bianco, Pinot Grigio, Verduzzo Friulano　辛口　AT=11%　Fr 　Sauvignon, Traminer Aromatico　辛口　AT=11% 　Sp　麦わら色　辛口　brut, demi-sec　AT=11%　Fr 赤ワイン： 　Rosso　辛口　AT=10.5%　Rv　AT=13%　PI=2年 　Cabernet Franc, Cabernet Sauvignon, Merlot, Refosco dal Peduncolo Rosso　辛口　AT=11%　Rv　AT=13%　PI=2年 ロゼワイン： 　Rosato　辛口　AT=10.5%
Friuli Aquileia　フリウリ・アクイレイア（1975） 産地：ウーディネ県、ゴリツィア県 Bianco は品種表示ワイン用のアロマ付きでない白ブドウ100％。Rosso は品種表示ワイン用のアロマ付きでない黒ブドウで100％。Rosato は Merlot 100％。品種表示ワインはその品種90%以上。その他10%まで。	白ワイン： 　Bianco　辛口　AT=10.5% 　Malvasia Istriana , Müller Thurgau　辛口　AT=10.5%　Fr 　Friulano, Pinot Grigio, Riesling,　辛口　AT=10.5% 　Pinot Bianco, Sauvignon, Traminer Aromatico, Verduzzo Friulano　辛口　AT=11% 　Chardonnay　辛口　AT=11%　Sp　AT=12%　Fr 赤・ロゼワイン： 　Rosso　辛口　AT=10.5%　Rv　AT=12%　PI=2年　Nv　AT=10.5% 　Cabernet, Cabernet Franc, Cabernet Sauvignon, Merlot, Refosco dal Peduncolo Rosso　辛口　AT=10.5%　Rv　AT=12%　PI=2年 ロゼワイン： 　Rosato　辛口　AT=10.5%　Fr 多くのものに Sr

DOC	特 性

Friuli Colli Orientali フリウリ・コッリ・オリエンターリ (1970)
産地：ウーディネ県、ゴリツィア県
Bianco は品種表示ワイン用の白ブドウでアロマ付きでないもの100％。Rosso は品種表示ワイン用の黒ブドウ100％。Dolce はこの呼称の白ブドウで picolit を含むもの100％。品種表示ワインはその品種85％以上、その他15％まで。
	白ワイン：
	  Bianco　濃いめの麦わら色　辛口　AT=11%
	  Dolce　麦わら色から黄金色、琥珀色まで　甘口　AT=12%
	  Chardonnay, Friulano, Pinot Bianco, Pinot Grigio, Ribolla Gialla, Sauvignon, Traminer Aromatico, Riesling, Malvasia
	    辛口　AT=11%
	  Verduzzo Friulano 辛口・中甘口・甘口　AT=11%
	赤ワイン：
	  Rosso　辛口　AT=11%.
	  Cabernet, Cabernet Franc, Cabernet Sauvignon, Refosco dal Peduncolo Rossso, Refosco Nostrano, Merlot, Schioppettino, Pinot Nero, Pignolo, Tazzelenghe　辛口　AT=11%
	特定の地域 (sottozona) が5つあり、Cialla, Schioppettino di Prepotto、Refosco di Faedis、Ribolla Gialla di Rosazzo、Pignolo di Rosazzo をラベルに表示することができる。地域表示のものは AT=12%。Cialla の Rv は PI=4年
	2008年に地域のひとつとして Prepotto が認められ、赤ワインの Schioppettino di Prepotto が誕生した。AT=12.5%

Friuli Grave　フリウリ・グラーヴェ (1970)
産地：ウーディネ県、ポルデノーネ県
Bianco は品種表示ワイン用の白ブドウでアロマ付きでないもの100％。Rosso, Rosato は品種表示ワイン用の黒ブドウでアロマ付きでないもの100％。品種表示ワインはその品種100％。
	白ワイン：
	  Bianco　辛口　AT=10.5%　Sr　AT=11.5%
	  Chardonnay, Pinot Bianco, Verduzzo Friulano　辛口　AT=10.5%　Sr　AT= 11.5%　Sp　Fr
	  Pinot Grigio, Riesling, Sauvignon, Traminer Aromatico, Verduzzo Friulano　辛口　AT=10.5 %　Sr　AT=11.5 %　Friulano　辛口　AT=10%　Sr　AT=11%
	  Friuli Grave　Sp　麦わら色　辛口　AT=11%
	赤ワイン：
	  Rosso 辛口 AT=10.5%　Sr AT=11.5%　Rv PI=2年　Nv AT=10.5%
	  Cabernet, Cabernet Franc, Cabernet Sauvignon, Merlot, Refosco dal Peduncolo Rosso　辛口　AT=10.5%　Sr　AT=11.5%　Rv　PI=2年
	  Pinot Nero　辛口　AT=10.5%　Sr　AT=11.5%　Rv　PI=2年　Sp
	ロゼワイン：
	  Rosato　辛口　AT=10.5%　Fr

Friuli Isonzo/Isonzo del Friuli フリウリ・イソンツォ/イソンツォ・デル・フリウリ (1975)
産地：ゴリツィア県
Bianco はこの呼称の白ブドウで Moscato と Traminer aromatico を除くもの100％。VT は Friulano, Sauvignon, Verduzzo friulano、Pinot bianco, Chardonnay など100％。Rosso、Rosato はこの呼称の黒ブドウで Moscato rosa を除くもの100％。品種表示ワインはその品種100％。
	白ワイン：
	  Bianco　辛口・中甘口　AT=10.5%　Fr
	  Pinot Grigio, Riesling, Riesling Italico, Sauvignon, Traminer Aromatico, Pinot Bianco　辛口　AT=11%
	  Malvasia, Friulano　辛口　AT=10.5%
	  Chardonnay　辛口　AT=11%　Sp
	  Moscato Giallo　中甘口　AT=10.5%　Sp
	  Verduzzo Friulano　辛口・薄甘口・中甘口・甘口　AT=11%　Sp
	  Pinot Sp　辛口・中甘口　AT=11%
	  Friuli Isonzo VT　琥珀色がかかった黄金色　甘口　AT=13.5%
	赤ワイン：
	  Rosso　辛口・中甘口　AT=10.5%　Sp　AT=11%　Fr
	  Cabernet, Cabernet Franc, Cabernet Sauvignon, Franconia,

DOC	特　性
	Pinot Nero, Refosco dal Peduncolo Rosso, Schioppettino　辛口　AT=11% Merlot　辛口　AT=10.5% ロゼワイン： 　Rosato　辛口・中甘口　AT=10.5%　Fr 　Moscato Rosa　中甘口・甘口　AT=10.5%　Sp
Friuli Latisana　フリウリ・ラティサーナ （1975） 産地：ウーディネ県 RosatoはMerlot 70〜80%。その他、20%まで。品種表示ワインはその品種90%以上。その他10%まで。	白ワイン： 　Friulano, Pinot Grigio, Riesling Renano, Sauvignon, Traminer Aromatico, Chardonnay, Pinot Bianco, Verduzzo Friulano, Malvasia Istriana　辛口　AT=10.5%。 　Friuli Latisana Sp　辛口　AT=10.5%　Fr 赤ワイン： 　Cabernet, Cabernet Franc, Cabernet Sauvignon, Franconia, Merlot, Pinot Nero, Refosco dal Peduncolo Rosso　辛口　AT=10.5%　Rv　AT=11.5%　PI=2年 ロゼワイン： 　Rosato　辛口　AT=10.5%　Fr　Nv 多くのものに Rv, Sr

IGP：Alto Livenza, Delle Venezie, Venezia Giulia

エミリア-ロマーニャ州　*Emilia-Romagna*

プロフィール

　イタリアの北東部に位置するエミリア-ロマーニャ州は、北はヴェネト州、ロンバルディア州、西はピエモンテ州、リグーリア州、南はトスカーナ州、マルケ州に接していて、東側にはアドリア海が広がっている。州都ボローニャの西側に位置するエミリアと、ボローニャの東側に位置するロマーニャに分かれる。この2つの地方は歴史的にも文化的にも全く異なる地方で、そのことはワインにも明確に表れている。

　エミリアは、微発泡性の心地よい赤ワイン、ランブルスコの地である。ランブルスコは、一昔前までは甘口のシンプルなものが大量にアメリカに輸出され、愛好家からは軽視されていた。しかし、近年では意欲的な生産者が辛口の喜ばしいランブルスコを造るようになって品質が向上し、フレッシュで、フードフレンドリーなワインとして再び注目を集めている。

　ボローニャ近郊で造られる白ワイン、コッリ・ボロニェージ・クラッシコ・ピニョレット Colli Bolognesi Classico Pignoletto は2010年 DOCG に昇格している。

　ロマーニャは DOC ロマーニャ Romagna のもとにサンジョヴェーゼ Sangiovese、トレッビアーノ Trebbiano、カニーナ Cagnina、パガデビット Pagadebit など単一品種ワインが造られている。

　親しみやすい白ワイン、ロマーニャ・アルバーナ Romagna Albana はイタリアで最初に DOCG に昇格した白ワインである。

　大量生産で悪名高かったこの州のワインも、時代に合わせて品質が向上してきている。世界屈指の美食王国にふさわしいワインが造られる日も近いだろう。

歴史、文化、経済

　交通の要所として古代ローマ時代から栄えた地であった。ロマーニャは、東ローマ帝国のもとでラヴェンナが栄えたが、その滅亡後は、ヴェネツィア共和国、法王庁の支配下となった。エミリアはパルマやピアチェンツァはヴィスコンティ家、モデナ、レッジョ、フェッラーラはエステ家の支配する公国となり、ルネッサンス文化が花開いた。

　エミリア-ロマーニャはイタリアで最も豊かな州のひとつで、ボローニャやモデナはヨーロッパでも最も豊かな町のひとつである。失業率もイタリアにしては破格に低く、外部からの移民が流入し、その割合は総人口の10%にも達している。

　エミリアは「赤いベルト」と呼ばれるほど左翼勢力が強い土地で、文化レベルも非常に高い。音楽が盛んなところで、オペラ作曲家のジュゼッペ・ヴェルディはパルマ県ブッセートの出身で、指揮者のアルトゥーロ・トスカニーニはパルマ出身である。パルマにはスタンダールの「パルムの僧院」の舞台となった修道院もある。モデナは高級スポーツカーのフェッラーリ、ランボルギーニがあるところで、歌手ルチアーノ・パヴァロッティの出身地でもある。フェッラーラのエステ家にはルクレツィア・ボルジアが嫁いでいる。独立した公国に分かれていたために、文化的にも大きな違いがあり、それぞれの影響が複雑に入り組んでいる。

　洗練された宮廷文化が花咲いたエミリアと異なり、ロマーニャは陽気で活発な農民文化の地である。東ローマ帝国のもと栄えたラヴェンナはモザイクで有名で、ファエンツァは陶器で知られている。ロマーニャ海岸には夏に大量の海水浴客が押し寄せる。ロマーニャ海岸にあるリミニは映画監督フェデリコ・フェリーニの出身地で、彼の作品に何度も登場している。

地理と風土

　古代ローマの総督マルクス・アエミリウス・レピドゥスにより造られたピアチェンツァとリミニを結ぶエミリア街道が州の真ん中を北西から南東へ横切っている。エミリア街道の北側はポー平原、ポー・デルタ地帯が広がり、南側には丘陵地帯、トスカーナ・エミリア・アペニン山脈がエミリア街道にほぼ並行して北西から南東へと連なっている。

丘陵地帯は主に石灰質土壌で、平野部は沖積土壌が中心となる。

海岸地帯は地中海性気候であるが、内陸部は大陸性気候で、平野部は夏は非常に暑く、湿気が高く、冬は寒さが厳しく、霧が多い。

地域別ワインの特徴

エミリアでは、モデナ県でDOCランブルスコ・ディ・ソルバーラ Lambrusco di Sorbara、DOCランブルスコ・サラミーノ・ディ・サンタ・クローチェ Lambrusco Salamino di Santa Croce、DOCランブルスコ・グラスパロッサ・ディ・カステルヴェートロ Lambrusco Grasparossa di Castelvetro、レッジョ・エミリア県でDOCレッジャーノ Reggiano が造られている。

ソルバーラ、サラミーノ・ディ・サンタ・クローチェはエミリア街道の北側にポー河に向かって広がる平野で造られ、土壌は沖積土壌で、粘土、砂、小石が混ざる。色が薄く、飲みやすいランブルスコで、フレッシュでエレガントだ。ソルバーラのものは特別に優美である。

グラスパロッサ・ディ・カステルヴェートロはエミリア街道の南の石灰砂質土壌の丘陵に広がり、色が濃く、よりフルボディのランブルスコだ。

レッジャーノは最も生産量が多く、軽い甘口が多く、大量に輸出されている。

エミリア街道と並行して連なる石灰砂質土壌丘陵地帯ではワインが造られ、北西から南東へと順番に、DOCコッリ・ピアチェンティーニ Colli Piacentini、DOCコッリ・ディ・パルマ Colli di Parma、DOCコッリ・ディ・スカンディアーノ・エ・ディ・カノッサ Colli di Scandiano e di Canossa、コッリ・ボロニェージ Colli Bolognesi と続く。

コッリ・ピアチェンティーニで造られるDOCグットゥルニオ Gutturnio はバルベーラとボナルダのブレンドで、以前は甘口の微発泡が多かったが、今はスティルの辛口が中心になった。コッリ・ピアチェンティーニではマルヴァジアによるアロマティックな白ワインが興味深く、甘口にも良いものがある。白ワインであるオルトゥルーゴ・デイ・コッリ・ピアチェンティーニ Ortrugo dei Colli Piacentini は独立したDOCになっている。

DOCコッリ・ディ・パルマ Colli di Parma は砂質土壌で、ここで生まれる繊細でアロマティックなマルヴァジアは、パルマの生ハムの最高の友とされる。

レッジョ県のDOCコッリ・ディ・スカンディアーノ・エ・ディ・カノッサ Colli di Scandiano e di Canossa では、ソーヴィニヨン・ブランが良い。

DOCコッリ・ボロニェージ Colli Bolognesi の泥灰土壌からは、力強い白ワイン、赤ワインが生まれる。

DOCGに昇格したコッリ・ボロニェージ・クラッシコ・ピニョレット Colli Bolognesi Classico Pignoletto はかすかにリースリングを想起させる白ワインだ。ソーヴィニヨン・ブラン、ピノ・ビアンコ、ピノ・グリージョ、メルロ、カベルネ・ソーヴィニヨンなどにも面白いものがある。

ロマーニャの平野部では、DOCロマーニャ・トレッビアーノ Romagna Trebbiano が大量に造られていて、シンプルで爽やかなワインとしてヴァカンス客に消費されているが、ワインは個性のないものがほとんどで、しばしば蒸留されてブランデーになったり、ヴェルモットのベースワインとして使用されたりしている。

エミリア街道の南に位置する丘陵地帯は泥灰土、粘土砂質土壌で、夏は暑く乾燥していて、興味深いテロワールだ。ここではDOCGロマーニャ・アルバーナ Romagna Albana が造られているが、これは桃、アプリコットのアロマ、親しみやすい味わいの白ワインである。ほのかな甘口や、甘口のものも多い。

ロマーニャ・サンジョヴェーゼ Romagna Sangiovese は、フォルリ、ファエンツァ、チェゼーナの南側の丘陵地帯のものが優れている。トスカーナのサンジョヴェーゼとはまた異なる個性を持ち、熟成すると洗練された深みと良いバランスを持ったワインになる。収穫量を抑えたものには、力強く雄大なワインも多い。

料理と食材

エミリアはイタリアでも随一の食材の宝庫である。パルマの生ハム Prosciutto di Parma、生ハムの一種であるジベッロ村のクラテッロ Culatello di Zibello、ボローニャのモルタデッラ・ソーセージ Mortadella、モデナのバルサミコ酢 Aceto balsamico di Modena、ゆでて食されるソーセージのコテキーノ Cotechino やザンポーネ Zampone、チーズの王様のパルミジャーノ・レッジャーノ Parmigiano Reggiano など枚挙にいとまがない。ピアチェンツァからパルマ、レッジョ、モデナ、ボローニャへと続くラインは「美食街道」として知られている。エミリア料理はハム、サラミ、バター、生クリーム、チーズをたっぷ

り使った濃厚なもので、いかにもカロリーの高そうなものが多い。エステ家、ゴンツァーガ家、ヴィスコンティ家などの宮廷料理の影響を受けた複雑な料理もある。

ロマーニャにはどちらかというとシンプルな農民料理が多い。ポー河口のウナギやアドリア海の魚介類もよく食される。ロマーニャのフォルリンポポリ Forlimpopoli は19世紀末にイタリア各地の料理をまとめて一冊の本に編纂し、イタリア料理の基礎を築いたとされるペッレグリーノ・アルトゥージ Pellegrino Artusi の生まれた町で、記念館がある。

前菜で有名なのは、パルマの生ハムにメロンを添えたプロシュート・エ・メローネ Prosciutto e melone、イチジクを添えたプロシュート・エ・フィーキ Prosciutto e fichi で、典型的な夏のメニューである。

卵入り手打ちパスタはあまりに有名で、生ハムや肉を詰めた小ぶりのボローニャのトルテッリーニ Tortellini、伝統的なミートソースをかけた平らな麺タリアテッレ・アッラ・ボロニェーゼ Tagliatelle alla bolognese、ラザーニャ、ミートソース、ベシャメルソースを何層も重ねてオーヴンで焼き上げたラザーニャ・アル・フォルノ Lasagna al forno などが知られている。

メインディッシュでは、仔牛のカツレツの上に生ハムとチーズを載せてオーヴンで焼いたコトレッタ・アッラ・ボロニェーゼ Cotoletta alla bolognese、牛の様々な部位、鶏、コテキーノ、ザンポーネなどを一緒にゆでたボッリート・ミスト Bollito misto（これはピエモンテ州、ヴェネト州でもよく食べられる）が有名である。

パルミジャーノ・レッジャーノ以外では、プロヴォローネ・ヴァルパダーナ Provolone Valpadana が DOP として知られている。

＜料理とワインの相性＞

Prosciutto e melone には、Colli di Parma Malvasia。
Culatello di Zibello には、Lambrusco Salamino di Santa Croce、Lambrusco di Sorbara。
Tagliatelle alla bolognese には、Colli Bolognesi Barbera、Colli Bolognesi Merlot。
Lasagna al forno には、Gutturnio。
Cotoletta alla bolognese には、Romagna Sangiovese。
Bollito misto には、Lambrusco Grasparossa di Castelvetro。

DOP（DOCG）ワイン（2）

DOCG	特　性
Colli Bolognesi Classico Pignoletto コッリ・ボロニェージ・クラッシコ・ピニョレット（2010） 産地：ボローニャ県、モデナ県 Pignoletto 95%以上。	白　かなりしっかりとした麦わら色　繊細で特徴的な香り 　辛口　AT=12%　残糖6g/ℓ まで
Romagna Albana ロマーニャ・アルバーナ（2011） 産地：フォルリーチェゼーナ県、ラヴェンナ県、ボローニャ県の多数のコムーネ Albana 95%以上。	白　secco 辛口　AT=12%　Amabile 中甘口・Dolce 甘口　AT=12.5%（うち、AE=8.5%）　Ps　中甘口・甘口　AT=17%（うち、AE=12.5%） 　Ps　Rv　甘口　AT=24%（うち、AE=4〜11%） Ps はブドウ収穫の翌年8月31日まで、Ps Rv は11月30日まで消費できない。

DOP（DOC）ワイン（18）

DOC	特　　性
Bosco Eliceo　ボスコ・エリチェオ（1989） 産地：ラヴェンナ県 Bianco は Trebbiano romagnolo 70％以上。その他、30％まで。品種表示ワインはその品種85％以上。その他15％まで。	白ワイン： 　　Bianco　辛口・薄甘口・中甘口・甘口　AT=10.5%　Fr 　　Sauvignon　辛口・薄甘口・中甘口　AT=11%　Fr 赤ワイン： 　　Fortana　辛口・薄甘口・中甘口・甘口　AT=10.5%　Fr 　　Merlot　辛口・薄甘口　AT=10.5%
Colli Bolognesi　コッリ・ボロニェージ（1975） 産地：ボローニャ県、モデナ県 品種表示ワインはその品種85％以上。その他15％まで。	白ワイン 　　Chardonnay, Pinot Bianco, Sauvignon　辛口・薄甘口　AT=11% 　　Riesling Italico　辛口・中甘口　AT=11% 　　Chardonnay, Pinot Bianco に Sp　辛口・中甘口　AT=11% 　　Sauvignon　Sr　辛口　AT=12% 　　Pignoletto　Sr　辛口　AT=12%　Sp　辛口・中甘口　AT=11%　Fr 　　　　辛口・中甘口　AT=11%　Ps　中甘口・甘口　AT=15% 赤ワイン 　　Barbera　辛口・中甘口　AT=11.5%　Rv　AT=12%　PI=1年 　　Cabernet Sauvignon　辛口　AT=11.5%　Rv　AT=12%　PI=1年 　　Merlot　辛口・中甘口　AT=11%
Colli di Faenza コッリ・ディ・ファエンツァ（1997） 産地：ラヴェンナ県 Bianco は Chardonnay 40～60％。Pignoletto など60～40％。Rosso は Cabernet sauvignon 40～60％。Ancelotta, Ciliegiolo, Merlot など60～40％。品種表示ワインはその品種100％。	白ワイン： 　　Bianco　辛口　AT=11% 　　Pinot Bianco　辛口　AT=11% 　　Trebbiano romagnolo　白　辛口　AT=11.5% 赤ワイン： 　　Rosso　辛口　AT=12%　Rv　AT=12%　PI=2年 　　Sangiovese　辛口　AT=12%　Rv　AT=12%　PI=2年
Colli d'Imola　コッリ・ディモラ（1997） 産地：ボローニャ県 Bianco と Rosso はこの県の推奨品種または許可品種。品種表示ワインはその品種85％以上。その他15％まで。	白ワイン： 　　Bianco　辛口・薄甘口・中甘口・甘口　AT=11%　Sr　AT=11.5% 　　　Fr　AT=10.5% 　　Chardonnay, Pignoletto　辛口・薄甘口　AT=11.5%、Trebbiano 　　　辛口・薄甘口　AT=11%　すべてに Fr　AT=10.5% 赤ワイン： 　　Rosso　辛口・薄甘口・中甘口・甘口　AT=11.5%　Rv　AT=11.5% 　　　PI=18カ月　Nv　AT=11% 　　Cabernet Sauvignon, Sangiovese　辛口　AT=11.5%　Rv　AT=11.5% 　　　PI=18カ月 　　Barbera 辛口・薄甘口　AT=11.5%　Fr　AT=11%　すべてに Nv

DOC	特 性
Colli di Parma　コッリ・ディ・パルマ(1983) 産地：パルマ県 Colli di Parma Sp は Chardonnay, Pinot nero, Pinot bianco100%。Rosso は Barbera 60～75%。Bonarda, Croatina 25～40%。その他、15%まで。Malvasia は Malvasia candia 85%以上。その他、15%まで。品種表示ワインはその品種95%以上。その他5%まで。	白ワイン： 　Colli di Parma Sp 辛口 AT=12% 　Pinot Bianco, Sauvignon, Chardonnay 辛口 AT=11.5% すべてに Rv PI=12カ月（うち、瓶内洗練6カ月）Sp Fr 　Pinot Grigio 辛口 AT=11.5% Fr 　Malvasia 辛口から甘口まで AT=10.5% Rv PI=12カ月（うち、瓶内洗練6カ月）Sp Fr 赤ワイン： 　Rosso 辛口 AT=11% Rv PI=2年 Fr 　Barbera, Cabernet Franc, Cabernet Sauvignon, Pinot Nero, Merlot 辛口 AT=12% すべてに Rv AT=12% PI=2年 　Bonarda 辛口から甘口まで AT=12% Rv PI=2年 Fr 　Lambrusco 辛口から甘口まで AT=11% Fr
Colli di Rimini　コッリ・ディ・リミニ（1996） 産地：リミニ県 Bianco は Trebbiano romagnolo 50～70%。Biancame, Mostosa 30～50%。その他、20%まで。Rosso は Sangiovese 60～75%, Cabernet sauvignon 15～25%。その他、25%まで。品種表示ワインはその品種85%以上。その他15%まで。	白ワイン： 　Bianco 辛口 AT=11% 　Biancame 辛口 AT=10.5% 　Rébola 辛口・中甘口・甘口 AT=11.5% Ps 甘口 AT=15.5%（うち、AE=11.5%） 赤ワイン： 　Rosso 辛口 AT=11.5% 　Cabernet Sauvignon 辛口 AT=11.5% Rv AT=12% PI=2年
Colli di Scandiano e di Canossa コッリ・ディ・スカンディアーノ・エ・ディ・カノッサ（1977） 産地：レッジョ・エミリア県 Bianco は Spergola 85%以上。その他 15%まで。Pinot は Pinot bianco, Pinot nero 100%。Rosso は Marzemino 50%以上。Cabernet sauvignon など35%まで。Sauvignon はその品種90%以上。その他、10%まで。その他の品種表示ワインはその品種85%以上。その他15%まで。	白ワイン： 　Bianco 辛口・薄甘口・中甘口・甘口 AT=10.5%（うち、AE=5.5%以上）Sp 辛口 AT=11% Fr 　Pinot, Chardonnay 辛口 AT=11% Sp 辛口 AT=11% Fr 　Sauvignon 辛口 AT=10.5% Rv AT=11% Ps 甘口 AT=16%（うち、AE=10%）Fr 　Malvasia 辛口・薄甘口・中甘口・甘口 AT=10.5%（うち、AE=4.5%以上）Sp 辛口 AT=11%（うち、AE=5.5%） 赤ワイン： 　Rosso 辛口 AT=11.5% Fr Nv 　Cabernet Sauvignon 辛口 AT=12% Rv AT=12% 　Lambrusco Grasparossa 辛口・薄甘口・中甘口・甘口 AT=10.5%（うち、AE=5.5%）Fr 　Lambrusco Montericco 赤・ロゼ 辛口・薄甘口 AT=10.5% 　Marzemino 辛口・薄甘口・中甘口・甘口 AT=11%（うち、AE=5.5%以上）Fr Nv 　Malbo Gentile 辛口・薄甘口・中甘口・甘口 AT=11%（うち AE=5.5%以上）Fr Nv 特定の古い地域のものは瓶のラベルに Classico と表示することができる。

DOC	特 性
Colli Piacentini　コッリ・ピアチェンティーニ（1967） 産地：ピアチェンツァ県 Monterosso Val d'Arda は Malvasia di Candia aromatica、Moscato bianco 20〜50％。Trebbiano romagnolo、Ortrugo 20〜50％。その他30％まで。**Trebbiano Val Trebbia** は Ortrugo 35〜65％。Malvasia di Candia aromatica、Moscato bianco 10〜20％。Trebbiano romagnolo、Sauvignon 15〜30％。その他15％まで。**Valnure** は Malvasia di Candia aromatica 20〜50％。Trebbiano romagnolo、Ortrugo 20〜65％。その他15％まで。**Pinot Sp** は Pinot nero 85％以上。Chardonnay 15％まで。**Nv** は Pinot nero、Barbera、Croatina 60％以上。**VS** は Malvasia bianca di Candia aromatica、Ortrugo、Sauvignon 80％以上。その他20％まで。**VS di Vigoleno** は Marsanne、Bervedino、Sauvignon、Ortrugo、Trebbiano romagnolo 60％以上。その他40％まで。品種表示ワインはその品種85％以上。その他15％まで。	白ワイン： 　Colli Piacentini VS　麦わら色か黄金色　辛口・甘口　AT=16%　PI=4年 　VS di Vigoleno　黄金色か濃いめの琥珀色　甘口　AT=18%　PI=5年 　Chardonnay, Ortrugo, Pinot Grigio, Trebbiano Val Trebbia　辛口・薄甘口　AT=11% 　Malvasia　辛口・薄甘口・中甘口・甘口　AT=10.5%（うち、甘口は AE=5.5%）　Ps　甘口　AT=14% 　Pinot Sp Bianco　辛口　extrabrut, brut　AT=11% 　Monterosso Val d'Arda, Valnure　辛口・薄甘口・中甘口　AT=11% 赤ワイン： 　Colli Piacentini　Nv　辛口・薄甘口　AT=11% 　Pinot Nero　辛口・薄甘口　AT=11.5%　Sp　Fr 　Barbera　辛口・薄甘口　AT=11.5%　Fr 　Cabernet Sauvignon　辛口・薄甘口　AT=12% 　Bonarda　辛口・薄甘口・中甘口・甘口　AT=11.5%　Sp　甘口　AT=11.5% ロゼワイン： 　Pinot Sp Rosato　辛口　Extra brut, Brut　AT=11% 特定の古い地域のものは瓶のラベルに Classico と表示することができる。
Colli Romagna Centrale　コッリ・ロマーニャ・チェントラーレ（2001） 産地：フォルリ-チェゼーナ県 Bianco は Chardonnay 50〜60％。Bombino、Sauvignon など 50〜40％。Chardonnay はその品種100％。Rosso は Cabernet sauvignon 50〜60％。Sangiovese、Barbera など 50〜40％。品種表示ワインはその品種85％以上。その他15％まで。	白ワイン： 　Bianco　辛口　AT=11% 　Chardonnay　辛口　AT=11.5%　Rv　AT=12%　PI=15カ月 　Trebbiano　辛口　AT=11.5% 赤ワイン： 　Rosso　辛口　AT=12%　Rv　AT=12.5%　PI=2年 　Cabernet Sauvignon　辛口　AT=12%　Rv　AT=12.5%　PI=2年 　Sangiovese　辛口　AT=12%　Rv　AT=12.5%　PI=2年
Gutturnio　グットゥルニオ（2010） 産地：ピアチェンツァ県 Barbera 55〜70％、Croatina (Bonarda) 30〜45％。	赤　Fr　AT=12%　Sr　ClSr　AT=12.5%　Rv　ClRv　AT=13%
Lambrusco di Sorbara　ランブルスコ・ディ・ソルバーラ（1970） 産地：モデナ県 Lambrusco di Sorbara 60％以上。Lambrusco Salamino 40％まで。	Rosso Fr 赤、Rosato Fr ロゼ　辛口・薄甘口・中甘口・甘口　AT=10.5% Rosso Sp 赤、Rosato Sp ロゼ　辛口・薄甘口・中甘口・甘口　AT=11% 年間生産量は1万kℓ。ソルバーラは色が薄く、フラワリーな香りを持つ。酸がしっかりとしていて、ミネラルが強い味わいで、時には厳格なワインとなる。セッキア川とパナーロ川に挟まれた沖積土壌で最も優れたソルバーラが生まれる。地元の生ハム、サラミ類との相性は抜群。

DOC	特 性
Lambrusco Grasparossa di Castelvetro ランブルスコ・グラスパロッサ・ディ・カステルヴェートロ (1970) 産地：モデナ県 Lambrusco Grasparossa 85%以上。その他の Lambrusco など15%まで。	Rosso Fr 赤, Rosato Fr ロゼ　辛口・薄甘口・中甘口・甘口　AT=10.5% Rosso Sp 赤、Rosato Sp ロゼ　辛口・薄甘口・中甘口・甘口　AT=11% 年間生産量は1万kℓでほとんどが辛口。色も濃く、豊かな果実味を持つ Lambrusco だが、時にタンニンが荒々しく感じられることもある。Tagliatelle al ragù、Cotechino など、地元エミリア地方のこってりとした伝統肉料理と相性がよい。
Lambrusco Salamino di Santa Croce ランブルスコ・サラミーノ・ディ・サンタ・クローチェ (1970) 産地：モデナ県 Lambrusco Salamino 90%以上。その他の Lambrusco 10%まで。	Rosso Fr 赤, Rosato Fr ロゼ　辛口・薄甘口・中甘口・甘口　AT=10.5%　Rosso Sp 赤、Rosato Sp ロゼ　辛口・薄甘口・中甘口・甘口　AT=11% 年平均生産量1万6000kℓ。各種 Lambrusco の中で最も多い。ほとんどが辛口でモデナの人々の日常消費に充てられる。
Modena/Di Modena　モデナ/ディ・モデナ (2009) 産地：モデナ県 Rosso は各種 Lambrusco 85% 以上。Ancelotte, Fortana などこの県の黒ブドウ15% まで。Bianco は Montuni, Pignoletto, Trebbiano のいずれかを85% 以上。その他、この県の白ブドウ15%まで。 品種表示ワインはその品種85%以上。その他、この県の同色のブドウ15%まで。	白ワイン： 　Bianco　Sp　辛口から甘口まで　AT=11% 　　Fr　AT=10.5% 　Pignoletto　Sp　辛口から甘口まで　AT=11% 　　Fr　AT=10.5% 赤ワイン： 　Rosso　Sp　辛口から甘口まで　AT=11% 　　Fr　AT=10.5%　Nv Fr　AT=11% 　Lambrusco rosso　Sp　辛口から甘口まで　AT=11%　Fr　AT=10.5% 　　Nv Fr　AT=11% ロゼワイン： 　Rosato　Sp　辛口から甘口まで　AT=11%
Ortrugo dei Colli Piacentini/Ortrugo-Colli Piacentini　オルトゥルーゴ・デイ・コッリ・ピアチェンティーニ／オルトゥルーゴ－コッリ・ピアチェンティーニ (2010) 産地：ピアチェンツァ県 Ortrugo 90%以上。	白　Fr　Sp　AT=11%
Reggiano　レッジャーノ (1971) 産地：レッジョ・エミリア県 Bianco Sp は各種 Lambrusco など100%。Rosso は Ancelotta 50～60%。その他、各種 Lambrusco など 60～50%。 Lambrusco は各種 Lambrusco 85%以上。その他、15%まで。 Lambrusco Salamino はその品種85%以上。その他15%まで。	白ワイン： 　Bianco　Sp　辛口　AT=11% 赤ワイン： 　Rosso　辛口・薄甘口・中甘口・甘口　AT=10.5%（うち、AE=5.5%以上） 　　Fr　AT=10.5%　Nv　辛口　AT=11%　Nv Fr　辛口　AT=11% 　Lambrusco　辛口・薄甘口・中甘口・甘口　AT=10.5 %（うち、AE=5.5%）　Fr 　Lambrusco Salamino　辛口・薄甘口・中甘口・甘口　AT=10.5%（うち、AE=5.5%）　Fr 以前の DOC Lambrusco Reggiano が DOC Reggiano に吸収された。
Reno　レーノ (1988) 産地：モデナ県 Bianco は Albana, Trebbiano romagnolo 40%以上。その他、この県指定の白ブドウ品種 60%まで。品種表示ワインはその品種 85%以上。その他15%まで。	Bianco　白　辛口・薄甘口・中甘口・甘口　AT=10.5%　Fr　Sp Montuni, Pignoletto　白　辛口・薄甘口・中甘口・甘口　AT=10.5%

DOC	特性
Romagna　ロマーニャ（2011） 産地：フォルリーチェゼーナ県、リミニ県、ラヴェンナ県、ボローニャ県。 Albana spumante は Albana95％以上、Cagnina は Terrano 85％以上、Pagadebit は Bombino bianco 85％以上、Sangiovese は Sangiovese 95％以上、Trebbiano は Trebbiano Romagnolo 85％以上。	白 Sp　Albana spumante 白 辛口　Pagadebit　Fr　Trebbiano　Sp, Fr 赤 辛口　Cagnina、Sangiovese　Nv、Rv、Sr

IGP：Bianco di Castelfranco Emilia, Emilia/dell'Emilia, Forlì, Fortana del Taro, Ravenna, Rubicone, Sillaro/Bianco del Sillaro, Terre di Veleja, Val Tidone

中部イタリア
トスカーナ州　*Toscana*

プロフィール

　イタリア中部に位置するトスカーナ州は、北はリグーリア州、エミリア－ロマーニャ州、東はマルケ州、ウンブリア州、南はラツィオ州と接している。西側には地中海（主にティレニア海）が広がっていて、海岸線は397kmに及ぶ。丘陵地帯が続く非常に美しい州で、私たちがイタリアを思う時に真っ先に思い浮かべるルネッサンス絵画のような風景が広がっている。モノカルチャー（単一栽培）でなく、様々な作物を一つの農園で栽培する伝統があるので、屋敷へと続く糸杉並木の横には、ブドウの畑やオリーヴ果樹園が幾何学模様のように張り付き、その奥には森があるという調和の取れたバランスのいい風景が残っている。

　州としてのワインの生産量は中規模であるが、高品質ワインが多く、キアンティ、キアンティ・クラッシコ、ブルネッロ・ディ・モンタルチーノ、ヴィーノ・ノビレ・ディ・モンテプルチャーノなどの有名なDOCGをはじめとして数多くのDOCがある。1970年代から始まった「イタリアワイン・ルネッサンス」と呼ばれる、イタリアワイン近代化の牽引役を果たしたのはキアンティ・クラッシコ地区の生産者で、彼らが規則にとらわれない自由な発想で生み出した近代的スタイルのワインは「スーパータスカン」ともてはやされ、国際的知名度を得た。今もイタリアワインの最先端を走り続ける州である。

歴史、文化、経済

　トスカーナ州に文明が花開いたのは、紀元前9世紀にエトルリア人が登場してからである。いまだに起源が分からない神秘的民族であるエトルリア人は高度な文明を誇り、中部イタリアを広い範囲にわたって支配した。「エトルリア」が「トスカーナ」の語源であることを考えても、この民族とトスカーナの結びつきの深さがよく分かる。ブドウ栽培とワイン造りを伝えたのもエトルリア人だ。紀元前3世紀になると拡大を始めたローマがエトルリア人を破り、トスカーナを支配下に治めた。自由都市の時代が12世紀から始まり、シエナとフィレンツェが頭角を現す。特にフィレンツェは銀行業で富を蓄えたメディチ家をリーダーとして、14、15世紀にはまれに見る文化的繁栄を生み出し、ルネッサンスの中心地となった。その後、トスカーナ大公国となり、メディチ家の支配は1737年まで続く。1716年にトスカーナ大公コジモ3世がカルミニャーノ、キアンティ、ポミーノ、ヴァル・ダルノ・ディ・ソプラのワイン産地の境界を定めたが、これは世界最初の原産地保護の例である。19世紀になってイタリア統一の機運が高まると、トスカーナはその熱心な推進者として活躍するが、キアンティのブレンドを定めた有名なベッティーノ・リカーゾリ男爵はその運動のリーダーであった。

　イタリア語の基礎となったのがトスカーナ方言であったことからも分かるように、トスカーナは、イタリア文化の重要な中心である。ダンテ、ペトラルカ、ボッカッチョ、ガリレイ、ダ・ヴィンチ、マキャベリなど文化史の世界的巨人の枚挙にいとまがない。トスカーナ人は非常に垢抜けした趣味、嗜好を持ち、おしゃれで、センスの良い人が多い。自己アピール能力に長けて、雄弁な人が多いのも特徴で、トスカーナワインの世界的大成功は彼らのこのような資質によるところも多い。非常に強烈な皮肉精神を持っているのも特徴で、ロベルト・ベニーニをはじめとする喜劇役者も多く輩出している。フィレンツェ、シエナ、ピサ、ルッカ、アレッツォなど世界中の訪問者を引き付ける観光地が多くあり、文化財の豊かさは群を抜いていて、世界遺産も数多い。農園に滞在して自然と楽しむアグリツーリズムが盛んな州でもある。

　豊かで多様な自然に恵まれたトスカーナでは農業と畜産が古くから行われていた。丘陵地帯が多く、平野部が少ないため、ポー平野のような大規模な単一栽培はなく、同じ農園に様々な作物を栽培する独自の混合

耕作が発達した。特徴的なのは農家と地主が収穫した作物を半々に分ける折半耕作と呼ばれるシステムで、折半耕作農家は農園に散在するボルゴと呼ばれる小さな村に数家族ずつ散在して住み、イタリア南部のように大きな村に集中して居住することはなかった。高コスト体質のトスカーナの農業、畜産は、原産地呼称を持つ高品質、高価格のものに特化しつつある。

中世以来の長い職人の伝統があり、皮革加工、貴金属細工、繊維、服飾などの分野に特に優れている。中規模の家族経営の企業が多いのが特徴だが、戦後の高度成長にもうまく対応して、近代化にも成功した。観光業、サービス業も重要な産業である。

地理と風土

北と東をアペニン山脈に囲まれて、西は地中海に開けているトスカーナ州は、丘陵地帯が66.5％と多く、山岳地帯が25.1％で、平野部はわずか8.4％である。東のアペニン山脈と西のティレニア海の間に、いくつもの谷（キアーナ、オンブローネ、アルノ、オルチャなど）と丘陵地帯が広がっている。

気候は地域により大きく異なる。内陸部は夏は暑く、冬は非常に寒い大陸的気候だが、海岸部は温暖で雨も少ない地中海性気候である。

地域別ワインの特徴

内陸部のフィレンツェ県、シエナ県にはサンジョヴェーゼの3大呼称であるDOCGキアンティ・クラッシコ Chianti Classico、ヴィーノ・ノビレ・ディ・モンテプルチャーノ Vino Nobile di Montepulciano、ブルネッロ・ディ・モンタルチーノ Brunello di Montalcino がある。この辺りは基本的には粘土石灰質土壌であるが、キアンティ・クラッシコ地区、モンタルチーノでは、ガレストロと呼ばれる泥灰土が薄く何層にも重なった土壌が多く見られる。シエナ周辺は非常に粘土が多い。キアンティ・クラッシコ地区は気候が比較的冷涼で、モンタルチーノはティレニア海の影響を受けて温暖だ。

キアンティ・クラッシコは、フィレンツェとシエナの間に広がる美しい丘陵地帯で造られる。この辺りはキアンティ地方と呼ばれ、昔から品質の良いワインが生産される産地であった。本来はこのキアンティ地方で造られたワインが、キアンティと呼ばれるワインであったわけだが、あまりに人気が高いので、キアンティ・ワインの生産地区をキアンティ地方以外にどんどん拡大して、それらのワインをキアンティと呼ぶようになってしまった。そこで本来の産地であるキアンティ地方は、アイデンティティーを守るために、DOCGキアンティから独立して、独自の呼称DOCGキアンティ・クラッシコを名乗るようになったという、いかにもイタリアらしい歴史的経緯がある。キアンティ・クラッシコは香り高く、酸がしっかりとしていて、ミネラルのトーンがあり、非常に優美なワインだ。この地域はイタリアワイン・ルネッサンスを牽引した産地でもあり、優れた生産者が多い。

ブルネッロ・ディ・モンタルチーノはシエナ県モンタルチーノ村でサンジョヴェーゼ100％で造られる力強い赤ワインだ。この辺りはもともと軽やかな白甘口ワイン、モスカデッロ Moscadello の生産地であったが、19世紀末にビオンディ・サンティが造り始めた長期熟成赤ワインが徐々に成功を収め、現在はイタリアを代表する赤ワイン産地となった。4年以上の熟成（うち木樽が2年以上）が必要とされるワインで、瓶詰後も長期熟成能力が高い。最良のブルネッロは包み込むような果実味（リキュール漬けのチェリーなど）を持ち、力強く、満ち足りた味わいである。比較的若い産地なので、まだそれぞれの生産者のスタイルがバラバラで、ちょっと混乱した印象を与えることもあるが、ワインは堅固で、複雑である。国内外でも知名度は抜群で、イタリアでも「贈答品にはブルネッロ」といわれるほどで、高級ブランドとしてのイメージの確立に成功した呼称である。

ヴィーノ・ノビレ・ディ・モンテプルチャーノは、ブルネッロ・ディ・モンタルチーノとキアンティ・クラッシコの間で知名度の確立に苦闘している呼称であるが、歴史は古く、名声も高かった。ブルネッロほど力強くはないが、「優雅で高貴な（Nobile）なワイン」とされている。タンニンが厳格になりがちだが、深みのある堅固なワインが生まれる。

DOCGキアンティ Chianti は、フィレンツェ、シエナ、ピストイア、ピサ、アレッツォ、プラートの6県にわたる広い範囲で、サンジョヴェーゼをベースに造られ、イタリアでも最も知名度の高いワインである。フィアスコと呼ばれる菰を巻いた独特の形のボトルで知られ、一時期は「イタリア移民がピッツァ屋で飲む安酒」というありがたくない評判に苦しんでいたが、本来キアンティは非常にチャーミングなデイリーワインである。生き生きとしたチェリーやスミレの香りを持ち、口中では果実、酸、タンニンのバランスが良い。幅広い食事にマッチするワインで、飲み飽きることがない。ただ、最大の問題は、生産量が多く（約

80万ヘクトリットルでDOC、DOCGではモンテプルチャーノ・ダブルッツォ、プロセッコに次いで第3位）、スタイルがばらばらであることだ。フードフレンドリーなワインが求められる近年の傾向はまさにキアンティにとっては追い風だが、これだけ広い範囲で明確なアイデンティティーを確立するのは容易ではないだろう。特定の地域（sottozona）として、Colli Aretini、Colli Senesi、Colline Pisane、Montalbano、Rufina、Colli Fiorentini、Montespertoli が認められている。その中でも、アペニン山脈の影響を受ける冷涼な産地キアンティ・ルフィナは、フレッシュな酸、厳格な味わいを持つ優美なワインで、一頭地を抜いている。

キアンティ・ルフィナのすぐそばにあるフィレンツェ県DOCポミーノ Pomino は、白はピノ・グリージョ Pinot Grigio、シャルドネ Chardonnay で、赤はサンジョヴェーゼ、ピノ・ネーロ Pinot nero、メルロ Merlot という珍しいブレンドで造られる。標高が高いこともあり、ワインはやや細身でフレッシュ。非常にエレガントである。トスカーナ大公コジモ3世による1716年の線引きでは、シエーヴェ川左岸の広い範囲（現在のキアンティ・ルフィナ地区）を含んでいたが、現在のDOCではポミーノ村周辺の狭い地域に限られている。

プラート県で造られるDOCGカルミニャーノは、1716年にトスカーナ大公コジモ3世が原産地呼称を線引きした時に、キアンティなどとともに指定されたワインで、中世以来の歴史を誇る。トスカーナの伝統的呼称には珍しく昔からカベルネ・ソーヴィニヨン Cabernet Sauvignon がブランドされるのが特徴で、カベルネ・ソーヴィニヨンはすでに18世紀からウーヴァ・フランチェスカ Uva francesca と呼ばれ、栽培されていた。キアンティと比べると、カルミニャーノはより柔らかい味わいを持ち、ビロードのような口当たりと、深みのある果実味が特徴である。生産量は非常に少ないが、きらりと個性が輝く呼称だ。

シエナ県の世界遺産である美しい「百の塔の町」サン・ジミニャーノで造られるDOCGヴェルナッチャ・ディ・サン・ジミニャーノ Vernaccia di San Gimignano は、赤ワインが有名なトスカーナ州で、唯一の白ワインのDOCGだ。最良のヴェルナッチャ・ディ・サン・ジミニャーノは蜂蜜、ビートの香りがあり、酸がしっかりとした複雑なワインである。ただ、この町を訪れる多数の観光客に簡単に売ることができるため、非常にシンプルなワインを造る生産者もいまだに多く、全体的レベルの向上が望まれる。

ブドウを陰干しして、カラテッリと呼ばれる小樽で発酵、長期酸化熟成して造られるヴィン・サントは、瞑想ワインとも呼ばれる複雑な味わいを持つ。呼称としてはDOCヴィン・サント・デル・キアンティ Vin Santo del Chianti、DOCヴィン・サント・デル・キアンティ・クラッシコ Vin Santo del Chianti Classico、DOCヴィン・サント・ディ・モンテプルチャーノ Vin Santo di Montepulciano がある。非常に伝統的方法で造られていて、甘口から辛口まで様々なタイプがある。

西側のティレニア海沿いの海岸地帯に目を向けると、リヴォルノ県カスタニェート・カルドゥッチ村にDOCボルゲリ Bolgheri、DOCボルゲリ・サッシカイア Bolgheri Sassicaia がある。1968年に誕生したサッシカイアは、当時のトスカーナでは珍しいボルドー品種ブレンドで造られたワインであったが、みずみずしく優美な味わいで、世界中で高く評価された。その後、続々と新しい生産者が誕生し、以前はシンプルなロゼの産地であったボルゲリは、一気にボルドー・ブレンドワインのメッカとなった。ボルゲリは独自の卓越したテロワールを持ち、ここで造られるワインは、濃厚な果実味を持つものであっても、喜ばしい酸が失われることはない。みずみずしい味わいがボルゲリのワインの最大の魅力である。

2006年にDOCGに昇格したモレッリーノ・ディ・スカンサーノ Morellino di Scansano はグロッセート県でサンジョヴェーゼをベースに造られる赤ワインだ。この辺りはマレンマと呼ばれ昔は湿地帯だったところで、今でも野性的な自然が多く残っている。日照と暖かい気候に恵まれたこの産地で生まれるサンジョヴェーゼは、チャーミングでしっかりとしたチェリーの香りがあり、直截で分かりやすい果実味を持つワインで、内陸部のサンジョヴェーゼのような陰影に富んだ味わいはないが、ストレートに飲んでおいしいワインが多い。価格が手ごろであることもありレストランでの需要が多いワインである。

モレッリーノ・ディ・スカンサーノとブルネッロ・ディ・モンタルチーノの両産地の間に位置するDOCモンテクッコ Montecucco は成長中の産地だ。2011年にモンテクッコ・サンジョヴェーゼ Montecucco Sangiovese が独立してDOCGに昇格した。ここのサンジョヴェーゼは塩っぽいトーンを持つ野性的な味わいのものが多く、個性的である。

ティレニア海に浮かぶエルバ島でアレアティコ品種

を陰干しして造られるエルバ・アレアティコ・パッシート／アレアティコ・パッシート・デッレルバ Elba Aleatico Passito/Aleatico Passito dell'Elba は、海のトーンを持つ興味深い甘口赤ワインである。農夫的な味わいの手作りの素朴なワインが多い。

料理と食材

トスカーナ料理は素材の味を重視したシンプルなものが多く、素朴だが食べ飽きない。州外、国外でも非常に人気も知名度も高い。

トスカーナは肉をよく食べる州で、前菜には生ハム、サラミ、フィノッキオーナ（フェンネルの種と赤ワインで風味を付けたサラミ）、ラルド（豚の脂を塩漬けにして熟成させたもので、ラルド・ディ・コロンナータ Lardo di Colonnata が有名）などがずらりと並ぶことが多い。鶏のレバー、仔牛の脾臓などで作ったパテをのせたパン、クロスティーニ・トスカーニ Crostini toscani も有名だ。夏にはパンツァネッラ Panzanella（パン、フレッシュトマト、玉ネギ、バジリコを入れたサラダ）もよく食べられる。

トスカーナではプリーモ・ピアットとしてスープを食することが多いが、その代表はリボッリータ Ribollita と呼ばれる野菜、インゲン豆、黒キャベツのスープである。トマトソースにパンを放り込んで煮込んだシンプルなパッパ・アル・ポモドーロ Pappa al pomodoro もトスカーナらしい素朴な味わいだ。スープには仕上げとして名産のオリーヴオイルと胡椒をテーブルでかけることが多い。

パスタとしては幅広の卵入り手打ち麺パッパルデッレに野ウサギのソースをかけたパッパルデッレ・コン・イル・スーゴ・ディ・レプレ Pappardelle con il sugo di lepre、イノシシのソースをかけたパッパルデッレ・コン・イル・スーゴ・ディ・チンギアーレ Pappardelle con il sugo di cinghiale が野趣に富んだ味わいだ。

メインディッシュにも肉料理が多く、厚切りのTボーンステーキ、ビステッカ・アッラ・フィオレンティーナ Bistecca alla fiorentina が有名だが、これには名産のキアニーナ種の牛肉が使われる。豚背肉の塊をローズマリー、ニンニクを効かせてローストしたアリスタ Arista や、牛の胃袋のトマト煮込みトリッパ・アッラ・フィオレンティーナ Trippa alla fiorentina はトラットリアの定番メニューだ。マレンマにはイノシシが多く生息しているので、食されることも多く、イノシシの煮込み チンギアーレ・イン・ウミド Cinghiale in umido がポピュラーだ。

ティレニア海沿いでは魚も食べられるが、最も有名なのはリヴォルノ名物の、唐辛子、ニンニク、トマト、赤ワインを使った魚のスープ、カッチュッコ Cacciucco である。

チーズは羊乳で造るペコリーノ Pecorino が圧倒的に主流で、基本的にはハードタイプだが、熟成の若いフレッシュなもの、長期熟成したものなど変化に富んでいる。世界遺産にも登録されているルネッサンス期の美しい街ピエンツァ周辺で造られるペコリーノ・ディ・ピエンツァ Pecorino di Pienza がよく知られている。

トスカーナのオリーヴオイルは非常に品質が高い。香りが強く、若い段階ではピリピリと舌を刺すような攻撃的な味わいがあるが、鮮やかなアロマを持つオイルである。

＜料理とワインの相性＞
Panzanellaには、Bianco di Pitigliano。
Ribollita には Chianti。
Bistecca alla fiorentinaにはBrunello di Montalcino、Vino Nobile di Montepulciano、Chianti Classico Riserva。
Trippa alla fiorentina には Chianti Classico。
Cinghiale in umido には Morellino di Scansano。
Cacciuccoには、Vernaccia di San Gimignano、Montecucco Rosso。

DOCG ワイン (11)

DOCG	特　性
Brunello di Montalcino ブルネッロ・ディ・モンタルチーノ（1980） 産地：シエナ県モンタルチーノ Sangiovese（Brunello）100%	赤　ガーネット色を帯びた濃いルビー色　森のベリー、黒胡椒、シナモンなどの濃厚な香り　辛口　AT=12.5%　PI=4年（うち、木樽熟成2年）ブドウ収穫の年から5年目の12月31日まで消費できない。 　　Rv　PI=5年（うち、木樽熟成2年、瓶内洗練6カ月）。収穫の年から6年めの12月31日まで消費できない。 70年代には生産者の数は70であったが、その後、外来資本の増加により生産者数は現在300近くにまで増加し、年平均生産量も7500kℓになっている。近年、小型の木樽を使用する業者が増えたため、その要求を入れて木樽の熟成期間が3年から2年に短縮された。
Carmignano　カルミニャーノ（1991） 産地：プラート県カルミニャーノ Sangiovese 50%以上。Canaiolo nero 20%まで。Cabernet franc, Cabernet sauvignon 10〜20%。Trebbiano toscano、Canaiolo bianco、Malvasia del Chianti 10%まで。その他、この県の推奨品種または許可品種の黒ブドウ10%まで。	赤　辛口　AT=12.5%　PI=19カ月　Rv　PI=3年 ブドウ収穫の年から3年目の9月29日（サン・ミケーレ祭）から消費できる。1716年にトスカーナ大公によってChiantiなどと共にイタリアで最初の原産地呼称に指定されたワインで、そのころから貴族的なワインとして知られている。年間生産量　500kℓ
Chianti　キアンティ（1984） 産地：アレッツォ県、フィレンツェ県、プラート県、ピストイア県、ピサ県、シエナ県の多数のコムーネ Sangiovese 70%以上。白ブドウは10%以下。Chianti Colli Senesi は Sangiovese 75%以上。	赤　辛口　AT=11.5%　PI=ブドウ収穫の翌年3月1日から消費できる。 　　Sr　AT=12%　Rv　AT=12%　PI=2年（うち、瓶内洗練3カ月）。 半乾燥したブドウのモストを、既に発酵を終わったワインに加えて軽い二次発酵を起こし、ワインの口当たりを良くする「トスカーナ式ゴヴェルノ法」（governo all'uso toscano）を用いた場合には瓶のラベルに"Governato"と表示することができる。 次の特定の地域（sottozona）はその地域名を瓶のラベルに表示することができる。 　　**Colli Aretini, Colli Senesi, Colline Pisane, Montalbano**　AT=11.5% 　　　PI=ブドウ収穫の翌年3月1日から消費できる。　Sr　AT=12% 　　Rv　AT=12.5%　PI=収穫の翌年1月1日から起算して2年（うち、瓶内洗練3カ月） 　　**Rufina, Colli Fiorentini**　AT=12%　PI=ブドウ収穫の翌年9月1日から 　　　消費できる（うち、瓶内洗練2カ月）　Sr　AT=12%　Rv　AT=12.5% 　　　PI=2年（うち、瓶内洗練3カ月） 　　**Montespertoli**　AT=12%　PI=ブドウ収穫の翌年6月1日から消費できる。　Sr　AT=12%　Rv　PI=2年 年間生産量は8万kℓで、DOPの中では、Prosecco、Montepulciano d'Abruzzoに次いで第3位。瓶のフィアスコ（わらづと）は昔は農夫が畑に持っていく水筒であったので、瓶に紐が付いていたが、最近のものは紐が無い。

DOCG	特　性
Chianti Classico　キアンティ・クラッシコ（1984） 産地：フィレンツェ県、シエナ県 Castellina、Gaiole、Radda in Chianti（以上、シエナ県）、Greveの全域とBarberino Val d'Elsa、Castelnuovo Berardenga、Poggibonsi、San Casciano Val di Pesa、Tavernelle Val di Pesa（以上、フィレンツェ県）の一部7万ha。 Sangiovese 80％以上。その他、これらの県の推奨品種または許可品種の黒ブドウ20％まで。	赤　辛口　AT＝12％　PI＝収穫の年の翌年10月1日から消費できる。このクラスをannataアンナータという。Rv　AT＝12.5％　PI＝収穫の翌年1月1日から起算して24カ月（うち、瓶内熟成3カ月）　Gran Selezione　AT＝13％　PI＝収穫の翌年1月1日から起算して30カ月（うち、瓶内熟成3カ月）ブドウの栽培は指定の境界線内の9コムーネの7万haの範囲内（現在の栽培面積7200ha）に限る。醸造と熟成は境界線から10km外側の線が作る同心円の中なら可。瓶詰め、瓶内熟成、瓶内洗練と貯蔵はChiantiがDOCに認定された1967年に先立つ5年前からその業務を行っていたフィレンツェ県、シエナ県内の業者にのみ時限措置として認められている。瓶の栓に巻くカプセルに「黒い雄鶏」（Gallo Nero）のマークが入っているが、これは今キアンティ・クラッシコ協会の商標となっていて、すべてのキアンティ・クラッシコに付いている。2005年まで白ブドウのTrebbiano toscano, Malvasia del Chianti 6％の混醸が認められていたが、2006年から黒ブドウのみとなり、Chiantiと別れて熟成型の道を選んだ。19世紀のリカーゾリ男爵も既にこのことは予見していた。現在、Rvがトスカーナワインの中核になりつつある（H. ジョンソン）。 年平均生産量2万6000kℓ。DOCG Chiantiに代わって、高級品志向の日本やアメリカ合衆国への輸出が伸びている。 Gran Selezioneは、2014年に新たに作られたカテゴリーで、Riservaの上に位置する。自家農園のブドウだけを使用することが義務付けられている。
Elba Aleatico Passito/Aleatico Passito dell'Elba　エルバ・アレアティコ・パッシート/アレアティコ・パッシート・デッレルバ（2011） 産地：リヴォルノ県 Aleatico 100％。	赤ワイン：甘口　AT＝19％　（うちAE＝12％）
Montecucco Sangiovese　モンテクッコ・サンジョヴェーゼ（2011） 産地：グロッセート県 Sangiovese 90％以上。	赤ワイン：辛口　AT＝13％　　Rv　AT＝13.5％
Morellino di Scansano　モレッリーノ・ディ・スカンサーノ（2006） 産地：グロッセート県のスカンサーノなど7コムーネ Sangiovese 85％以上。その他、県内の黒ブドウ15％まで。	赤　辛口　AT＝12.5％　Rv　AT＝13％　PI＝収穫の翌年1月1日から起算して2年（うち、木樽熟成1年） Morellino種のブドウはSangiovese種のクローンと考えられていてChiantiと同質のワインを造ることと、土地の価格が低いところから近年大手の企業の投資が相次ぎ、生産量が急増した。
Suvereto　スヴェレート（2011） 　産地：リヴォルノ県 SuveretoはCabernet SauvignonとMerlotで100％まで。その他の品種は15％以下。品種表示ワインはその品種85％以上。	赤ワイン：Suvereto, Suvereto Sangiovese, Suvereto Merlot, Suvereto Cabernet Sauvignon　辛口　AT＝12.5％ Rv　AT＝13％
Val di Cornia Rosso/Rosso della Val di Cornia　ヴァル・ディ・コルニア・ロッソ/ロッソ・デッラ・ヴァル・ディ・コルニア（2011） 産地：リヴォルノ県、ピサ県 Sangiovese 40％以上、Cabernet SauvignonとMerlotで60％以下。	赤ワイン：辛口　AT＝12.5％　　Rv　AT＝13％

DOCG	特性
Vernaccia di San Gimignano ヴェルナッチャ・ディ・サン・ジミニャーノ (1993) 産地：シエナ県サン・ジミニャーノ Vernaccia di San Gimignano 85％以上。その他、この県の推奨品種または許可品種のアロマ付きでない白ブドウ10％まで。	白　薄い麦わら色　りんご、アーモンドの香り　辛口　後口にアーモンドのような苦味　AT=11％（AN=10.5％）　Rv　AT=11.5％（AN=11％）　PI=収穫の翌年1月1日から起算して1年（うち、瓶内洗練4カ月） 13世紀ごろから世に知られたワインで、中世の作家、ダンテやボッカッチョの書き物にもその名が出ている。1963年に施行された原産地呼称法のDOCを最初に申請して、1966年にDOCワイン第1号になったトスカーナの銘酒。中でも、そのRvは「絹のような滑らかな口当たり」（『イタリアワイン』BUONITALIA）と賞賛されている。
Vino Nobile di Montepulciano ヴィーノ・ノビレ・ディ・モンテプルチャーノ (1981) 産地：シエナ県モンテプルチャーノ Sangiovese (Prugnolo gentile) 70％以上。Canaiolo nero 20％まで。その他、この県の推奨品種または許可品種のブドウ20％まで。ただし、白ブドウは10％まで・	赤　辛口　AT=12.5％　PI=収穫の翌年1月1日から起算して2年 　　Rv　AT=13％（AN=12.5％）　PI=3年（うち、瓶内洗練6カ月） 17世紀の詩人、フランチェスコ・レーディが「ワインの王」と讃えたので、この「ノビレ」（高貴）なワインは有名になった。しばしば近くのモンタルチーノ村のBrunello di Montalcinoと比較されるが、Canaiolo nero種を加えることによってBrunelloより口当たりがまろやかになり、またすみれの花のブーケをワインに与えるMammolo種を入れるなど、ワインはBrunelloほど力強くはないが、より「優雅で貴族的なワイン」になるとされている。中世以来、トスカーナのワイン通好みの銘酒である。年平均生産量5000kℓ。

DOCワイン（40）

DOC	特　性
Ansonica Costa dell'Argentario アンソニカ・コスタ・デッラルジェンタリオ (1995) 産地：グロッセート県 Ansonica 85％以上。その他15％まで。	白　野の花やフルーツの繊細な香り　辛口　爽やかな味わい　AT=11.5％　魚介類のサラダに合う。
Barco Reale di Carmignano バルコ・レアーレ・ディ・カルミニャーノ (1975) 産地：プラート県 Barco Reale di Carmignano, Barco Reale di Carmignano Rosatoは Sangiovese 50％以上。 Canaiolo nero 20％まで。Cabernet 各種 10〜20％。	赤ワイン： 　　Barco Reale di Carmignano　紫色を帯びたルビー色　フルーツとスパイスの香り　辛口　AT=11％ ロゼワイン： 　　Rosato di Carmignano　花の香り　辛口　飲み心地が良い　AT=11％
Bianco dell'Empolese ビアンコ・デッレンポレーゼ (1989) 産地：フィレンツェ県 Trebbiano toscano 80％以上。その他20％まで。	白　辛口　AT=10.5％　VS secco　辛口　AT=17％（うち、AE=16％） 　Amabile 中甘口　AT=17％（うち、AE=15％）　PI=3年
Bianco di Pitigliano ビアンコ・ディ・ピティリアーノ (1966) 産地：グロッセート県 Trebbiano toscano 50〜80％。その他20〜50％。	白　辛口　AT=11％　Sr　AT=12％　Sp　辛口　AT=11.5％ Vs　辛口から甘口まで　AT=16％（うち、AE=12％）

DOC	特　性
Bolgheri　ボルゲリ（1984） 産地：リヴォルノ県 Bianco は Vermentino 0〜70%、Sauvignon blanc 0〜40%、Trebbiano toscano 0〜40%、他の白ブドウ40%以下。Vermentino、Sauvignon は、それぞれ名乗っている品種が85%以上。Rosso は、Cabernet Sauvignon 0〜100%, Merlot 0〜100%, Cabernet Franc 0〜100%, Syrah 0〜50%, Sangiovese 0〜50%, 他の黒ブドウ30%以下。	白ワイン： 　Bianco　辛口　AT=11% 　Vermentino　AT=11%　Sauvignon　辛口　AT=10.5% 赤ワイン： 　Rosso ルビー色からガーネット色まで　辛口　AT=11.5%　Sr　AT=12.5% ロゼワイン： 　Rosato　辛口　AT=11.5% 　VS Occhio di Pernice 薄い色から濃い色までのロゼ　甘口　AT=16% 　（うち、AE=14.5%）PI=3年　Rv　PI=4年
Bolgheri Sassicaia　ボルゲリ・サッシカイア（1994） 産地：リヴォルノ県 Cabernet Sauvignon 80%以上。	赤　濃いルビー色かガーネット色　辛口　AT=12%　PI=2年（うち、225ℓ未満の木樽で18カ月以上、瓶内熟成6カ月以上）
Candia dei Colli Apuani　カンディア・デイ・コッリ・アプアーニ（1981） 産地：マッサーカッラーラ県 Bianco は Vermentino 70%以上。Rosso、Rosato は Sangiovese 60〜80%、Merlot は20%まで。	白ワイン：Bianco　辛口から甘口まで　AT=11.5%　Vs　AT=16.5%（うち、AE=14%）VT　AT=14.5%　Vermentino bianco　AT=11.5% 赤ワイン：Rosso、Vermentino nero、Barsaglina または Massaretta　AT=11.5% ロゼワイン：Rosato、Rosato Vermentino nero　AT=11.5%
Capalbio　カパルビオ（1999） 産地：グロッセート県 Bianco, VS は Trebbiano toscano 50%以上。その他50%まで。Rosso, Rosato は Sangiovese 50%以上。その他50%まで。品種表示ワインはその品種85%以上。その他15%まで。	白ワイン： 　Bianco　辛口　AT=10.5% 　Vermentino　辛口　AT=11%　VS　黄金色を帯びた麦わら色から濃い琥珀色まで　secco　辛口　AT=16%（うち、AE=14%）amabile　中甘口　AT=16%（うち、AE=10〜13%）PI=3年 赤ワイン： 　Rosso　辛口　AT=11%　Rv　AT=12%　PI=2年 　Sangiovese, Cabernet Sauvignon　辛口　AT=12% ロゼワイン： 　Rosato　辛口　AT=10.5%
Colli dell'Etruria Centrale　コッリ・デッレトルリア・チェントラーレ（1991） 産地：州の全域 Bianco は Trebbiano toscano 50%以上。Chardonnay, Pinot bianco など50%まで。VS は Trebbiano toscano, Malvasia del Chianti 70%。その他30%まで。Rosso, Rosato, Nv, VS Occhio di Pernice は Sangiovese 50%以上。Cabernet franc など50%まで。	白ワイン： 　Bianco　辛口　AT=10% 　VS　黄金色を帯びた麦わら色から濃い琥珀色まで　Secco　辛口　AT=15%（うち、AE=14%）amabile　中甘口　AT=15%（うち、AE=13%）PI=3年　Rv　AT=15.5%　PI=4年 赤ワイン： 　Rosso　辛口　AT=10.5%　Nv　AT=10.5% ロゼワイン： 　Rosato　辛口　AT=10.5% 　VS Occhio di Pernice　薄い色から濃い色までのロゼ　甘口　AT=16.5%（うち、AE=14%）
Colline Lucchesi　コッリーネ・ルッケージ（1968） 産地：ルッカ県 Bianco は Trebbiano toscano 45〜70%。Greco, Vermentino, Malvasia bianca など	白ワイン： 　Bianco　辛口　AT=10.5% 　VS　熟成につれて濃い黄金色から琥珀色になる　Secco　辛口・amabile 中甘口・Dolce 甘口　AT=16%　PI=3年 　Sauvignon, Vermentino　辛口　AT=11%

DOC	特　性
45％まで。Chardonnay、Sauvignon 30％まで。その他、15％まで。Rosso は Sangiovese 45〜70％。Canaiolo nero, Ciliegiolo 30％まで。Merlot20％まで。VS は品種表示ワイン用のブドウなど100％。品種表示ワインはその品種85％以上。その他15％まで。	赤ワイン： 　Rosso　辛口　AT=11%　Rv　AT=11.5%　PI＝２年 　Merlot, Sangiovese　辛口　AT=11.5%　Rv　AT=12%　PI＝２年 ロゼワイン： 　VS Occhio di Pernice　薄いロゼ色からガーネット色を帯びた濃いロゼ色まで　Dolce 甘口　AT=16%　PI＝３年
Cortona　コルトーナ（1999） 産地：アレッツォ県 VS は Trebbiano toscano, Grechetto など80％以上。その他20％まで。VS Occhio di Pernice は Sangiovese、Malvasia nera 80％以上。その他20％まで。Rosato は Sangiovese 40〜60％。Canaiolo nero 10〜30％。その他、30％まで。品種表示ワインはその品種85％以上。その他15％まで。	白ワイン： 　Chardonnay, Grechetto, Sauvignon, Pinot Bianco, Riesling Italico　辛口　AT=11%　VS 黄金色から濃い琥珀色まで　辛口　AT=17%（うち、AE=15%）PI＝3年　VS Rv 辛口　AT=17%（うち、AE=14.5%）PI＝5年 赤ワイン： 　Cabernet Sauvignon, Merlot, Sangiovese, Syrah, Pinot Nero, Gamay　辛口　AT=12% ロゼワイン： 　Rosato　辛口　AT=11% 　VS Occhio di Pernice 琥珀色とトパーズの間の色　甘口　AT=18%（うち、AE=15%）PI＝8年
Elba　エルバ（1967） 産地：リヴォルノ県 Bianco, Bianco Sp, VS は Trebbiano toscano (Procanico) 50％以上。Ansonica, Vermentino など50％まで。Rosso, VS Occhio di Pernice は Sangiovese 60％以上。その他、40％まで。Rosato は Sangiovese 50％以上。その他50％まで。	白ワイン： 　Bianco　辛口　AT=11%　Sp　辛口　AT=11.5%　VS 麦わら色から黄金色まで　Secco 辛口　AT=16%（うち、AE=14%）Amabile 中甘口　AT=16%（うち、AE=13%） 　Ansonica 辛口から中甘口まで　AT=11.5%　Ps 中甘口から甘口まで　AT=15%（うち、AE=13%） 　Moscato Bianco 中甘口から甘口まで　AT=16%（うち、AE=13%） 赤ワイン： 　Rosso　辛口　AT=11.5%　Rv　AT=12.5%　PI＝24カ月 　Aleatico 中甘口から甘口まで　AT=16%（うち、AE=13%） ロゼワイン： 　Rosato 辛口　AT=11% 　VS Occhio di Pernice 薄いロゼから濃いロゼまで　甘口　AT=16%（うち、AE=14%）
Grance Senesi　グランチェ・セネージ（2010） 産地：シエナ県 Bianco、Rosso の品種は右記の通り。品種表示ワインはその品種85％以上。	白ワイン：Bianco　Ps　VT（Trebbiano と Malvasia bianca lunga で60％以上）Malvasia Bianca lunga 赤ワイン：Rosso　Rv（Sangiovese60％以上）Canaiolo, Sangiovese, Merlot, Cabernet Sauvignon
Maremma Toscana マレンマ・トスカーナ（2011） 産地：グロッセート県、 Bianco は Trebbiano toscano と Vermentino で40％以上。VS は Trebbiano toscano と Malvasia だけ。Rosso は Sangiovese40％以上。Rosato は Sangiovese と Ciliegiolo で40％以上。品種表示ワインはその品種85％以上。	白ワイン：辛口　Bianco, Chardonnay, Sauvignon, Trebbiano, Vermentino, Viognier　VS Ansonica spumante ロゼワイン：辛口　Rosato 赤ワイン：辛口　Rosso, Alicante, Cabernet, Cabernet Sauvignon, Canaiolo, Ciliegiolo, Merlot, Sangiovese, Syrah 多くに Ps、VT、Sp あり。

DOC	特　性
Montecarlo　モンテカルロ (1969) 産地：ルッカ県 Bianco, VSはTrebbiano toscano 40～60%。その他、Pinot grigio、Pinot biancoなど60～40%。Rosso、VS Occhio di PerniceはSangiovese 50～75%。Canaiolo nero 5～15%。その他35%まで。	白ワイン： 　　Bianco　辛口　AT=11%　VS　麦わら色から黄金色まで　Secco　辛口　AT=16%（うち、AE=14%）　Amabile　中甘口　AT=16%（うち、AE=13%） 赤ワイン： 　　Rosso　辛口　AT=11.5%　Rv　AT=12%　PI=2年（うち、瓶内洗練6カ月） ロゼワイン： 　　VS　Occhio di Pernice　薄いロゼ色から濃いロゼ色まで　甘口　AT=16%（うち、AE=14%）　Rv　AT=16%
Montecucco　モンテクッコ (1998) 産地：グロッセート県 BiancoはTrebbiano toscano 40%以上。その他40%まで。RossoはSangiovese 60%以上。その他40%まで。RosatoはSangioveseとCiliegioloで60%以上。その他40%まで。品種表示ワインはその品種85%以上。その他15%まで。	白ワイン：： 　　Bianco　辛口　AT=11.5% 　　Vermentino　辛口　AT=11.5% 赤ワイン：： 　　Rosso　辛口　AT=12%　Rv　AT=12.5%　PI=24カ月 ロゼワイン： 　　Rosato　AT=11.5%
Monteregio di Massa Marittima　モンテレージョ・ディ・マッサ・マリッティマ (1994) 産地：グロッセート県 BiancoはTrebbiano toscano 50%以上。Vermentino、Malvasia biancaなど30%まで。その他30%まで。VSはTrebbiano toscano、Malvasia bianca 70%以上。その他30%まで。Rosso、Rosato、NvはSangiovese 80%以上。その他、20%まで。VS Occhio di PerniceはSangiovese 50～70%。Malvasia nera 10～50%。その他30%まで。品種表示ワインはその品種85%以上。その他15%まで。	白ワイン： 　　Bianco　辛口　AT=11% 　　Vermentino　辛口　AT=11.5% 　　VS　Secco 辛口　AT=16%（うち、AE=14%）　Amabile　中甘口　AT=16%（うち、AE=12%）　PI=3年　VS Rv　PI=4年 赤ワイン： 　　Rosso　辛口　AT=11.5%　Rv　AT=12%　PI=2年　Nv　AT=11% ロゼワイン： 　　Rosato　辛口　AT=11% 　　VS　Occhio di Pernice　薄いロゼ色から濃いロゼ色まで　甘口　AT=16%（うち、AE=14%）　PI=3年
Montescudaio　モンテスクダイオ (1977) 産地：ピサ県 Bianco,VSはTrebbiano toscano 50%以上。その他、この県の指定の白ブドウ品種50%まで。RossoはSangiovese 50%以上。その他、この県の指定の黒ブドウ品種50%まで。品種表示ワインはその品種85%以上。その他15%まで。	白ワイン： 　　Bianco　辛口　AT=11%　VS　辛口から中甘口まで　AT=16%　PI=4年 　　Chardonnay, Sauvignon, Vermentino　辛口　AT=11% 赤ワイン： 　　Rosso　辛口　AT=11.5%　Rv　AT=12.5%　PI=2年 　　Cabernet, Merlot　辛口　AT=12%　Rv　AT=12.5%。 　　Sangiovese　辛口　AT=11.5%　Rv　AT=12.5%　すべてPI=2年
Moscadello di Montalcino　モスカデッロ・ディ・モンタルチーノ (1985) 産地：シエナ県 Moscato bianco 85%以上。その他、15%まで。	白　甘口　AT=10.5%（うち、AE=4.5%）　Fr　甘口　AT=10.5%　VT　麦わら色から黄金色まで　甘口　AT=15%（うち、AE=11.5%）　PI=1年 今ではブルネッロで有名なモンタルチーノだが、中世以来名声を誇ったのはモスカデッロだった。
Orcia　オルチャ (2000) 産地：シエナ県 BiancoはTrebbiano toscano 50%以上。そ	白ワイン： 　　Bianco　辛口　AT=11%　VS　辛口　AT=16%（うち、AE=13%）　PI=3年

DOC	特　性
の他、この県指定の白ブドウ品種50％まで。VS は Trebbiano toscano, Malvasia 50％以上。その他、この県の指定の白ブドウ品種50％まで。Rosso, Rosato, Nv は Sangiovese 60％以上。その他、この県の指定の黒ブドウ品種40％まで。	赤ワイン： 　Rosso　辛口　AT=12％　Nv　AT=11％ ロゼワイン： 　Rosato　AT=11％
Parrina　パッリーナ（1971） 産地：グロッセート県 Bianco は Trebbiano toscano30〜50％。Ansonica、Chardonnay 30〜50％。その他20％まで。Rosso, Rosato は Sangiovese 70％以上。その他30％まで。	白ワイン： 　Bianco　辛口　AT=11.5％　VS 赤ワイン： 　Rosso　辛口　AT=11.5％　Rv　AT=12.5％　PI=2年 ロゼワイン： 　Rosato　辛口　AT=11％
Pomino　ポミーノ（1983） 産地：フィレンツェ県 Bianco、Bianco Rv、VT、VS は Pinot bianco、Pinot grigio、Chardonnay 70％以上。その他、この州の指定の白ブドウ品種30％まで Rosso、Rosso Rv、VT、VS は Sangiovese 50％以上。Pinot nero, Merlot 50％まで。その他、この州の指定の黒ブドウ品種25％まで。品種表示ワインはその品種85％以上。その他15％まで。	白ワイン： 　Bianco 緑色を帯びた黄金色　リンゴなどフルーツの香り　辛口 　　AT=11％　Rv　AT=12％　PI=1年　VT　辛口　AT=15.5％（うち、AE=14.5％）PI=3年 　Chardonnay, Sauvignon　辛口　AT=11％ 　Pomino VS　麦わら色から濃い琥珀色まで　辛口　AT=15.5％（うち、AE=14.5％）PI=3年 赤ワイン： 　Rosso ルビー色　ベリー、スパイスの香り　辛口　AT=12％ 　　Rv　AT=12.5％　PI=2年 　　VT　辛口　AT=12％ 　Pinot Nero, Merlot　辛口　AT=12％ 　Pomino VS Rosso　濃いめのガーネット色　辛口　AT=15.5％（うち、AE=14.5％）PI=3年 1716年のトスカーナ大公コジモ3世の原産地指定で Chianti などと共に指定された銘酒。年間生産量は400kℓ。
Rosso di Montalcino　ロッソ・ディ・モンタルチーノ（1984） 産地：シエナ県 Sangiovese（Brunello）100％	赤　辛口　AT=12％　PI= 収穫の翌年の9月1日から消費できる。
Rosso di Montepulciano　ロッソ・ディ・モンテプルチャーノ（1989） 産地：シエナ県 Sangiovese（Prugnolo gentile）70％以上。白ブドウは5％以下。その他、この県の推奨品種または許可品種のブドウ20％まで。ただし、白ブドウは10％まで。	赤　辛口　AT=11.5％　PI= 収穫の翌年の3月1日から消費できる。
San Gimignano　サン・ジミニャーノ（1996） 産地：シエナ県 VS は Trebbiano toscano 30％以上。Malvasia del Chianti 50％まで。その他20％まで。Rosso は Sangiovese 70％以上。その他 30％まで。VS Occhio di Pernice は	白ワイン： 　VS　白　濃い黄色から黄金色まで　辛口から中甘口まで　AT=16.5％ 　　（うち、AE=14.5％）PI=3年（うち、瓶内洗練4カ月） 赤ワイン： 　Rosso　辛口　AT=12.5％　PI=15カ月　Rv　PI=26カ月 　Sangiovese, Cabernet Sauvignon, Merlot, Pinot Nero, Syrah　辛口

DOC	特　　性
Sangiovese 50％以上。その他50％まで。品種表示ワインはその品種85％以上。その他15％まで。	AT=12.5％　PI=15カ月 ロゼワイン： 　VS Occhio di Pernice 薄めのロゼから濃いめのロゼまで　甘口 　　AT=16.5％（うち、AE=14.5％）　PI＝3年（うち、瓶内洗練4カ月）
Sant'Antimo　サンタンティモ（1996） 産地：シエナ県 BiancoとRossoはこの県の推奨品種または許可品種。VSはTrebbiano toscano Malvasia bianca 70％以上。その他30％まで。VS Occhio di PerniceはSangiovese 50〜70％。Malvasia nera 30〜50％。品種表示ワインはその品種85％以上。その他15％まで。	白ワイン： 　Bianco　辛口　AT=11.5％ 　VS, VS Rv　黄金色を帯びた麦わら色から琥珀色まで secco　辛口 　　AT=16％（うち、AE＝14％）　amabile　中甘口　AT=16％（うち、AE=13％）　VSはPI=3年。VS RvはPI＝4年 　Chardonnay, Sauvignon, Pinot Grigio　辛口　AT=11.5％ 赤ワイン： 　Rosso　辛口　AT=12％　Nv　AT=11％ 　Cabernet Sauvignon, Merlot, Pinot Nero　辛口　AT=12％ ロゼワイン： 　VS Occhio di Pernice 薄めのロゼから濃いめのロゼまで　甘口 　　AT=16％（うち、AE=14％）　PI=3年　Rv　PI=4年
San Torpè サン・トルペ（1980） 産地：ピサ県、リヴォルノ県 Trebbiano toscano 75％以上。その他25％まで。RosatoはSangiovese 50％以上。	白ワイン： 　Bianco　辛口　AT=11％　VS　黄金色から濃い琥珀色まで 　Secco　辛口・amabile　中甘口　AT=16％　PI=3年　3年目の10月30日まで消費できない。 　VS Rv　PI=4年　熟成はカラテッリという200ℓ未満の小樽で行う。 ロゼワイン：Rosato　AT=11％
Sovana　ソヴァーナ（1999） 産地：グロッセート県 Rosso, RosatoはSangiovese 50％以上。その他、50％まで。品種表示ワインはその品種85％以上。その他15％まで。	赤ワイン： 　Rosso　辛口　AT=11％　Sr　AT=12％　AN=11.5％　Rv　PI=24カ月（うち、瓶内洗練6カ月）　AT=12％ 　Sangiovese, Aleatico, Cabernet Sauvignon, Merlot　すべてにSr　AT=12％。PI=6カ月　すべてにRv、AleaticoにはPs, Ps Rvも 　　辛口　AT=12％　PI=30カ月 ロゼワイン： 　Rosato　辛口　AT=11％
Terratico di Bibbona　テッラティコ・ディ・ビッボーナ（2006） 産地：リヴォルノ県 BiancoはVermentino 50％以上。その他50％まで。Rosso、RosatoはSangiovese、Merlot共に35％以上。その他30％まで。品種表示ワインはその品種85％以上。その他15％まで。	白ワイン： 　Bianco　辛口　AT=11％ 　Trebbiano　辛口　AT=11％ 　Vermentino　辛口　AT=11.5％ 赤ワイン： 　Rosso　辛口　AT=12.5％　Sr　AT=13％　PI=18カ月 　Cabernet Sauvignon, Merlot, Sangiovese, Syrah　辛口　AT=12.5％ ロゼワイン： 　Rosato　辛口　AT=11.5％
Terre di Casole　テッレ・ディ・カソーレ（2007） 産地：シエナ県 BiancoはChardonnay 50％以上。その他50％まで。RosoはSangiovese 60〜80％。その他40〜20％。	白ワイン： 　Bianco　辛口　AT=11％　Rv　AT=11％　PI=1年 　Terre di Casole Ps　辛口　AT=15％（うち、AE=12.5％）　PI=4年 赤ワイン： 　Rosso　辛口　AT=12％　Sr　AT=12.5％　PI=3年 　Sangiovese　辛口　AT=12％　Rv　AT=12.5％　PI=3年

DOC	特　性
Terre di Pisa テッレ・ディ・ピサ （2011） 産地：ピサ県 Rosso は Sangiovese、Cabernet sauvignon、Merlot、Syrah のそれぞれ20～70%。 Sangiovese は Sangiovese 95% 以上。	赤ワイン：辛口　　AT=12.5%
Val d'Arbia　ヴァル・ダルビア（1986） 産地：シエナ県 Trebbiano toscano, Malvasia del Chianti 70～90%。その他、30%まで。	白　辛口　AT=10.5%　VS　Secco 辛口　AT=17%（うち、AE=14%） Semisecco　薄甘口　AT=17%（うち、AE=13%）　Dolce　甘口　AT=17%（うち、AE=12%）PI=3年
Val d'Arno di Sopra/Valdarno di Sopra ヴァルダルノ・デイ・ソプラ/ヴァルダルノ・ディ・ソプラ（2011） 産地：アレッツォ県 Bianco、Bianco Spumante は、Chardonnay 40～80%。Malvasia Bianca lunga 0～30%。Trebbiano Toscano 0～20%。その他の白ブドウ30% 以下。 Rosso、Rosato、Rosato Spumante は、Merlot 40～80%、Cabernet sauvignon 0～35%、Syrah 0～35%、その他の黒ブドウ30% 以下。 Passito は、Malvasia bianca lunga 40～80%、Chardonnay 0～30%、その他の白ブドウ30% 以下。 品種表示ワインはその品種85% 以上。	白ワイン： 　辛口　Bianco　AT=11.5%　Chardonnay, Sauvignon　AT =12% 　SP　AT=11%　Ps　AT=16% ロゼワイン： 　辛口　Rosato　Sp　AT=11.5% 赤ワイン： 　辛口　Rosso、Cabernet Sauvignon, Cabernet Franc, Merlot, Sangiovese, Syrah　AT=12% Rosso、Merlot、Sangiovese、Cabernet Sauvignon には Rv も。
Valdichiana Toscana　ヴァルディキアーナ・トスカーナ（1972） 産地：シエナ県、アレッツォ県 Bianco は Trebbiano toscano 20% 以上。Chardonnay、Pinot bianco など80%まで。VS は Trebbiano toscano、Malvasia bianca 50% 以上。その他50%まで。Rosso, Rosato は Sangiovese 50%まで。Cabernet、Merlot など50%まで。品種表示ワインはその品種85%以上。その他15%まで。	白ワイン： 　Bianco/Bianco Vergine　辛口　AT=10%　Sp　Fr 　Chardonnay, Grechetto　辛口　AT=10.5% 　Valdichiana　VS　麦わら色・琥珀色から茶色まで　Secco 辛口　AT=15%（うち、AE=12%）　Amabile 中甘口　AT=15%（うち、AE=11%）　Rv　PI=3年 赤ワイン： 　Rosso　辛口　AT=11% 　Sangiovese　辛口　AT=11% ロゼワイン： 　Rosato　辛口　AT=10.5%
Val di Cornia　ヴァル・ディ・コルニア（1990） 産地：リヴォルノ県、ピサ県 Bianco は Vermentino 50% 以上、Trebbiano toscano、Ansonica、Viognier、Malvasia bianca lunga で50% 以下、そのほかの品種15% 以下。Rosato はサンジョヴェーゼ40% 以上、カベルネ・ソーヴィニヨンとメルロで60% 以下。Aleatico passito は Aleatico 100%。他の品種名表示ワインはその品種が85% 以上。	白ワイン：　辛口　Val di Cornia bianco　AT=11% 　Ansonica, Vermentino　AT=11.5% 　甘口　Ansonica　Ps　AT=16%（うち、AE=12%） ロゼワイン：　辛口　AT=11% 赤ワイン：　辛口　Cabernet Sauvignon, Ciliegiolo, Merlot, Sangiovese　AT=12% 　甘口　Aleatico　Ps　AT=16%（うち、AE=12%） Superiore は AT=12.5% Sangiovese、Cabernet Sauvignon、Merlot には Sr も。

DOC	特　　性
Valdinievole　ヴァルディニエヴォレ（1976） 産地：ピストイア県 Biancoは Trebbiano toscano 70％以上、その他30％まで。Rossoは Sangioveseと Canaioloで70％以上。Sangioveseは最低35％、Canaioloは最低20％。	白ワイン： 　心地よいワインらしい香り、リンゴの香り　vivace　辛口　AT=11% 　　VS　secco　辛口　AT=17%（うち、AE=14%）　semisecco　薄甘口 　AT=17%（うち、AE=13%）　dolce　甘口　AT=17%（うち、AE=12%） 　PI=3年 赤ワイン： 　Rosso　AT=12%　Sr　AT=12.5%　Sangiovese　AT=12.5%
Vin Santo del Chianti　ヴィン・サント・デル・キアンティ（1997） 産地：アレッツォ県、フィレンツェ県、シエナ県、ピストイア県、ピサ県、プラート県 VSはTrebbiano toscano、Malvasia del Chianti 70％以上。その他30％まで。VS Occhio di PerniceはSangiovese 50％以上。その他、5県指定の白・黒ブドウ品種50％まで。	白ワイン： 　VS　麦わら色・黄金色から濃い琥珀色まで　Secco 辛口・Amabile 中甘口　AT=15.5%（うち、AE=13%）　PI=3年　Rv　PI=4年 ロゼワイン： 　VS Occhio di Pernice薄い色から濃い色までのロゼ　Amabile 中甘口・Dolce 甘口　AT=16.5%（うち、AE=14%）　PI=3年　Rv　PI=4年 次の特定の地域（sottozona）はその地域名を瓶のラベルに表示することができる。 　Colli Aretini, Colli Fiorentini, Colli Senesi, Colline Pisane, Montalbano, Rufina, Montespertoli　白ワイン　AT=16%（うち、AE=13%）　ロゼワイン　AT=17%（うち、AE=14%）
Vin Santo del Chianti Classico　ヴィン・サント・デル・キアンティ・クラッシコ（1995） 産地：シエナ県、フィレンツェ県 VSは Trebbiano toscano、Malvasia 70％以上。その他30％まで。VS Occhio di Perniceは Sangiovese 50％以上。その他、シエナ、フィレンツェ両県指定の白・黒ブドウ50％まで。	白ワイン： 　VS 麦わら色・黄金色から濃い琥珀色まで　Secco　辛口　AT=16%（うち、AE=14%）　Amabile　中甘口　AT=16%（うち、AE=13%）　PI=3年　Rv　PI=4年 ロゼワイン： 　VS Occhio di Pernice薄い色から濃い色までのロゼ　Dolce　甘口　AT=17%（うち、AE=14%）　PI=3年　Rv　PI=4年 ヴィン・サントの伝統的造り方は、陰干ししたブドウのマストを、前の発酵で残った澱（マードレ）とともに、カラテッリと呼ばれる小樽に入れて、封印し、発酵、熟成させるというもの。熟成は3年以上に及ぶことも珍しくない。
Vin Santo di Carmignano　ヴィン・サント・ディ・カルミニャーノ（1975） 産地：プラート県 VSは Trebbiano toscano, Malvasia bianca lunga 75％以上。その他25％まで。VS Occhio di Perniceは Sangiovese 50％以上。その他、この県指定のブドウ50％まで。	Vin Santo di Carmignano　麦わら色から黄金色、熟成により濃い琥珀色を帯びる。Secco 辛口から Dolce 甘口まで。AT=16%（うち、AE=13%）PI=3年 Vin Santo di Carmignano Occhio di Pernice　薄いロゼ色から濃いロゼ色まで。AT=16%（うち、AE=13%）PI=3年 Rv　PI=4年
Vin Santo di Montepulciano　ヴィン・サント・ディ・モンテプルチャーノ（1996） 産地：シエナ県 Bi. VSは Trebbiano toscano, Malvasia biancaなど70％以上。その他30％まで。VS Occhio di Perniceは Prugnolo gentile 50％以上。その他、この県指定の黒ブドウ品種50％まで。	白ワイン： 　VS　黄金色から濃い琥珀色まで　Secco 辛口　AT=17%（うち、AE=15%）　PI=3年　Rv　AT=17%（うち、AE=14.5%）　PI=5年 ロゼワイン： 　VS Occhio di Pernice　琥珀色とトパーズの間の色　secco 辛口　AT=18%（うち、AE=15%）　PI=3年　Rv　PI=8年

IGP：Alta Valle della Greve, Colli della Toscana Centrale, Costa Toscana, Montecastelli, Toscana/Toscano, Val di Magra

ウンブリア州　*Umbria*

プロフィール

イタリア半島の中央部に位置するウンブリア州は、東はマルケ州、北西はトスカーナ州、南はラツィオ州と接している。海には接していない。イタリアでも小さい方の州だが、湖、川が多く水に恵まれていて、州土の70％を占める緑の丘陵地帯は美しく、イタリアの「緑の心臓」と呼ばれ、褒めたたえられている。エトルリア起源を持つ丘の上の美しいペルージャ、聖フランチェスコの町アッシジ、凝灰岩の丘の上にある歴史あるオルヴィエートなど、観光名所も多い。調和の取れた風景は美しく、清らかな緑には心が洗われる思いがする。

最も有名なワインは南部でラツィオ州にまたがって造られる白ワイン、オルヴィエートである。中世から甘口ワインとして讃えられ、教皇庁御用達でもあった。戦後は、親しみやすい辛口白ワインとして商業的成功を収めた。

北のペルージャ周辺では、モンテファルコのサグランティーノが知られている。これも以前は甘口赤ワインであったが、1980年代からパワフルな赤ワインとして生まれ変わり、一大ブームを巻き起こした。最近ではトレッビアーノ・スポレティーノ、グレケット品種による白ワインにも注目が集まっている。DOCG トルジャーノ・ロッソ・リゼルヴァ Torgiano Rosso Riserva はサンジョヴェーゼをベースにした品格ある赤ワインだ。

オルヴィエート、モンテファルコほどの知名度はなくても、良質のデイリーワインは各地で多く生産されている。ただ、ウンブリアの石灰質土壌の丘陵地帯はブドウ栽培に適していて、高品質のワインを生む偉大な潜在力を持っているので、意欲的な生産者がもっと出てくることが望まれる。

歴史、文化、経済

ウンブリアはエトルリアの時代から栄えていて、特にペルージャは重要な都市であった。古代ローマ時代も繁栄は続き、ローマとリミニを結ぶ重要なフラミニア街道はウンブリアを通っていた。トラジメーノ湖では、ハンニバルがローマを破った有名な戦いが行われた。古代ローマ滅亡後は、東ゴートとビザンティンが支配を争った。その後は、ローマ教皇庁領となり、1860年にイタリア王国に統合された。

際立った産業はなく、工業、手工芸、農業、観光などが中心で、農業は穀物、タバコ、オリーヴ、ブドウが重要だ。

州都ペルージャは古い町並みが美しいところで、外国人大学があり、多くの留学生が学んでいる。

地理と風土

州の東側をアペニン山脈が南北に走り、州の中央をテヴェレ川が流れている。大小の川が多く流れていて、水が豊かだ。トラジメーノ湖はイタリアで4番目に大きな湖である。

地域により亜地中海性気候、亜大陸性気候があり、夏は乾燥して暑いが、川や湖の影響で適度な風が吹く。冬はかなり寒くなる。

丘陵地帯は石灰質土壌が多く、ブドウ栽培に適している。オルヴィエート周辺では火山性土壌も混ざる。

地域別ワインの特徴

北のペルージャ県では、DOCG モンテファルコ・サグランティーノ Montefalco Sagrantino が重要である。サグランティーノの起源はいまだに分かっていないが、非常に特殊な品種で、ポリフェノールの含有量が異常に多く、色も濃く、タンニンが極端に強く、濃厚な味わいを持つワインが生まれる。1990年代の「濃厚なワインブーム」の時代に一気にスターダムにのし上がった。長期熟成能力も高いワインであるが、すべての要素が過剰な品種なので、それをいかに制御して、優美で飲みやすいワインを造るかが生産者の課題である。以前は、陰干し甘口ワインのパッシート

Passito が主流であった。

同じくモンテファルコ周辺で造られる DOC モンテファルコ Montefalco は、白はグレケットやトレビアーノ、赤はサンジョヴェーゼ、サグランティーノで造られる。モンテファルコ・ロッソ Montefalco Rosso は、サンジョヴェーゼにサグランティーノが10～15％ ブレンドされることによって、独自のスパイシーなトーンと力強さが加わった、非常に興味深いワインである。一時期はサグランティーノの陰に隠れていたが、最近は伝統料理にマッチする赤ワインとして注目を浴びている。

モンテファルコから25キロほど北西にあるトルジャーノでは、DOC トルジャーノ Torgiano で様々な品種を使ったワインが造られているが、サンジョヴェーゼをベースにしたトルジャーノ・ロッソ・リゼルヴァ Torgiano Rosso Riserva は DOCG に昇格している。トルジャーノ・ロッソ・リゼルヴァは、ふくよかで深みがある味わいを持つ複雑なワインで、トスカーノのサンジョヴェーゼとはまた異なった個性を誇っている。

この他に DOC コッリ・アルトティベリーニ Colli Altotiberini、DOC コッリ・ペルジーニ Colli Perugini、DOC コッリ・デル・トラジメーノ Colli del Trasimeno、DOC コッリ・マルターニ Colli Martani、DOC アッシジ Assisi などがあるが、それぞれが様々な品種を含む、やや「何でもあり」的呼称である。

南のテルニ県では、DOC オルヴィエートが世界的に有名だ。昔は貴腐菌の付着による黄金色の甘口ワインとして名声を誇り、教皇御用達でもあった。戦後は、辛口白ワインとして生まれ変わり、高度成長期に売り上げを伸ばした。トレッビアーノの一種であるプロカニコ、グレケットなどで造られる、やさしい味わいの白ワインで、根強い人気がある。ただ、個性のあるワインは稀で、シンプルなものがほとんどであるのは、この産地の偉大な可能性を考えると、非常に残念なことである。

料理と食材

ウンブリアのオリーヴオイルは非常に品質が高い。トスカーナのものと比べると、濃厚さでは劣るかもしれないが、より優美で、繊細なオイルである。

ウンブリアの料理も、トスカーナと同じく素材の味を重視したシンプルなものが多いが、味わいは繊細で、デリケートである。

ノルチャ Norcia の黒トリュフは有名で、ニンニクと一緒にペーストにしてパンに塗ったり、スパゲッティを和えて、スパゲッティ・コン・イル・タルトゥーフォ・ネーロ Spaghetti con il tartufo nero として楽しまれている。

名産スペルト小麦のスープのミネストラ・ディ・ファッロ Minestra di farro は歴史ある料理だ。

ノルチャは豚の加工品で有名で、豚肉、サラミ、生ハムの専門店をノルチネリア Norcineria と呼び、豚肉を加工する職人をノルチーノ Norcino と呼ぶほどである。

ウンブリアは海に接していないが、川、湖が多く、そこで取れるカワカマス、マス、ウナギなども食されている。

肉料理にもシンプルなものが多く、鳩、羊、山羊などの炭火焼きは非常においしい。仔豚にハーブを詰めて丸ごと焼き上げたポルケッタ・アッラ・ペルジーナ Porchetta alla perugina は、シンプルだが味わい深い。

ノルチャの近くのカステッルッチョ村の小さめのレンズ豆のレンティッキエ・ディ・カステッルッチョ Lenticchie di Castelluccio は高級品である。

チーズではノルチャのペコリーノ Pecorino di Norcia、同じくフレッシュな羊乳（または山羊乳）のチーズでシダの葉に巻かれているラヴィッジョーロ・ウンブロ Raviggiolo Umbro が知られている。

＜料理とワインの相性＞
Spaghetti con il tartufo nero には、Orvieto Classico Secco、Torgiano Bianco Superiore。
Minestra di farro には、Colli Martani Grechetto、Colli del Trasimeno Rosso。
Porchetta alla perugina には、Montefalco Rosso、Torgiano Rosso Riserva。

DOP（DOCG）ワイン（2）

DOCG	特　性
Montefalco Sagrantino　モンテファルコ・サグランティーノ（1992） 産地：ペルージャ県のモンテファルコなど5コムーネ Sagrantino 100%。	赤　濃いルビー色。熟成につれてガーネット色を帯びる　辛口　AT=13%　PI=30カ月（うち、木樽熟成12カ月） 　Ps　薄甘口　AT=14.5%　PI=30カ月 10年以上の熟成に耐える長命なワインで、野鳩、シギなどの野鳥の焼き物や、ノルチャの黒いトリュフを入れた料理などに合う。 昔、sagra（収穫祭）に飲む甘口ワインとして高貴なワインとされていたが、今では生産規定は辛口だけを認めていて、「深い色調、良い肉づき、突き刺すような強さでヴェネトのAmaroneに比肩する赤ワイン」（B.アンダースン）になっている。年間生産量1900kℓ
Torgiano Rosso Riserva　トルジャーノ・ロッソ・リゼルヴァ（1990） 産地：ペルージャ県のトルジャーノ Sangiovese 70～100%。その他、この県指定の黒ブドウ品種30%まで。	赤　濃いルビー色　ジャムや香辛料の香り　辛口　AT=12.5%　PI＝3年（うち、瓶内洗練6カ月） 力強い中に繊細さを持つワインで、仔羊のロースト、仔鳩の煮込みなどに合う。中には、「オー・メドックの熟成した赤ワイン以外にはめったに見られないような味わいと肌ざわりの貴族的な」（B.アンダースン）ものもある。

DOCワイン（13）

DOC	特　性
Amelia　アメリア　（2011） 産地：テルニ県 Bianco、Vin Santoは Trebbiano toscano 50%以上、その他の白ブドウ50%以下。 Rosso、Rosato、Vin Santo Occhio di Perniceは Sangiovese50%以上、その他の黒ブドウ50%以下。 品種表示ワインはその品種85%以上。	白ワイン：辛口 Bianco,　AT=11% Malvasia, Grechetto AT=11.5% 　甘口 VS　AT=16% ロゼワイン：辛口　AT=11% 赤ワイン：辛口　Nv AT=11%　Rosso Rv Ciliegiolo Rv, Sangiovese Rv, Merlot Rv AT=11%,　Rv　AT=12.5%, 甘口 VS　AT=16%
Assisi　アッシジ（1997） 産地：ペルージャ県 Biancoは Trebbiano 50～70%。Grechetto 10%以上。その他40%まで。 Rosso, Rosatoは Sangiovese 50～70%。Merlot 10～30%。その他40%まで。品種表示ワインはその品種85%以上。その他、15%まで。	白ワイン： 　Bianco　辛口　AT=11% 　Grechetto　辛口　AT=11.5% 赤ワイン： 　Rosso　辛口 AT=12%　Nv　AT=11% 　Cabernet Sauvignon, Merlot, Pinot Nero 辛口　AT=12.5%　Rv　AT=13%　PI =24カ月（うち、瓶内洗練3カ月）すべて若飲みタイプ ロゼワイン： 　Rosato　辛口　AT=11%
Colli Altotiberini　コッリ・アルトティベリーニ（1980）　産地：ペルージャ県 Biancoは Trebbiano toscano 50%以上。その他、50%まで。Spは Grechetto、Chardonnay、Pinot bianco、Pinot neroなど50%以上。Rosso, Rosatoは Sangiovese 50%以上。その他、この州の指定の黒ブドウ品種50%まで。	白ワイン： 　Bianco　辛口　AT=10.5%　Sr　AT=11.5%　Sp 赤ワイン： 　Rosso　辛口　AT=11.5%　Rv　AT=12.5%　PI＝2年（うち、瓶内洗練6カ月）　Nv 　Rosato　辛口　AT=11% 　Cabernet Sauvignon, Merlot, Sangiovese　辛口　AT=12%　Rv　AT=13%　PI＝2年（うち、瓶内洗練6カ月）

DOC	特 性
Colli del Trasimeno/Trasimeno コッリ・デル・トラジメーノ/トラジメーノ（1972） 産地：ペルージャ県 Bianco、VS は Trebbiano 40％以上。その他60％まで。SP Cl は、Chardonnay、Pinot bianco、Pinot grigio など70％以上。その他30％まで。Bianco Sc は、Grechetto、Vermentino、Chardonnay など85％。その他15％まで。 Rosso, Rosato は Sangiovese 40％以上。Ciliegiolo、Gamay、Merlot など30％以上。その他30％まで。 Rosso Sc は、Gamay、Cabernet sauvignon、Merlot など70％以上。Sangiovese 15％以上。その他15％まで。 品種表示ワインはその品種85％以上。その他15％まで	白ワイン： 　Bianco　辛口　AT=10.5%　Sc　辛口　AT=11.5% 　VS　辛口　AT=16%（うち、AE=14%） 　Grechetto　辛口　AT=11.5% 　Colli del Trasimeno　Sp Cl　辛口　AT=12% 赤ワイン： 　Rosso　辛口　AT=11.5%　Sc　辛口　AT=12.5%　PI=1年 　　Rv　辛口　AT=12.5%　PI=2年　Nv　AT=11% 　Cabernet Sauvignon, Gamay, Merlot　辛口　AT=12.5% 　　Rv　AT=13%　PI=2年 ロゼワイン： 　Rosato　辛口　AT=11% 特定の古い地域のものは瓶のラベルに Classico と表示することができる。
Colli Martani　コッリ・マルターニ（1998） 産地：ペルージャ県 Bianco は Trebbiano Toscano 50％以上。その他50％まで。 Sp は、Grechetto、Chardonnay、Pinot nero 50％以上。その他50％まで。 Rosso は Sangiovese 50％以上。その他50％まで。	白ワイン： 　Bianco　辛口　AT=11% 　Colli Martani Sp　辛口　AT=11% 　Trebbiano, Riesling　AT=11% 　Chardonnay, Grechetto, Sauvignon　AT=11.5% 　Grechetto di Todi　AT=12%　すべて辛口 赤ワイン 　Rosso　辛口　AT=11.5% 　Sangiovese　辛口　AT=11.5%　Rv　AT=11.5%　PI=2年 　Cabernet Sauvignon, Merlot　辛口　AT=12%　PI=2年 特定の地域（Sottozona）の Grechetto di Todi は、その名を瓶のラベルに表示することができる。
Colli Perugini　コッリ・ペルジーニ（1982） 産地：ペルージャ県、テルニ県 Bianco, VS は、Trebbiano Toscano 50％以上。その他50％まで。 Colli Perugini Sp は、Chardonnay、Pinot Bianco、Pinot Nero、Pinot Grigio 80％以上。その他20％まで。 Rosso, Rosato は Sangiovese 50％以上。その他50％まで。 品種表示ワインはその品種85％以上。その他15％まで。	白ワイン： 　Bianco　辛口　AT=11%　VS　辛口　AT=16%（うち、AE=13%） 　Chardonnay, Pinot Grigio, Trebbiano　辛口　AT=11% 　Grechetto　辛口　AT=11.5% 　Colli Perugini SP　辛口　AT=11% 赤ワイン： 　Rosso　辛口　AT=11.5%　Nv　AT=11.5% 　Cabernet Sauvignon, Merlot, Sangiovese　辛口　AT=12% ロゼワイン： 　Rosato　辛口　AT=11.5%
Lago di Corbara　ラーゴ・ディ・コルバーラ（1998） 産地：テルニ県 Bianco は Grechetto と Sauvignon で60％以上。その他40％まで。 Rosso は、Cabernet sauvignon、Merlot、	白ワイン： 　Bianco　辛口　AT=12% 　Grechetto, Vermentino, Chardonnay, Sauvignon　AT=12% 　Rv　AT=12.5% 赤ワイン： 　辛口　AT=12.5%

DOC	特 性
Sangiovese 70%以上。その他30%まで。	Cabernet Sauvignon, Merlot, Pinot Nero　辛口　AT=12.5% Rv　AT=13%
Montefalco　モンテファルコ（1980） 産地：ペルージャ県 Bianco は Grechetto 50%以上。Trebbiano toscano 20～35%。その他30%まで。 Rosso は Sangiovese 60～70%。Sagrantino 10～15%。その他30%まで。	白ワイン： 　Bianco　辛口　AT=11% 赤ワイン： 　Rosso　辛口　AT=12%　Rv　AT=12.5%　PI＝30カ月
Orvieto　オルヴィエート（1971） 産地：テルニ県、ラツィオ州ヴィテルボ県 Orvieto は Grechetto 40%以上。Trebbiano toscano/Procanico 20～40%。その他40%まで。	白　Secco 辛口、Abbocato 薄甘口、Amabile 中甘口、 　Dolce 甘口　AT=11.5%　Sr　AT=12%　VT　甘口　AT=13% 主品種が Procanico から Grechetto に戻ってワインが生き返ったと言う人もいる（H. ジョンソン）。 特定の古い地域のものは瓶のラベルに Classico と表示することができる。この呼称のワインはラツィオ州の一部でも生産されている。
Rosso Orvietano/Orvietano Rosso ロッソ・オルヴィエターノ／オルヴィエターノ・ロッソ（1998） 産地：テルニ県 Rosso Orvietano は Aleatico など、品種表示ワインと同じ品種70%以上。その他30%まで。品種表示ワインはその品種85%以上。その他15%まで。	赤　辛口　AT＝11.5% Aleatico, Cabernet, Cabernet Franc, Cabernet Sauvignon, Canaiolo, Ciliegiolo, Merlot, Pinot Nero, Sangiovese　辛口　AT=11.5%
Spoleto　スポレート　（2011） 産地：ペルージャ県 Bianco は Trebbiano Spoletino 50% 以上。その他の白ブドウ50% 以下。品種表示ワインはその品種85% 以上。	白ワイン：辛口 Bianco　AT=11%,　Trebbiano Spoletino AT=11.5% Sr　AT=12.5% Sp　AT=11%　甘口 Ps　AT=17%
Todi　トーディ（2010） 産地：ペルージャ県 白は Grechetto 50%以上。赤は Sangiovese 50%以上。	赤　Sr 白　Sr　Ps
Torgiano　トルジャーノ（1968） 産地：ペルージャ県 Bianco は Trebbiano toscano 50～70%。その他50%まで。Sp は Chardonnay, Pinot nero 共に50%まで。その他、15%まで。 Rosso, Rosato は Sangiovese 50～100%。その他50%まで。品種表示ワインはその品種85%以上。その他15%まで。	白ワイン： 　Bianco　辛口　AT=11% 　Chardonnay, Pinot Grigio, Riesling Italico　辛口 AT=11% 　Torgiano SP　辛口　AT=11%　VT　AT=14%（うち、AE=11.5%） 　VS　AT=14%（うち、AE=14%） 赤ワイン： 　Rosso　辛口　AT=12% 　Cabernet Sauvignon, Pinot Nero　辛口　AT=12% 　Merlot　辛口　AT=11.5% ロゼワイン： 　Rosato　辛口　AT=11.5%

IGP：Allerona, Bettona, Cannara, Narni, Spello, Umbria

マルケ州　Marche

プロフィール

イタリア半島中部に位置するマルケ州は、北はエミリア-ロマーニャ州、西はトスカーナ州とウンブリア州、南はアブルッツォ州、ラツィオ州に接している。東にはアドリア海が広がっている。西はアペニン山脈、東はアドリア海に挟まれて、南北に細長く延びる州で、69%が丘陵地帯、31%が山岳地帯で、平野部はほとんどない。

美しい緑の丘陵地帯では、ブドウが栽培されていて、白ワイン、赤ワインがバランスよく造られている。白ワインの中心となるヴェルディッキオはイタリアの土着白ブドウでも最も興味深いものの一つだ。赤ワインでは、モンテプルチャーノの重要性がどんどん増していて、より力強いワインが生まれている。

歴史、文化、経済

古代から栄え、州都アンコーナはギリシャ人の港であった。古代ローマ時代には、マルケに重要な2街道（フラミニアとサラリア）が通っていて、アンコーナは東への重要な港であった。古代ローマ滅亡後は、オドアケル、東ローマ帝国に支配された。その後16世紀に教皇領となり、最終的にイタリア王国となった。

マルケには高度に専門化した中小企業が多い。服飾、靴、革製品、家具などで世界的に有名な会社が数多くある。漁業はシチリア、プーリアに次いで、第3位。観光業も急速に成長している。

観光資源としては美しい自然（特に海）だけでなく、「ルネッサンスの理想都市」とまで褒めたたえられたウルビーノ、イエス・キリストの生家が移されたとされる重要な巡礼地ロレート、古代から栄え続けた港町アンコーナ、古代ローマ以前からこの地に暮らしていたピチェーノ人の都であるアスコリ・ピチェーノなどがある。ペサロは作曲家ロッシーニの故郷で、毎年夏にロッシーニ・オペラ・フェスティバルが行われている。

地理と風土

173kmにわたり南北に延びるアドリア海の海岸線は、アンコーナ近くの石灰岩の断崖モンテ・コネロ岬により中断されている。ウンブリアとの州境に立ちはだかるアペニン山脈から多くの川がアドリア海に向かって流れ出している。

アンコーナより北では亜大陸性気候で、南では地中海性気候となる。夏の暑さは海からの風によりやわらげられる。

土壌は主に石灰質土壌である。

地域別ワインの特徴

産地を北から見ていくと、北のペサロ県の内陸部にはDOCコッリ・ペサレージColli Pesaresiが、サンジョヴェーゼ中心の赤ワインで知られている。これはロマーニャ・サンジョヴェーゼに似た親しみやすいワインだ。メタウロ川の渓谷で造られるビアンケッロ・デル・メタウロはレモンの風味を持つフレッシュな白ワインだ。

州都アンコーナ周辺にはDOCヴェルディッキオ・デイ・カステッリ・ディ・イエージVerdicchio dei Castelli di Jesiの産地がエジノ川両岸の標高200～500mの丘陵地帯に広く広がっている。ヴェルディッキオ・デイ・カステッリ・ディ・イエージは1950年代にアンフォラ形のボトルで世界的に大成功を収め、イタリアレストランのシンボルとなった。ただ、1980年代初頭からは普通のボトルが主流を占めるようになり、品質も向上した。ヴェルディッキオは酸がしっかりとした品種で、早飲みのフレッシュ&フルーティーなシンプルな白ワインから、長期熟成能力を持つ深みのあるワインまで、様々なタイプの白ワインを生む。

アンコーナ県もモンテ・コーネロ岬周辺ではDOCロッソ・コーネロRosso Coneroが造られている。品種はモンテプルチャーノが85%以上である。ここから独立して、2004年にDOCGコーネロConeroが誕生し

ている。こちらもモンテプルチャーノが85%以上だが、残りはサンジョヴェーゼと定められている。両方とも力強いパワフルなワインである。

アンコーナ県では、アロマティックで個性的な赤ワイン、ラクリマ・ディ・モッロ・ダルバ Lacrima di Morro d'Alba も忘れられない。

アンコーナから内陸に入って、やや南に行くとマテリカ渓谷があり、DOC ヴェルディッキオ・ディ・マテリカ Verdicchio di Matelica が造られている。ヴェルディッキオ・デイ・カステッリ・ディ・イエージ地区と異なり、海の影響のない内陸性気候のマテリカでは、アペニン山脈が近いこともあり昼夜の温度差が激しい。それにより、酸が強く、ミネラル分溢れる、長期熟成するヴェルディッキオが生まれる。若い段階から親しみやすいヴェルディッキオ・デイ・カステッリ・ディ・イエージとは対照的に、ヴェルディッキオ・ディ・マテリカは瓶熟成が必要な白ワインである。

ヴェルディッキオ・デイ・カステッリ・ディ・イエージ・リゼルヴァとヴェルディッキオ・ディ・マテリカ・リゼルヴァは2010年に DOCG に昇格している。

マテリカの南東にあるセッラペトローナでは、珍しいヴェルナッチャ・ネーラ品種で、DOCG ヴェルナッチャ・ディ・セッラペトローナ Vernaccia di Serrapetrona が造られている。これは発泡性の赤ワインで、辛口から甘口まで幅広いタイプが造られているが、生産量は少ない。

南のアブルッツォに近いアスコリ・ピチェーノ県では、DOC ロッソ・ピチェーノ Rosso Piceno が造られている。モンテプルチャーノ、サンジョヴェーゼをベースにしたワインで、DOC ロッソ・コーネロよりは優しい味わいを持ち、生産量も多い。

料理と食材

マルケ州の料理は海の幸と山の幸の出会いから生まれる典型的な地中海料理である。北の方ではロマーニャの影響を受け、卵入り手打ち麺が多く食べられる。

最も有名なメニューは大粒のグリーンオリーヴにひき肉を詰めてフライにしたオリーヴェ・アスコラーネ Olive ascolane だろう。アペリティフの時によく出てくる定番メニューである。

ヴィンチスグラッシ Vincisgrassi は生ハム、パンチェッタ、鶏のもつなどのソースを入れた濃厚なラザーニャだ。

アドリア海の魚で作るスープのブロデット・ディ・ペッシェ Brodetto di pesce はマルケ州のものが最もおいしいとされている。町により作り方が異なるが、最も有名なものはトマトを使ったアンコーナ風のブロデット・ディ・ペッシェ・アッランコネターナ Brodetto di pesce all'anconetana である。

干ダラをトマトで煮たストッカフィッソ・アッランコネターナ Stoccafisso all'anconetana も知られている。

ウサギに詰め物をしてオーヴンで焼いたコニリオ・イン・ポルケッタ・アッラ・マルキジャーナ Coniglio in porchetta alla marchigiana も非常においしい。

＜料理とワインの相性＞

Olive ascolaneには、Bianchello del Metauro, Falerio。
Brodetto di pesce には、Verdicchio dei Castelli di Jesi Classico。
Vincisgrassi には、Conero, Rosso Conero, Rosso Piceno。
Stoccafisso all'anconetana には、Verdicchio di Matelica。
Coniglio in porchetta alla marchigianaには、Rosso Conero, Rosso Piceno。

DOP（DOCG）ワイン（5）

DOCG	特　　性
Castelli di Jesi Verdicchio Riserva カステッリ・ディ・イエージ・ヴェルディッキオ・リゼルヴァ（2010） 産地：アンコーナ県、マチェラータ県 Verdicchio 85％以上。	白　辛口　AT=12.5％　PI=18カ月 海に近い Castelli di Jesi 地区では、Verdicchio 特有の酸とミネラルを保ちながらも、よりふくよかで優しい果実味を持つワインが生まれる。 特定の古い地域のものは瓶のラベルに Classico と表示することができる。
Conero コーネロ（2004） 産地：アンコーナ県 Montepulciano 85％以上。Sangiovese 15％まで。	赤　ルビー色　辛口　AT=12.5％　PI=2年
Offida オッフィーダ（2011） 産地：アスコリ・ピチェーノ県 **Rosso** は Montepulciano 85％以上。 品種表示ワインはその品種85％以上。その他15％まで。	白ワイン： 　**Pecorino**　辛口　AT=12％ 　**Passerina**　辛口　AT=11.5％ 赤ワイン： 　**Rosso**　辛口　AT=13％　PI=2年
Verdicchio di Matelica Riserva ヴェルディッキオ・ディ・マテリカ・リゼルヴァ（2010） 産地：アンコーナ県、マチェラータ県 Verdicchio 85％以上。	白　辛口　AT=12.5％　　PI=18カ月 内陸の谷にある Matelica 地区では、昼夜の温度差が激しく、厳格な酸とミネラルを持つ Verdicchio が生まれ、驚くべき長期熟成能力がある。
Vernaccia di Serrapetrona ヴェルナッチャ・ディ・セッラペトローナ（2004） 産地：マチェラータ県 Vernaccia nera 85％以上。その他、この県の黒ブドウ15％まで。	Sp　赤　ルビー色からガーネット色まで　辛口から甘口まで　AT=11.5％

DOP（DOC）ワイン（15）

DOC	特　　性
Bianchello del Metauro ビアンケッロ・デル・メタウロ（1969） 産地：ペーザロ・エ・ウルビーノ県 Bianchello（Biancame）95％以上。 Malvasia toscana 5％まで。	白　辛口　AT=11.5％　Sr　AT=12.5％　Sp　AT=11.5％　Ps　AT=15％ （うち、AE=12％）
Colli Maceratesi コッリ・マチェラテージ（1975） 産地：アンコーナ県、マチェラータ県 **Bianco, Sp, Ps** は Maceratino（Ribona）70％以上。その他、30％まで。**Rosso, Nv, Rv** は Sangiovese 50％。その他50％まで。	白ワイン： 　**Bianco**　辛口　AT=11％ 　**Ribona**　辛口　AT=11％ 　**Colli Maceratesi** Sp　辛口　AT=11％　Ps　辛口　AT=15.5％（うち、 　　AE=14％）　PI=2年 赤ワイン： 　**Rosso**　辛口　AT=11.5％　Rv　AT=12.5％　PI=2年　Nv　AT=11％

DOC	特　　性
Colli Pesaresi　コッリ・ペサレージ（1972） 産地：ペーサロ・エ・ウルビーノ県 Bianco は Trebbiano toscano、Verdicchio、Biancame 100％。 Rosso、Rosato は Sangiovese 70％以上。その他、30％まで。品種表示ワインはその品種85％以上。その他15％まで。	白ワイン： 　Bianco　辛口　AT=11％ 　Biancame, Trebbiano　辛口　AT=11.5％ 　Roncaglia　辛口　AT=12％ 　Sp　AT=11％ 赤ワイン： 　Rosso　辛口　AT=11％ 　Pinot Nero　辛口　AT=12％　Rv　PI＝2年。 　Sangiovese　辛口　AT=11.5％　Rv　AT=12％　PI＝2年　Nv　AT=11.5％。 　Focara　辛口　AT=12％　Rv　PI＝2年 ロゼワイン： 　Rosato　辛口　AT=11％ 特定の地域（sottozona）の Roncaglia と Focara はその地域名を瓶のラベルに表示することができる。
Esino　エジーノ（1995） 産地：アンコーナ県、マチェラータ県 Bianco は Verdicchio 50％以上。その他、この県指定の白ブドウ品種50％まで。Rosso は Sangiovese、Montepulciano 60％以上。その他、この県指定の黒ブドウ品種40％まで。	白ワイン： 　Bianco　辛口　AT=10.5％　Fr　辛口　AT=9.5％ 赤ワイン： 　Rosso　辛口　AT=10.5％　Nv　辛口　AT=11％
Falerio　ファレリオ（1975） 産地：アスコリ・ピチェーノ県 Trebbiano toscano 20～50％。Passerina、Pecorino 10～30％。その他20％まで。	白　辛口　AT=11.5％
I Terreni di Sanseverino　イ・テッレーニ・ディ・サンセヴェリーノ（2004） 産地：マチェラータ県 Rosso、Ps は Vernaccia nera 50％以上。その他、この州の黒ブドウ品種50％まで。Moro は Montepulciano 60％以上。その他40％まで。	赤　辛口　AT=12％　PI=18カ月　Sr　AT=12.5％　PI＝2年 　Ps　中甘口・甘口　PI=2年　AT=15.5％（うち、AE=12.5％） Moro　辛口　AT=12.5％　PI=18カ月
Lacrima di Morro/Lacrima di Morro d'Alba　ラクリマ・ディ・モッロ/ラクリマ・ディ・モッロ・ダルバ（1985） 産地：アンコーナ県 Lacrima 85％以上。その他15％まで。	赤　辛口　AT=11％　Sr　AT=12％　PI=1年　Ps　辛口　AT=15％（うち、AE=13％）
Pergola　ペルゴラ（2005） 産地：ペーサロ・エ・ウルビーノ県 Rosso、Rosato は Aleatico 60％以上。その他40％まで。	赤　辛口　AT=11.5％　Ps　甘口　AT=15％（うち、AE=12％）　Nv　AT=11.5％ 赤ワイン： 　Rosso　辛口　AT=11.5％　Ps　甘口　AT=15％（うち、AE=12％）　Nv　AT=11.5％ ロゼワイン： 　Rosato　AT=11％　Sp　Fr

DOC	特　性
Rosso Conero　ロッソ・コーネロ（1967） 産地：アンコーナ県 Montepulciano 85％以上。その他15％まで。	赤　辛口　　AT=11.5％
Rosso Piceno/Piceno　ロッソ・ピチェーノ／ピチェーノ（1968） 産地：アスコリ・ピチェーノ県 Montepulciano 35〜70％。Sangiovese 30〜50％。その他15％。品種表示ワインはその品種85％以上。その他15％まで。	赤　辛口　　AT=11.5％　Sr　AT=12％　Nv　AT=11％ Sangiovese　辛口　AT=11.5％
San Ginesio　サン・ジネージオ（2007） 産地：マチェラータ県 Sangiovese 50％以上。Vernaccia nera、Cabernet sauvignon、Merlot など35％以上。その他15％まで。Sp は Vernaccia nera 85％以上。その他15％まで。	赤　辛口　　AT=11.5％　Sp secco　辛口・dolce　甘口　共に AT=11％
Serrapetrona　セッラペトローナ（2004） 産地：マチェラータ県 Vernaccia nera 85％以上。その他15％まで	赤　辛口　　AT=12％
Terre di Offida　テッレ・ディ・オッフィーダ（2011） 産地：アスコリ・ピチェーノ県、フェルモ県 Passerina 85％以上。	白ワイン：　Sp　AT=11.5％ 　　　　　　Ps　AT=15.5％（うち AE=13％） 　　　　　　VS　AT=15.5％（うち AE=13％）
Verdicchio dei Castelli di Jesi　ヴェルディッキオ・デイ・カステッリ・ディ・イエージ（1968） 産地：アンコーナ県、マチェラータ県 Verdicchio 85％以上。その他15％まで。	白　薄い緑色を帯びた麦わら色　アーモンドの香り　辛口　後口にアーモンドの苦味　AT=11.5％　Sr　AT=12％　Sp　AT=11.5％　Ps 濃いめの麦わら色から琥珀色まで　辛口　AT=15％（うち、AE=12％）PI=13カ月　Ps　甘口　AT=15％（うち、AE=12％） 特定の古い地域のものは瓶のラベルに classico と表示することができる。60年代にアンフォラ形の瓶で知られたが、その後の低調期を経て、現在はクローン選別の結果、香りも味わいも向上している。
Verdicchio di Matelica　ヴェルディッキオ・ディ・マテリカ（1967） 産地：アンコーナ県、マチェラータ県 Verdicchio 85％以上。その他15％まで。	白　薄い緑色を帯びた麦わら色　アーモンドの香り　辛口　後口にアーモンドの苦味　PI=2年　Sp　AT=11.5％　Ps　甘口　AT=15％（うち、AE=12％）　魚、甲殻類に向く。

IGP：Marche

ラツィオ州　*Lazio*

プロフィール

　イタリア半島中央部に位置するラツィオ州は、北はトスカーナ州、ウンブリア州、東はマルケ州、アブルッツォ州、モリーゼ州、南はカンパーニア州に接している。州都ローマは、古代ローマ帝国時代はまさに「世界の中心」で、中世にはローマ・カトリック総本山のある「信仰の中心」であり、今はイタリア共和国の首都である。東側を南北に走るアペニン山脈と、西側に広がるティレニア海の間にある丘陵地帯（州土の54%）で主にブドウが栽培されている。

　古代ローマからブドウ栽培は盛んで、火山性土壌の丘陵地帯は日当たりもよく、ブドウ栽培には適した土地である。ローマの東南郊外に広がるカステッリ・ロマーニと呼ばれるアルバーニ丘陵地帯には、DOCフラスカーティ、DOCマリーノなど名の知られた呼称も多いが、爽やかで心地よい白ワインは造られているものの、残念ながら個性を持った高品質ワインにお目にかからない。その潜在能力を考えると非常に残念である。

　そんな中、躍進目覚ましいのがローマから南のフロジノーネ県にかけてのチェザネーゼ品種の産地で、良質の果実と、喜ばしいスパイスのトーンを持った興味深い赤ワインが造られている。

歴史、文化、経済

　世界中の芸術・文化遺産の30%がローマにあるといわれるように「永遠の都」ローマの歴史、文化の豊かさは他に比べるものがない。「すべての道はローマに通ず」と讃えられた古代ローマ時代の繁栄は言うに及ばず、中世以降もローマ・カトリックの総本山ヴァティカンがあることから世界の精神的中心地であり続けた。19世紀後半にイタリア王国の首都となってからは、ファシズム時代、戦後高度成長期を通じて、一貫して重要な役割を果たしてきた。

　国内総生産では、ロンバルディアに次いで第2位の重要な州であるが、そのほとんどが第三次産業である。

　戦前ほどではないが、農業も重要で、果物、野菜、穀物の栽培が行われている。羊の飼育も盛んで、少し郊外に出ると羊を放牧している様子をよく見かける。

　遺跡、文化遺産、美術館などは数えきれないほどあり、世界中から観光客が押し寄せる。

　ローマ聖チェチーリア音楽院管弦楽団や、ローマオペラ座は高いレベルを保っている。映画産業も盛んで、郊外にあるチネチッタは大掛かりなセットを得意としていて、ハリウッドから撮影に来ることも珍しくない。

地理と風土

　州の東側を南北に走っているアペニン山脈は最も高いところでは2000mを超え、ラツィオとアブルッツォを隔てている。州の真ん中をテヴェレ川が横切り、オスティアでティレニア海に注いでいる。

　ラツィオ州にある多くの丘陵地帯、湖などは火山性のものである。土壌も火山性のところが多い。西側のティレニア海近くには平地もあり、かつて湿地帯であったところをムッソリーニが干拓して農地とした場所も多い。

　気候は温暖で、雨が少ない、典型的な地中海気候だが、アペニン山脈近くではより大陸性の涼しい気候となる。イタリアの州都の中で最も日照時間と晴れの日が多い都市がローマであることからも分かるように、非常に気候に恵まれたところだ。

地域別ワインの特徴

　州の北端に位置するボルセーナ湖の北ではDOCアレアティコ・ディ・グラドリ Aleatico di Gradoli でアロマティックな甘口赤ワインが造られている。

　ボルセーナ湖の南のモンテフィアスコーネでは、オルヴィエート、フラスカーティと並んで最も有名なイタリア中部の白ワイン、DOCエスト！エスト！！エスト！！！ディ・モンテフィアスコーネ Est! Est!! Est!!! di Montefiascone が造られている。中世にドイツの司教（騎士という説もある）の従者マルティーノが、「先に村に行っておいしいワインがある店にはEstと書くように」と指示されて、モンテフィアスコーネ村に来たところ、すべてのワインがあまりにおいしいので、村

中の居酒屋の壁に「Est！」と書きまくったという伝説で知られているワインである。ただ、今でもこのエピソードばかりが有名で、ワインの品質について真剣に論じられることはあまりない。エスト！エスト!!エスト!!!ディ・モンテフィアスコーネは、プロカニコ、マルヴァジア・デル・ラツィオをベースに造られ、中部イタリアの白ワインらしく、酸が少なめで、喜ばしい果実味を持つ、比較的シンプルな白ワインである。

州の中央部、ローマの南東にはアルバーニ丘陵地帯が広がり、ここはカステッリ・ロマーニと呼ばれ、貴族や高位聖職者の別荘が並んでいた。土壌は玄武岩、凝灰岩で、標高は100〜400m。ここでは6つの呼称でワインが造られている。DOC フラスカーティ Frascati、DOC マリーノ Marino、DOC モンテコンパートリ–コロンナ Montecompatri-Colonna、DOC コッリ・アルバーニ Colli Albani、DOC コッリ・ラヌヴィーニ Colli Lanuvini、DOC ヴェッレトリ Velletri である。ヴェッレトリ以外は全て白ワインだけの呼称で、品種はマルヴァジア・ビアンカ・ディ・カンディア、マルヴァジア・デル・ラツィオ、トレッビアーノ・トスカーナなどである。フラスカーティが最も知名度が高いが、それぞれの呼称の違いを見分けることは至難の業である。基本的に喜ばしい白ワインで、丸みがあり、のんびりした味わいのものが多い。ローマでは肉料理にもカステッリ・ロマーニの白ワインを合わせることが普通だ。フラスカーティ・スペリオーレ Frascati Superiore と甘口のカンネッリーノ・ディ・フラスカーティ Cannellino di Frascati は2011年に DOCG に昇格している。

1996年に誕生した DOC カステッリ・ロマーニ Castelli Romani は、この辺りの広い範囲を生産地区とし、白ワイン、赤ワイン、ロゼワインを含む呼称である。

ローマとフロジノーネの間のアペニン山脈の麓に広がる標高350〜700m の石灰土壌丘陵地帯ではチェザネーゼが栽培されている。カステッリ・ロマーニと比べると、より大陸性気候で、海の影響は少なく、アペニン山脈からの風が強い。DOCG チェザネーゼ・デル・ピリオ Cesanese del Piglio、DOC チェザネーゼ・ディ・オレヴァノ・ロマーノ Cesanese di Olevano Romano、DOC チェザネーゼ・ディ・アッフィレ Cesanese di Affile の3つの呼称があるが、チェザネーゼは良質の果実を持った、かすかにスパイシーな赤ワインを生む。ラツィオで唯一明確な個性を持った高品質ワインである。

料理と食材

ラツィオの料理は、シンプルで、はっきりとした味わいのものが多い。ニンニク、唐辛子、胡椒などが多用され、塩辛いペコリーノ・ロマーノ・チーズもよく使われる。基本的に羊飼いの料理が多い。

前菜としては、生ハムやモッツァレッラを入れた小さめのお米のコロッケのスップリ・ディ・リーゾ Supplì di riso や、アーティチョークをオイルで揚げたユダヤ風アーティチョークのカルチョーフィ・アッラ・ジュディア Carciofi alla giudia が挙げられる。

プリーミ・ピアッティとしては、スパゲッティなどの乾麺が存在感を示す。ペコリーノ・ロマーノと胡椒だけでスパゲッティを和えたシンプルな羊飼い料理のスパゲッティ・カーチョ・エ・ペーペ Spaghetti cacio e pepe、その豪華版でパンチェッタ（またはグアンチャーレ）と卵が加わったスパゲッティ・アッラ・カルボナーラ Spaghetti alla carbonara などが有名だ。グアンチャーレ（塩をまぶして乾燥させた豚の頬肉）、トマト、唐辛子、ペコリーノチーズのソースで和えたブカティーニ（真ん中に穴の開いている筒状のスパゲッティ）・アッラマトリチャーナ Bucatini all'amatriciana も人気がある。

メインディッシュとしては乳のみ仔羊の骨付きアバラ肉を焼いたアッバッキオ・アッラ・スコッタディート Abbacchio alla scottadito、牛のテールを白ワイン、トマトで煮込んだコーダ・アッラ・ヴァッチナーラ Coda alla vaccinara、鶏とピーマンをトマトで煮込んだポッロ・アッラ・ロマーナ Pollo alla romana などがポピュラーだ。

リコッタ・チーズもよく食されるが、それを使ったタルトのトルタ・ディ・リコッタ Torta di ricotta はデザートの定番である。

<料理とワインの相性>

Supplì di riso には、Frascati Secco。

Carciofi alla giudiaには、Frascati Secco, Est! Est!! Est!!! di Montefiascone。

Spaghetti cacio e pepe には、Marino Secco、Cerveteri Rosso。

Bucatini all'amatriciana には、Frascati Secco、Velletri Rosso。

Abbacchio alla scottaditoには、Cesanese di Affile。

Coda alla vaccinara には、Cesanese del Piglio。

DOP (DOCG) ワイン (3)

DOCG	特 性
Cannellino di Frascati カンネッリーノ・ディ・フラスカーティ (2011) 産地：ローマ県 Malvasia Bianca di Candia と Malvasia del Lazio (Malvasia puntinata) で70%以上。Bellone、Bombino bianco、Greco bianco、Trebbiano toscano、Trebbiano giallo で30%以下。その他の白ブドウは1品種15%以下。	白ワイン：中甘口から甘口　AT=12.5%　ZR=35g/ℓ
Cesanese del Piglio/Piglio チェザネーゼ・デル・ピリオ／ピリオ (2008) 産地：ローマ県、フロジノーネ県 Cesanese (di Affile, comune) 90%以上。その他10%まで。	赤　AT=12%　Sr　AT=13% 中世初期からフロジノーネ県周辺で修道士の手で造られ、異民族の進入時の困難に耐えて生き残った銘酒。 年平均生産量は600kℓ
Frascati Superiore フラスカーティ・スペリオーレ (2011) 産地：ローマ県 Malvasia Bianca di Candia と Malvasia del Lazio (Malvasia puntinata) で70%以上。Bellone、Bombino bianco、Greco bianco、Trebbiano toscano、Trebbiano giallo で30%以下。	白ワイン：辛口　AT=12%　Rv　AT=13%

DOP (DOC) ワイン (26)

DOC	特 性
Aleatico di Gradoli アレアティコ・ディ・グラドリ (1972) 産地：ヴィテルボ県 Aleatico 100%	赤　スミレ色を帯びたガーネット色　マラスカや黒イチゴの強い香り　甘口　AT=12%（うち、AE=9.5%）　Lq　AT=17.5%（うち、AE=15%）PI=6カ月　Lq Rv　AT=17.5%（うち、AE=15%）PI=2年　Ps　甘口　AT=16%（うち、AE=9%）
Aprilia アプリリア (1966) 産地：ラティーナ県 品種表示ワインはその品種95%以上。その他5%まで。	白ワイン：Trebbiano di Aprilia　辛口　AT=11% 赤ワイン：Merlot di Aprilia　ガーネット色　辛口　AT=12% ロゼワイン：Sangiovese di Aprilia　濃いめのロゼ　辛口　AT=11.5%
Atina アティーナ (1999) 産地：フロジノーネ県 Cabernet sauvignon 50%以上。Syrah、Merlot、Cabernet franc 30%以上。その他20%まで。品種表示ワインはその品種85%以上。その他15%まで。	Rosso　赤　辛口　AT=12%　Rv　AT=12.5%　PI=2年 Cabernet　赤　辛口　AT=12.5%　Rv　AT=12.5%　PI=2年 Semillon　白　辛口　AT=11%
Bianco Capena ビアンコ・カペーナ (1975) 産地：ローマ県	白　辛口　AT=11%　Sr　AT=12%

DOC	特　性
Malvasia（di Candia、del Lazio、toscana）55％以上。Trebbiano（toscano、romagnolo、giallo）25％以上。その他20％まで。	
Castelli Romani　カステッリ・ロマーニ（1996） 産地：ローマ県、ラティーナ県 Bianco は Malvasia、Trebbiano で70％以上。その他30％まで。Rosso は Cesanese、Merlot、Montepulciano、Nero buono、Sangiovese 85％以上。その他15％まで。Rosato は、Bianco、Rosso の品種すべて使用可。	白ワイン： 　　Bianco　辛口　中甘口　AT=10.5%　Fr 赤ワイン： 　　Rosso　辛口　中甘口　AT=11%　Fr　Nv ロゼワイン： 　　Rosato　辛口　中甘口　AT=10.5%　Fr ローマを守る13の砦があった一帯のワインを「カステッリ・ロマーニのワイン」と呼ぶ習慣があるが、このワインもその一つ。
Cerveteri　チェルヴェーテリ（1975） 産地：ローマ県、ヴィテルボ県 Bianco は Trebbiano (toscano, giallo) 50％以上。Malvasia (di Candia、del Lazio) 35％以上。その他30％まで。Rosso、Rosato は Sangiovese、Montepulciano 60％以上。Cesanese 25％以上。その他30％まで。	白ワイン： 　　Bianco　Secco 辛口・Amabile 中甘口　AT=11%　Fr 赤ワイン： 　　Rosso　Secco 辛口　AT=11.5%　Amabile 中甘口　AT=11%　Nv ロゼワイン： 　　Rosato　辛口　AT=11%
Cesanese di Affile/Affile　チェザネーゼ・ディ・アッフィレ / アッフィレ（1973） 産地：ローマ県、フロジノーネ県 Cesanese（di Affile、comune）90％以上。その他10％まで。	赤　Secco, Asciutto 辛口・Amabile 中甘口・Dolce 甘口　AT=12% 　　Sp Naturale　Fr Naturale 年間生産量10kℓ。
Cesanese di Olevano Romano/Olevano Romano　チェザネーゼ・ディ・オレヴァノ・ロマーノ / オレヴァノ・ロマーノ（1973） 産地：ローマ県、フロジノーネ県 Cesanese（di Affile, comune）90％以上。その他10％まで。	赤　Secco, Asciutto 辛口・Amabile 中甘口・Dolce 甘口　AT=12% 　　Sp Naturale　Fr Naturale 年間生産量は170kℓ。
Circeo　チルチェオ（1996） 産地：ラティーナ県 Bianco は Trebbiano toscano 60％以上。Malvasia di Candia 30％以上。その他10％まで。 Rosso、Rosato は Merlot 85％以上。その他15％まで。 品種表示ワインはその品種85％以上。その他15％まで。	白ワイン： 　　Bianco 辛口・中甘口　AT=10.5% 　　Trebbiano　辛口　AT=10.5% 赤ワイン 　　Rosso　辛口・中甘口　AT=11.5%　Nv 辛口 　　Sangiovese　辛口　AT=11.5%。 ロゼワイン： 　　Rosato　辛口・中甘口　AT=11% 　　Sangiovese Rosato　辛口・中甘口 AT=11% 白、赤、ロゼワインのすべてのタイプに Fr が認められている。
Colli Albani　コッリ・アルバーニ（1970） 産地：ローマ県 Malvasia bianca di Candia 60％以上。Trebbiano toscano 25～50％。Malvasia del Lazio 5～45％。	白 Secco　辛口・Abboccato 薄甘口・Amabile 中甘口・Dolce 甘口 　　AT=10.5%　Sr　AT=11.5%　Sp　Nv 「カステッリ・ロマーニのワイン」の一つ

DOC	特 性
Colli della Sabina コッリ・デッラ・サビーナ（1996） 産地：ローマ県、リエーティ県 Bianco は Trebbiano（toscano, giallo）40％以上。Malvasia（del Lazio, bianca di Candia）40％以上。その他20％まで。 Rosso、Rosato は Sangiovese 40～70％。Montepulciano 15～40％。その他30％まで。	白ワイン： 　Bianco　辛口　AT=10.5%　Sp　Secco 辛口・Amabile 中甘口・Dolce 甘口　AT=11%　Fr　Secco 辛口から Dolce 甘口まで　AT=10.5% 赤ワイン： 　Rosso Secco　辛口から Dolce 甘口まで　AT=11% 　Sp　Secco 辛口・Amabile 中甘口・Dolce 甘口　Fr Secco 辛口　AT=10.5%　Nv　辛口　AT=11% ロゼワイン： 　Rosato Secco　辛口から Amabile　中甘口まで　AT=11% 　Fr　辛口から中甘口まで　AT=10.5%
Colli Etruschi Viterbesi/Tuscia　コッリ・エトルスキ・ヴィテルベージ/トゥーシャ（1996） 産地：ヴィテルボ県 Bianco は Procanico, Trebbiano toscano 40～80％。Malvasia（toscana, del Lazio）30％まで。その他30％まで。 Rosso, Rosato は Sangiovese 50～65％ Montepulciano 20～45％。その他30％まで。品種表示ワインはその品種85％以上。その他15％まで。	白ワイン： 　Bianco　辛口・中甘口　AT=10%　Fr 　Procanico, Grechetto　辛口　AT=11% 　Rossetto　麦わら色　辛口・中甘口　AT=11% 　Moscatello　麦わら色から黄金色まで　辛口・中甘口　Ps　黄金色から濃いめの琥珀色まで　甘口　AT=15.5%（うち、AE=11%） 赤ワイン： 　Rosso　辛口・中甘口　AT=10%　Fr　Nv 　Grechetto, Violone, Canaiolo, Merlot　辛口　AT=11% ロゼワイン： 　Rosato　辛口・中甘口　AT=10%　Fr 　Sangiovese Rosato　辛口・中甘口　AT=11%　Fr
Colli Lanuvini　コッリ・ラヌヴィーニ（1971） 産地：ローマ県 Malvasia bianca di Candia 70％以上。Trebbiano toscano 30％以上。その他10％まで。	白　辛口・中甘口　AT=11%　Sr　AT=12% 「カステッリ・ロマーニのワイン」の一つ
Cori　コーリ（1971） 産地：ラティーナ県 Bianco は Malvasia di Candia 70％まで。Trebbiano toscano 40％まで。その他30％まで。 Rosso は Montepulciano 40～60％。Nero buono di Cori 20～40％。Cesanese 10～30％。	白ワイン： 　Bianco　辛口　AT= 11% 赤ワイン： 　Rosso　辛口　AT=11.5%
Est! Est!! Est!!! di Montefiascone　エスト！エスト!! エスト!!! ディ・モンテフィアスコーネ（1966） 産地：ヴィテルボ県 Trebbiano toscano 65％前後。Malvasia bianca toscana 20％前後。Trebbiano giallo（Rossetto）15％前後。	白　Secco 辛口・Abboccato 薄甘口・Amabile　中甘口　AT=10.5%　Sp 1111年にドイツ、アウグスブルクの大僧正の供としてローマに向かった騎士のヨハンネス・フッガーは家来のマルティンを先に行かせて街道沿いに良い酒蔵があると、その扉に「エスト！」（est！ある！）と書かせ、後から行ってそのワインを飲むことにしていた。たまたまフィアスコーネ山の村で、余りにもおいしいワインを見つけたマルティンが感激してエストという印を3つも書いたので、後から来た主人のフッガーはそのワインをいつもの3倍もの量飲んだため、そこで頓死したという話からワインにこの奇妙な名が付いた。 平野型のワインで湖か川の淡水魚に合う。 年平均生産量2700kℓ

DOC	特性
Frascati フラスカーティ（1966） 産地：ローマ県 Malvasia Bianca di Candia と Malvasia del Lazio (Malvasia puntinata) で70%以上。Bellone, Bombino bianco、Greco bianco、Trebbiano toscano、Trebbiano giallo で30%以下。 そのほかの白ブドウは1品種15%以下。	白　Secco 辛口・Abboccato 薄甘口・Amabile 中甘口　AT=11% 　　Sr　辛口　AT=11.5% 　　Sp　辛口　AT=11.5%　Nv 年間生産量は1万2000kℓ
Genazzano ジェナッツァーノ（1992） 産地：ローマ県、フロジノーネ県 Bianco は Malvasia bianca di Candia 50〜70%。Bellone、Bombino 10〜30%。その他40%まで。Rosso Sangiovese 70〜90%。その他20%まで。	白ワイン： 　　Bianco　辛口・中甘口　AT=10.5%　Nv 赤ワイン： 　　Rosso　辛口・中甘口　AT=11%　Nv
Marino マリーノ（1970） 産地：ローマ県 Malvasia bianca di Candia 50%以上。その他50%まで。品種表示ワインはその品種85%以上。その他15%まで。	白　辛口・薄甘口・中甘口・甘口　AT=10.5%　Sr　AT=12%。　Sp 　　Fr　辛口　AT=10.5%　VT　中甘口・甘口　AT=15%　Ps　中甘口 　　AT=15%（うち、AE=12%） Malvasia del Lazio, Bombino　辛口・薄甘口　AT=11% Trebbiano Verde, Greco, Bellone　辛口・薄甘口　AT=10.5% 古くからある特定の地域のものは瓶のラベルに Classico と表示することができる。 　　Marino Cl　辛口・薄甘口・中甘口・甘口　AT=11% アルバーノ湖の近くで造られるワインで、一群の「カステッリ・ロマーニ」の中で最も興味深いものの一つ。
Montecompatri-Colonna/Montecompatri/Colonna モンテコンパトリ-コロンナ/モンテコンパトリ/コロンナ（1973） 産地：ローマ県 Malvasia bianca di Candia 70%まで。Trebbiano toscano 30%以上。その他10%まで。	白　辛口・中甘口・甘口　AT=11%　Sr　AT=11%（AN=11.5%）　Fr 「カステッリ・ロマーニのワイン」の一つ
Nettuno ネットゥーノ（2003） 産地：ローマ県 Bianco は Bellone (Cacchione) 30〜70%。Trebbiano toscano 30〜50%。その他20%まで。Rosso は Merlot 30〜50%。Sangiovese 30〜50%。その他20%まで。Rosato は Sangiovese、Trebbiano toscano 80%以上。その他20%まで。品種表示ワインはその品種85%以上。その他25%まで。	白ワイン： 　　Bianco　辛口　AT=11%　Fr　AT=11.5% 　　Bellone　辛口　AT=11.5%　Fr　AT=11.5% 赤ワイン： 　　Rosso　辛口　AT=12%　Nv　AT=11.5% ロゼワイン： 　　Rosato　辛口　AT=11.5%　Fr　AT=11.5% 70年代の最も古い単純原産地呼称（D.O.S.）のひとつで2003年にようやくDOCに昇格した。
Roma ローマ（2011） 産地：ローマ県 Bianco、"Romanella" spumante は、Malvasia del Lazio 50%以上、Bellone、Bombino、Greco bianco、Trebbiano giallo、Trebbiano verde で35%以上、	白ワイン：辛口 Bianco, Bellone, Malvasia Puntinata　AT=12%　Sp 　AT=11% ロゼワイン：Rosato　AT=11.5% 赤ワイン：辛口 Rosso　AT=12.5%　Rv　AT=13%

DOC	特　性
その他の白ブドウは15％以下。 Rosso、Rosatoは、Montepulciano 50％以上、Cesanese comune、Cesanese di Affile、Sangiovese、Cabernet sauvignon、Cabernet Franc、Syrahで35％以上、その他の黒ブドウは15％以下。 品種表示ワインはその品種85％以上。	
Tarquinia　タルクイニア（1996） 産地：ローマ県、ヴィテルボ県 Biancoは Trebbiano（toscano, giallo）50％以上。Malvasia（di Candia, del Lazio）35％まで。その他、30％まで。Rosso、Rosatoは Sangiovese、Montepulciano 60％以上。Cesanese 25％まで。その他30％まで。	白ワイン： 　Bianco　Secco 辛口・Amabile 中甘口　AT=10.5％　Fr　AT=10.5％ 赤ワイン： 　Rosso　Secco 辛口・Amabile 中甘口　AT=10.5％　Nv　AT=11％ ロゼワイン： 　Rosato　辛口　AT=10.5％
Terracina/Moscato di Terracina　テッラチーナ／モスカート・ディ・テッラチーナ（2007）　産地：ラティーナ県 Moscato 85％以上。その他15％まで。	白　Secco 辛口・Amabile 中甘口　AT=11.5％　Sp Secco 辛口・Dolce 甘口　Ps 甘口　AT=15％（うち、AE=12％）
Velletri　ヴェッレートリ（1972） 産地：ローマ県、ラティーナ県 Biancoは Malvasia bianca di Candia 70％ Trebbiano toscano 30％～20％。Rossoは Sangiovese 10～45％。Montepulciano 30～50％。その他40％まで。	白ワイン： 　Bianco　辛口・中甘口・甘口　AT=11％　Sr　AT=11.5％ 　Sp　辛口　AT=11％ 赤ワイン： 　Rosso　辛口・中甘口　AT=11.5％　Rv　辛口　AT=12.5％　PI=2年
Vignanello　ヴィニャネッロ（1992） 産地：ヴィテルボ県 Biancoは Trebbiano toscano、Trebbiano giallo 60～70％。Malvasia bianca di Candia 20～40％。その他10％まで。 Rosso、Rosatoは Sangiovese 40～60％。Ciliegiolo 40～50％まで。その他20％まで。 品質表示ワインはその品種85％以上。その他15％まで。	白ワイン： 　Bianco　辛口・薄甘口　AT=10.5％　Sr　Sp 　Greco　辛口・薄甘口　AT=11.5％　Sp　AT=11％ 赤ワイン： 　Rosso　辛口　AT=11％　Rv　AT=12％　PI=2年　Nv ロゼワイン： 　Rosato　辛口　AT=11％
Zagarolo　ザガローロ（1973） 産地：フロジノーネ県 Malvasia bianca di Candia 70％まで。Trebbiano toscano 30％以上。その他10％まで。	白　辛口・中甘口　AT=11.5％　Sr　AT=12.5％ 「カステッリ・ロマーニのワイン」の一つ

IGP：Anagni, Civitella d'Agliano, Colli Cimini, Costa Etrusco Romana, Frusinate/del Frusinate, Lazio

アブルッツォ州　*Abruzzo*

プロフィール

　イタリア半島中部に位置するアブルッツォ州は、北はマルケ州、西はラツィオ州、南はモリーゼ州に接している。アブルッツォは東のアドリア海と西のアペニン山脈に挟まれていて、その間に丘陵地帯が広がっているが、それは州土の34％にあたる。残りの65％が山岳地帯で、平野はわずか1％しかない。山岳が多いこともあって人口密度は低く、「人間よりも羊の方が多い」とよく揶揄される州だ。

　アドリア海から内陸に入るとすぐに丘陵地帯となり、30〜50kmで山岳地帯となるため、ほとんどのブドウ畑は海と山の両方の影響を受ける。地中海性の温暖な気候と、日当たりのよい丘陵地帯でブドウはすくすくと育ち、山からの冷涼な風により良質のアロマが形成される。

　非常に恵まれた州で、それほど努力しなくてもそれなりに良いブドウが栽培できるため、長年にわたり質より量を重視したブドウ栽培が行われてきた。

　DOCモンテプルチャーノ・ダブルッツォ Montepulciano d'Abruzzo はしっかりとした果実味を持つ濃厚な赤ワインで、かなりの量を生産しても、薄いワインにはならない。少し前までは州外にバルクワインとして大量に売られ、イタリア北中部のワインの補強に使われていた。今は品質も向上して、それぞれの地区の特徴も徐々に明らかになってきている。

　モンテプルチャーノで造られるロゼワイン、DOCチェラズオーロ・ダブルッツォ Cerasuolo d'Abruzzo は、喜ばしいチェリーのアロマとスパイシーさを持つワインで、スパイスを効かせた地元料理と絶妙にマッチする。

　DOCトレッビアーノ・ダブルッツォ Trebbiano d'Abruzzo はフレッシュで爽やかなワインで、海岸地帯で魚料理と合わせて消費されているが、個性を持ったものには稀にしか出会わない。

歴史、文化、経済

　アブルッツォの地元民族は、激しい抵抗の末に、古代ローマの同盟となった。ゲルマン大移動後は、スポレート公国、ノルマンの支配を経て、ナポリ王国の領土となり、1860年にイタリア王国に統一された。

　アブルッツォは中央イタリアに位置しているが、歴史的にも文化的にも南部に近く、経済も非常に遅れていた。戦前までは最も貧しい州の一つで、多くの移民がドイツ、スイス、ベルギーなどに出ていった。

　1960年代以降、首都ローマとアブルッツォを結ぶ高速道路が完成したこともあり、経済が順調に成長して、今日では工業化が進んでいる。

　農業も重要で、果実、野菜、ブドウ、オリーヴなどの栽培が盛んである。羊の放牧も非常に重要で、昔はトランスマンツァ Transumanza と呼ばれる移動放牧が盛んで、季節の風物詩であった。アドリア海の漁業も盛んである。

　近年は観光業も伸びていて、山のスキー、海の海水浴と、多くのヴァカンス客が押し寄せる。

地理と風土

　西のアペニン山脈と東のアドリア海に挟まれた帯に、南北に丘陵地帯が伸びている。アブルッツォのアペニン山脈は非常に高く、グラン・サッソ山塊のコルノ・グランデの2912mはアペニン山脈最高峰で、マイエッラ山塊のモンテ・アマーロも2793mと高い。丘陵地帯は粘土石灰質土壌が中心で、ブドウ、オリーヴが栽培されている。129kmに及ぶ海岸線は北の方では砂浜が多く、海水浴向きだが、南の方は野性的な自然が残されている。

　地中海性気候で、夏は暑く乾燥していて、冬は温暖で雨が多い。内陸部に入ると標高も高くなり、気候は冷涼になる。

地域別ワインの特徴

　州を代表するモンテプルチャーノ・ダブルッツォと

トレッビアーノ・ダブルッツォは全州にまたがる呼称である。

テラモ県のモンテプルチャーノは、凝縮感があり濃厚で長期熟成向きなことで知られていたが、2003年にモンテプルチャーノ・ダブルッツォ・コッリーネ・テラマーネとしてDOCGに昇格した。

ペスカーラ県ではロレート・アプルティーノの美しい丘陵地帯で、調和の取れた優美なモンテプルチャーノが造られている。

キエーティ県は大量生産で有名だったが、昼夜の温度差が激しいマイエッラ山塊近くの産地では、凝縮感のある雄大なモンテプルチャーノも生まれている。

ラクイラ県はフレッシュなチェラスオーロで知られるが、近年は厳格なモンテプルチャーノでも注目されている。

テラモ県のDOCコントログエッラControguerra、キエーティ県のDOCテッレ・トッレージTerre Tollesiは多くの品種を含む幅広い呼称だ。

料理と食材

アブルッツォは地理的に孤立していたために、シンプルで誇り高い独自の食文化が発展した。その料理は地元の食材と密接に結びついていて、明確な味わいを持っている。唐辛子をよく使うのも特色である。

前菜にはサラミがよく出てくるが、代表的なのは真ん中に四角柱形のラードが入っているサラミのモルタデッラ・ディ・カンポトストMortadella di Campotosto、胡椒とオレンジの皮で味付けされているキエーティ県の豚肉のサラミのヴェントリチーナVentricinaなどである。

パスタとしては鉄線を張ったギターのような機械でカットする角が立ったスパゲッティであるマッケローニ・アッラ・キタッラ（またはスパゲッティ・アッラ・キタッラ）Maccheroni alla chitarra（またはSpaghetti alla chitarra）で、牛、豚、羊をミックスしたミートソースで食されることが多い。

アドリア海の魚のペスカーラ風スープのブロデット・ディ・ペッシェ・アッラ・ペスカレーゼBrodetto di pesce alla pescareseも有名だ。

豚の丸焼きのポルケッタPorchettaは、他州と違って仔豚ではなく大きな豚を使用するのがアブルッツォ流で、昔はローマ法王庁が注文するほど人気があった。

大きな銅鍋でスパイスとハーブを効かせて羊を長時間煮込んだペーコラ・アッラ・コットゥーラPecora alla cotturaはいかにも羊飼いの州らしい料理である。

アブルッツォのサフランはイタリアで最も品質の良いことで有名だが、州が貧しかったこともあり、他州に販売されていたので、地元料理に使用されることはあまりない。

＜料理とワインの相性＞

Mortadella di Campotosto, Ventricina には Cerasuolo d'Abruzzo。

Maccheroni alla chitarra には、Montepulciano d'Abruzzo。

Brodetto di pesce alla pescareseには、Trebbiano d'Abruzzo。

Porchettaには、Cerasuolo d'Abruzzo、Montepulciano d'Abruzzo。

Pecora alla cottura には、Montepulciano d'Abruzzo Colline Teramane。

DOP（DOCG）ワイン（1）

DOCG	特　　性
Montepulciano d'Abruzzo Colline Teramane　モンテプルチャーノ・ダブルッツォ・コッリーネ・テラマーネ（2003） 産地：テラモ県 Montepulciano 90％以上。Sangiovese 10％まで。	赤　辛口　AT＝12.5％　PI＝2年（うち、木樽熟成1年、瓶内洗練6カ月） 　　Rv　PI＝3年

DOP（DOC）ワイン（8）

DOC	特　　性
Abruzzo　アブルッツォ（2010） 産地：州の全域 白は Trebbiano 50％以上。白 Sp は Chardonnay、Cococciola、Montonico、Passerina、Pecorino、Pinot Nero で60％以上。白 Ps は Malvasia、Moscato、Passerina、Pecorino、Riesling、Sauvignon、Traminer で60％以上。ロゼ Sp は Montepulciano、Pinot Nero で60％以上。赤は Montepulciano 80％以上。	白ワイン： 　Bianco, Passito Bianco, Spumante Bianco, Cococciola, Cococciola Superiore, Malvasia, Malvasia Superiore, Montonico, Montonico Superiore, Passerina, Passerina Superiore, Pecorino, Pecorino Superiore ロゼワイン： 　Spumante Rosé 赤ワイン： 　Rosso, Passito Rosso と数多いタイプのワインを包括する DOC
Cerasuolo d'Abruzzo　チェラズオーロ・ダブルッツォ（2010） 産地：州の全域 Montepulciano 85％以上。	ロゼワイン：辛口　AT＝12％　Sr　AT＝12.5％
Controguerra　コントログエッラ（1996） 産地：テラモ県 Bianco、Fr は Trebbiano toscano 60％以上。Passerina 15％以上。その他25％まで。Rosso、Nv は Montepulciano 60％以上。Merlot、Cabernet sauvignon 15％以上。その他25％まで。品種表示ワインはその品種85％以上。その他15％まで。	白ワイン： 　Bianco　辛口　AT＝11％　Fr　AT＝10.5％ 　Malvasia, Riesling, Chardonnay, Passerina　辛口　AT＝11％ 　Moscato　中甘口　AT＝10.5％（うち、AE＝9％） 　Controguerra　Sp　AT＝11.5％　Ps　Bianco　麦わら色から濃いめの琥珀色まで　辛口　AT＝14％ 赤ワイン： 　Rosso　辛口　AT＝12％　Rv　AT＝12.5％　PI＝2年　Nv　AT＝11％ 　Merlot, Cabernet　辛口　AT＝12％ 　Ciliegiolo, Pinot Nero　辛口　AT＝11.5％ 　Controguerra　Ps　Rosso　レンガ色を帯びたガーネット色　辛口　AT＝14％ Controguerra［反戦という意味］は村の名前。
Montepulciano d'Abruzzo　モンテプルチャーノ・ダブルッツォ（1968） 産地：州の全域 Montepulciano 85％以上。その他15％まで。	赤ワイン： 　Rosso　辛口　AT＝12％　Rv　AT＝12.5％ Rosso は若い内から肉太で、頑丈な構成と十分なタンニンとで長期熟成が可能な中部イタリアの偉大なワインのひとつ。

DOC	特　　性
Ortona　オルトーナ（2011） 産地：キエーティ県 Bianco は Trebbiano abruzzese と Trebbiano toscano で70％以上。 Rosso は、Montepulciano　95％以上。	白ワイン：Bianco 辛口　　AT=12％ 赤ワイン：Rosso 辛口　　AT=12.5％
Terre Tollesi/Tullum　テッレ・トッレージ／トゥッルム（2008） 産地：キエーティ県 Bianco は Trebbiano（toscano, abruzzese）75％以上。その他、25％まで。Ps は Moscato、Malvasia 90％以上。その他10％まで。Sp は Chardonnay 60％以上。その他40％まで。Rosso, Ps は Montepulciano 90％以上。その他、10％まで。品種表示ワインはその品種90％以上。	白ワイン： 　Bianco　辛口　AT=12.5％　Sr　AT=13％　Ps　甘口　AT=16％（うち、AE=13％）　Sp　AT=12％ 　Falanghina　辛口　AT=12％ 　Passerina　AT=12.5％ 　Pecorino　AT=13％ 赤ワイン： 　Rosso　辛口 AT=13％　Rv　AT=13.5％　PI=2年　Nv　AT=12％ 　　Ps　甘口　AT=16％（うち、AE=13％） 　Sangiovese　辛口 AT=12.5％。 　Merlot, Cabernet Sauvignon　辛口　AT=13％
Trebbiano d'Abruzzo　トレッビアーノ・ダブルッツォ（1972） 産地：州の全域 Trebbiano（d'Abruzzo、toscano）85％以上。その他15％まで。	白　辛口　AT=11.5％　Sr　AT=12％　Rv　AT=12.5％
Villamagna　ヴィッラマーニャ（2011） 産地：キエーティ県 Montepulciano 95％以上。	赤ワイン：辛口　AT=13％　　Rv　　AT=13.5％

IGP：Colli Aprutini, Colli del Sangro, Colline Frentane, Colline Pescaresi, Colline Teatine, Del Vastese/Histonium, Terre di Chieti, Terre Aquilane/Terre de L'Aquila

モリーゼ州　*Molise*

プロフィール

イタリア半島中央部に位置するモリーゼ州は、北はアブルッツォ、西はラツィオ、南はカンパーニア、プーリアと接していて、東にはアドリア海が広がっている。1964年にアブルッツォから分離してつくられた州で、イタリアで最も知名度の低い州だろう。人口も32万人弱とヴァッレ・ダオスタに次いで少ない。

ワイン造りは古代から行われてきたが、その知名度は低く、地元消費が中心であった。

歴史的DOCであるビフェルノ Biferno、ペントロ・ディ・イセルニア Pentro di Isernia に加えて、近年 DOC モリーゼ Molise、ティンティリア・デル・モリーゼ Tintilia del Molise が加わって、DOC は4つとなった。

品種は、周辺のアブルッツォ、カンパーニアと共通するものが多く、黒ブドウのモンテプルチャーノ、アリアニコ、白ブドウのトレッビアーノ・トスカーノなどが栽培されている。モリーゼの唯一の土着品種といえるのが黒ブドウのティンティリアで、濃い紫色をした、プラムのアロマを持つしっかりとした赤ワインを生む。

歴史、文化、経済

古代ローマ崩壊後は、ランゴバルドのベネヴェント公国、ノルマン、ナポリ王国の支配を経て、イタリア王国に統一された。

人口も少なく、経済はあまり発展していない。穀物、ブドウ、オリーヴの栽培による農業や、零細手工業が中心だ。今でも羊の移動放牧が行われている。自然は汚染されずに保存されていて美しく、観光業は伸びつつある。モリーゼ人は家族、伝統を大切にする保守的な人たちが多い。

地理と風土

山岳地帯が55%、丘陵地帯が45%で、平野はほとんどない。東は40kmアドリア海に接している。丘陵地帯の土壌は石灰粘土質が中心だ。

亜大陸性気候で、夏は暑く、湿気が高く、冬は寒く、雪が降る。

地域別ワインの特徴

アペニン山脈に近いイセルニア県では、DOC ペントロ・ディ・イセルニアの呼称で白、赤、ロゼワインが造られている。夏は暑すぎず、乾燥していて、ブドウ栽培に適している。

カンポバッソ県は低めの丘陵地帯が続き、DOC ビフェルノで白、赤、ロゼワインが造られている。海岸に近い地域は地中海気候で、果実味豊かなワインができる。

料理と食材

料理は隣のアブルッツォと非常によく似ていて、多くのメニューが共通している。唐辛子を多用することも同じである。

オリーヴオイルは良質でDOP オリオ・モリーゼ Olio Molise に認定されている。

パスタでは、アブルッツォ名産のマッケローニ・アッラ・キタッラ Maccheroni alla chitarra がモリーゼでもよく食される。四角いパスタにミートソースをかけたタッコーニ Tacconi も知られている。

羊の内臓をスパイスと一緒に煮込んだマッツァレッレ・ダニェッロ Mazzarelle d'agnello は放牧が盛んなこの州らしい豪快な料理である。

DOP チーズとしては、カッチョカヴァッロ・シラーノ Cacciocavallo Silano がこの州でも製造されている。

<料理とワインの相性>

Tacconi には、Biferno Rosso。
Mazzarelle d'agnello には、Tintilia del Molise。

DOP (DOC) ワイン (4)

DOC	特　　性
Biferno　ビフェルノ（1983） 産地：カンポバッソ県 Bianco は Trebbiano toscano 60〜70%。その他40%まで。Rosso, Rosato は Montepulciano 70〜80%。Aglianico 15〜20%。その他15%まで。	白ワイン： 　Bianco　辛口　AT=10.5% 赤ワイン： 　Rosso　辛口　AT=11.5%　Sr　AT=12.5%　Rv　AT=13%　PI=3年 ロゼワイン： 　Rosato　辛口　AT=11.5%
Molise/del Molise　モリーゼ/デル・モリーゼ（1998） 産地：カンポバッソ県、イセルニア県 Sp は Chardonnay、Pinot bianco、Moscato 100%。Rosso は Montepulciano 85%以上。その他15%まで。品種表示ワインはその品種85%以上。その他15%まで。	白ワイン： 　Pinot Bianco, Greco Bianco, Sauvignon　辛口　AT=11% 　Trebbiano, Falanghina, Chardonnay　辛口　AT=10.5%。 　Moscato　辛口　AT=10.5%　Sp　辛口・甘口　AT=10.5% 　　Ps　甘口　AT=14%（うち、AE=13%） 赤ワイン： 　Rosso　辛口　AT=11%　Rv　AT=12.5%　PI=2年　Nv　AT=11% 　Sangiovese, Cabernet Sauvignon　辛口　AT=11% 　Aglianico　辛口　AT=11.5%　Rv　AT=12.5%　PI=2年 　Tintilia　辛口　AT=11%　Rv　AT=12.5%　PI=2年
Pentro di Isernia/Pentro　ペントロ・ディ・イセルニア/ペントロ（1984） 産地：イセルニア県 Bianco は Trebbiano toscano 60〜70%。Bombino bianco 30〜40%。その他10%まで。Rosso, Rosato は Montepulciano 45〜55%。Sangiovese 45〜55%。その他10%まで。	白ワイン： 　Bianco　辛口　AT=10.5% 赤ワイン： 　Rosso　辛口　AT=11% ロゼワイン： 　Rosato　辛口　AT=11% 現在、すべてのワインが生産されていない。
Tintilia del Molise　ティンティリア・デル・モリーゼ（2011） 産地：カンポバッソ県、イセルニア県 Tintilia95% 以上。	赤ワイン：辛口　AT=11.5%　Rv　AT=13% ロゼワイン：辛口　AT=11.5%

IGP：Osco/Terre degli Osci, Rotae

南部イタリア
カンパーニア州　*Campania*

プロフィール

　イタリア半島の南西部に位置するカンパーニア州は、北はラツィオ州、モリーゼ州、東はプーリア州、バジリカータ州に接している。面積は1万3590km²とイタリアでは中規模だが、人口は583万人とロンバルディア州に次いで多く、人口密度の最も高い州である。

　風光明媚なところで、全州が観光名所と言っても過言ではない。州都ナポリは「ナポリを見てから死ね」と呼ばれるほどその景観が有名だし、ポンペイ遺跡、エルコラーノ遺跡、パエストゥム遺跡、カセルタ王宮など様々な時代の文化遺産が集積している。

　自然の素晴らしさも破格で、絵葉書にしたいようなナポリ湾の風景、息をのむほどの美しいアマルフィ海岸、ソッレント半島、優美なカプリ島、青の洞窟、野性的なイスキア島、煙を上げるヴェスヴィウス火山、内陸部の厳格な自然のイルピニア地方など、変化に富んだ美しい自然がこの州にはある。

　燦々と降り注ぐ太陽、温暖な気候、陽気な人々という外国人がイタリアに対して抱くステレオタイプのイメージと最も合致しているのがカンパーニア州である。

　カンパーニアのワインは古代から絶賛されてきた。古代に最も偉大とされたワインであるファレルヌムは現在のDOCファレルノ・デル・マッシコ Falerno del Massico 地区で造られていたし、カプリ島、イスキア島のワインも人気があった。

　カンパーニア州は、温暖な気候と豊かな火山性土壌に恵まれ、ワイン造りに理想的な環境である。それに甘えて怠惰な眠りを貪っていると非難された停滞期もあったが、ここ15年ぐらいのカンパーニア・ワインの躍進には目を見張るものがある。

　イルピニア地方（アヴェッリーノ県）では、3つのDOCG、タウラージ Taurasi、フィアーノ・ディ・アヴェッリーノ Fiano di Avellino、グレーコ・ディ・トゥーフォ Greco di Tufo が毎年見事なワインを造り続けている。大手の生産者と小規模のヴィニュロン生産者のバランスが抜群で、現在イタリアでも最も活動的な地区の一つだろう。

　古代から「グラン・クリュ」として讃えられていたファレルノ地区でも、品質の向上は目覚ましい。イスキア島、カプリ島では個性的なワインが造られている。南のチレント半島でも、意欲的な生産者が多く活動している。

　治安が悪く、社会問題も深刻なカンパーニア州であるが、ことワインに関しては、絶好調と言ってもいいだろう。

歴史、文化、経済

　カンパーニア州はギリシャの植民地マグナ・グラエキアとして古代から栄え、ネアポリスと呼ばれていたナポリは重要都市であった。古代ローマ時代は「幸運なるカンパーニア」カンパーニア・フェリックス Campania Felix と讃えられ、温暖な気候を求めて皇帝や貴族が別荘を建てた。当時のカンパーニアは世界でも最も豊かな地方で、ポンペイ、カプアなどの町は当時の一大歓楽地であった。西ローマ帝国滅亡後、東ゴート族、ランゴバルド族の支配を経て、東ローマ帝国の属州となった。12世紀にはノルマン支配下に入り、その後フランスのアンジュー家のもとナポリ王国となり、スペインのアラゴン王家、ブルボン家の支配を経て、1861年イタリア王国に併合された。その後、イタリア王国の誤った南部政策もあり、カンパーニアは急速に衰退していき、今では多くの問題（犯罪組織カモッラ、ごみの処理問題、貧困など）を抱えた州となっている。

　人口が多いので州の国内総生産は低くないが、一人あたりの所得は低い。恵まれた自然、豊富な労働力、大きな港など、経済発展のための条件は十二分にあるにもかかわらず、犯罪組織カモッラの強い影響力、行政の腐敗などにより、貧困に甘んじている状況である。それでも、群を抜いて美しい自然と、無数の観光

名所に引き付けられて大量の観光客、ヴァカンス客がこの州を訪れる。観光は重要な産業である。

カンパーニア人は、表向きは非常に陽気な人たちであるが、奥に深いペシミズムを抱えていて、いかにも南部の人らしく運命論者で、迷信深い。非常に親切で、寛大で、善良で、情の深い人たちであるが、公共性、規則遵守、社会規範などの概念とはほとんど無縁の人たちでもある。

地理と風土

西にティレニア海があり、東側には南北にアペニン山脈が走り、その間に丘陵地帯が広がっている。丘陵地帯は全体の50.8%で、山岳地帯が34.6%、平野部が14.6%だ。イスキア島、カプリ島、プロチダ島などがナポリ沖に浮かんでいる。

今でも活動しているヴェスヴィウス、死火山ロッカモンフィーナなど火山が多く、火山性土壌も多い。

海岸に近いところでは温暖な地中海性気候だが、内陸部のイルピニア地方などは大陸性気候で夏は暑いが、冬の寒さは厳しく、雪も降る。

地域別ワインの特徴

中央内陸部のアヴェッリーノ県イルピニア地方の火山性土壌丘陵地帯（標高400～700m）では、著名な3つのDOCGワインが造られている。

タウラージはアリアニコで造られる厳格な赤ワインで、酸とタンニンがしっかりしていて、白胡椒などのスパイスを感じさせる味わいで、非常に長期熟成能力がある。この辺りでよく食べられる山羊や羊のローストと抜群の相性である。モンテマラーノ村のものはミネラル分溢れる味わいが素晴らしい。

フィアーノ・ディ・アヴェッリーノは、フラワリーな香りを持ち、非常に繊細で優美な味わいだ。若くして飲んでもおいしいが、驚くほどの長期熟成能力がある。ブドウが甘くて蜂が寄ってくるところから、古代ローマではアピアーヌム Apianum（蜂を意味する）と呼ばれて讃えられていた。

グレーコ・ディ・トゥーフォは凝灰岩土壌（トゥーフォ）でグレーコ品種を使って造られる白ワインで、凝縮した果実味を持つ輝かしい味わいで、非常に酸が強い品種である。熟成すると蜂蜜のトーンが明確に出てくる。

北のラツィオ州に近い海岸沿いのDOCファレルノ・デル・マッシコ地区は、暑く乾燥した気候で、海の影響を受ける。ファランギーナによる優美な白ワインは鮮やかなアロマを持ち、アリアニコによる凝縮感のある赤ワインは勢いのある味わいだ。北の内陸部のベネヴェント県では、厳格なアリアニコが注目だ。

ナポリ湾のDOCヴェズーヴィオ Vesuvio では黒い火山性土壌で、ピエディロッソ、シャシノーゾ品種による赤ワイン、コーダ・ディ・ヴォルペ、ヴェルデーカ品種による白ワインが造られている。親しみやすい味わいの早飲みワインがほとんどである。この呼称に含まれるヴェスヴィオ・ラクリマ・クリスティ Vesuvio Lacryma Christi は「キリストの涙」を意味し、根強い人気がある。

アマルフィ海岸、ソレント海岸の絶壁の段々畑でも、個性的なワインが造られている。生産量が非常に少ないが、近年海外でも人気がある。

イスキア島では土着品種ビアンコレッラによる爽やかでほのかな塩味を感じさせる白ワインが造られ、地元の魚介類料理の最高の友として愛されている。

カプリ島の石灰質土壌で造られるファランギーナは鮮やかなアロマを持つフレッシュなワインだが、島外ではほとんど手に入らない。

南のチレント地方では、トロピカル・フルーツを感じさせるフィアーノ、完璧に成熟したフルーティーなアリアニコなどが注目に値する。

料理と食材

カンパーニア料理は、太陽に恵まれた温暖な気候が生む素晴らしい食材をストレートに生かした、貧しく、シンプルだが、非常においしい料理だ。典型的な例がピッツァPizza。代表的なピッツァ・マルゲリータ Pizza Margherita はトマト、モッツァレッラ、バジリコだけのシンプルなピッツァだが、世界一おいしいとされる地元のトマト、水牛のモッツァレッラ、香り高いバジリコを使うことにより、どんな豪華な料理にも負けないおいしさとなる。

スパゲッティも有名だ。ニンニク、オリーヴオイル、唐辛子だけのシンプルなスパゲッティ・アリオ・オリオ・エ・ペペロンチーノ Spaghetti aglio, olio e peperoncino、アサリソースのスパゲッティ・アッレ・ヴォンゴレ Spaghetti alle vongole、アンチョビ、ケッパー、オリーヴをトマトソースに入れたスパゲッティ・アッラ・プッタネスカ Spaghetti alla puttanesca など、日本でもなじみ深いメニューも多くはカンパーニアのものだ。

ナポリ近郊のグラニャーノ Gragnano のパスタは最高級品だし、ソース用のトマトであるサン・マル

ツァーノはあまりにも有名だ。

ナス、モッツァレッラ、トマトソース、バジリコを重ねてオーブンで焼いたパルミジャーナ・ディ・メランツァーネ Parmigiana di melanzane、トマト、ニンニク、唐辛子でタコを長時間煮込んだサンタ・ルチア風のポルポ・アッラ・ルチアーナ Polpo alla Luciana、トマト、ニンニク、オレガノ、ケッパーのソースをかけた仔牛のステーキのビステッカ・アッラ・ピッツァイオーラ Bistecca alla pizzaiola なども有名だ。

ミートボール、鶏の内臓、モッツァレッラ、野菜をお米と混ぜて型に入れて焼いたサルトゥ・ディ・リーゾ Sartù di riso は宮廷料理の伝統を引く豪華な一品だ。

チーズも豊富で、モッツァレッラ以外にも、リコッタ Ricotta、カチョカヴァッロ Caciocavallo、プロヴォローネ Provolone、スカモルツァ Scamorza なども知られている。

<料理とワインの相性>
Pizza Margherita には、Vesuvio Rosato。
Spaghetti alle vongole には、Ischia Biancolella、Capri Bianco。
Spaghetti alla puttanesca には、Ischia Bianco。
Parmigiana di melanzane には、Fiano di Avellino、Vesuvio Rosso。
Polpo alla Luciana には、Greco di Tufo。
Bistecca alla pizzaiola には、Cilento Aglianico。

DOP (DOCG) ワイン (4)

DOCG	特性
Aglianico del Taburno アリアニコ・デル・タブルノ (2011) 産地：ベネヴェント県 Aglianico 85%以上。	赤ワイン：辛口　AT=12%　Rv　AT=13% ロゼワイン：辛口　AT=12%
Fiano di Avellino フィアーノ・ディ・アヴェッリーノ (2003) 産地：アヴェッリーノ県 Fiano 85%以上。Greco bianco、Coda di Volpe bianca、Trebbiano toscano 15%まで。	白　濃いめの麦わら色　辛口　AT=11.5% 古代ローマ時代から知られた銘酒で、ブドウの花が蜜蜂（ape）を集めたことから蜜蜂にちなんで Apianum と呼ばれていた。この名称は現在も原産地呼称に併記することが認められている。洋梨とスパイスのアロマがあり、また長く持続するヘイゼルナッツの香味があり、口当たりも優しい。新鮮でフルーティーなワインに仕立てようとする醸造所が多いが、昔風に深みと複雑さを大切にする醸造所もある。
Greco di Tufo グレーコ・ディ・トゥーフォ (2003) 産地：アヴェッリーノ県 Greco 85%以上。Coda di Volpe bianca 15%まで。	白　濃いめの麦わら色　辛口　AT=11.5%　Sp　extra brut, brut　瓶内二次発酵　AT=12%　PI=3年 古代ローマ時代からの銘酒で、ギリシャから火山灰（tufo）土壌で良く育つ品種を移入したので Greco の名がある。Coda di volpe（古代の Cauda vulpium）は「狐の尻尾」という意味で、ブドウのつるが狐の尻尾のように巻くのでこの名が出た。Greco 種は新鮮なフルーツの風味とアーモンドを焦がしたようなすがすがしい香味がある。端整な趣があり、格調が高い。熟成も可能である。
Taurasi タウラージ (1993) 産地：アヴェッリーノ県 Aglianico 85%以上。その他、この県の推奨または許可品種でアローマ付きでないブドウ 15%まで。	赤　辛口　AT=12%　PI=3年（うち、木樽熟成1年）　Rv　AT=12.5%　PI=4年（うち、木樽熟成18カ月以上） このワインは古代ローマ時代から知られたワインで、ギリシャ人が移植したブドウ樹という意味で「ヴィーティス・ヘレーニコ」（Vitis hellenico）と呼ばれたブドウの「ヘレーニコ」（ギリシャの）から出た名の Aglianico 種で造られてきた。現在は Aglianico 種の晩熟の特性が良く出たしっかりとした構成と深みのあるワインとして何よりも家畜や野獣の焼き肉向き。南イタリアで「最も尊敬されているワイン」といわれている長命のワインで10年以上の熟成に耐える。

DOP（DOC）ワイン（15）

DOC	特　性
Aversa　アヴェルサ（1993） 産地：カセルタ県、ナポリ県 Asprinio 85%以上。その他15%まで。	白　辛口　AT=10.5%　Sp　AT=11% Aversa Asprinioとしても可。ただし、SpではAversa Asprinioと表示するにはその品種100%。
Campi Flegrei　カンピ・フレグレイ（1994） 産地：ナポリ県 BiancoはFalanghina 50〜70%。Coda di Volpe 10〜30%。その他30%まで。 RossoはPiedirosso 50〜70%。Aglianico 10〜30%。品種表示ワインはその品種90%以上。その他10%まで。	白ワイン： 　Bianco　辛口　AT=10.5% 　Falanghina　辛口　AT=11%　Sp　AT=11.5% 赤ワイン： 　Rosso　辛口　AT=11.5%　Nv 　Piedirosso/Per'e Palummo　辛口　AT=11.5%　Rv　AT=12% 　　PI=2年　Ps　Secco辛口からDolce甘口まで　AT=17%（うち、辛口はAE=14%　甘口は12%）
Capri　カプリ（1977） 産地：ナポリ県 BiancoはFalanghina, Greco 80%以上。その他、20%まで。RossoはPiedirosso 80%以上。その他20%まで。	白ワイン： 　Bianco　辛口　AT=11% 赤ワイン： 　Rosso　辛口　AT=11.5% 生産量は少ない。年間生産量18kℓ。
Casavecchia di Pontelatone　カーサヴェッキア・ディ・ポンテラトーネ（2011） 産地：カセルタ県 カーサヴェッキア85%以上。	赤ワイン：辛口　AT=12.5%　Rv　AT=13%
Castel San Lorenzo　カステル・サン・ロレンツォ（1992） 産地：サレルノ県 BiancoはTrebbiano toscano 50〜60%。Malvasia bianca 30〜40%。その他20%。Rosso, RosatoはBarbera 60〜80%。Sangiovese 20〜30%。その他、20%まで。品種表示ワインはその品種85%以上。その他15%まで。	白ワイン： 　Bianco　辛口　AT=11% 　Moscato　甘口　AT=12%（うち、AE=8.5%）　Sp　甘口　AT=12%（うち、AE=9%）。 　Moscato Lambiccato　甘口　AT=13.5%（うち、AE=8.5%） 赤ワイン： 　Rosso　辛口　AT=11.5% 　Barbera　辛口　AT=11.5%　Rv　AT=12.5%　PI=2年 ロゼワイン： 　Rosato　辛口　AT=11.5% Moscato Lambiccato（「蒸留した」という意味の言葉）は「軽い発泡性と芳しい成分が十分に感じられる、モスカート・ビアンコ種の典型」（『イタリアワイン』BUONITALIA）といわれている。
Cilento　チレント（1989） 産地：サレルノ県 BiancoはFiano 60〜65%。Trebbiano toscano 20〜30%。その他20〜25%。RossoはAglianico 60〜75%。Piedirosso, Primitivoなど15〜20%。その他20〜30%。RosatoはSangiovese 70〜80%。Aglianico 10〜15%。その他10〜25%。品種表示ワインはその品種85%以上。その他15%まで。	白ワイン： 　Bianco　辛口　AT=11% 赤ワイン： 　Rosso　辛口　AT=11.5% 　Aglianico　辛口　AT=12%　PI=1年 ロゼワイン： 　Rosato　辛口　AT=11%

DOC	特　　性
Costa d'Amalfi コスタ・ダマルフィ（1995） 産地：サレルノ県 Bianco は Falanghina、Biancolella 60％以上。その他、40％まで。 Rosso, Rosato は Piedirosso 40％以上。Sciascinoso, Aglianico 60％まで。	白ワイン： 　Bianco　辛口　AT=10%　Ps　AT=17%（うち、AE=12%） 　Sp　AT=11.5% 赤ワイン： 　Rosso　辛口　AT=10.5%　Rv　PI=2年　Ps　AT=17%（うち、AE=12%） ロゼワイン： 　Rosato　辛口　AT=10.5% 特定の地域（sottozona）の Furore、Ravello、Tramonti はその地域名を瓶のラベルに表示することができる。
Falanghina del Sannio ファランギーナ・デル・サンニオ（2011） 産地：ベネヴェント県 Falanghina 85％以上。	白ワイン：辛口　AT=11%　Sp　AT=11.5%　VT　AT=13%　甘口 Ps AT=16% sottozona のものは、それぞれ AT が0.5% 増える。 4つの sottozona があり、Guardia Sanframondi または Guardiolo、Sant'Agata dei Goti、Solopaca、Taburno。
Falerno del Massico　ファレルノ・デル・マッシコ（1989） 産地：カセルタ県 Bianco は Falanghina 100％。 Rosso は Aglianico 60～80％。Piedirosso 20～40％。 品種表示ワインはその品種85％以上。その他15％まで。	白ワイン： 　Bianco　辛口　AT=11% 赤ワイン： 　Rosso　辛口　AT=12.5%　Rv　AT=12.5%　PI=2年 　Primitivo　辛口　AT=13%　Rv/Vc　AT=13%　PI=2年 古代ローマ時代から Falernum として南イタリアで最も人気が高かったワインの子孫で、赤ワインは「古代のグラン・クリュ」（B. アンダースン）と言われている。Primitivo は後世になって加えられたもの。
Galluccio　ガッルッチョ（1997） 産地：カセルタ県 Bianco は Falanghina 70％以上。その他15％まで。 Rosso, Rosato は Aglianico 70％以上。その他15％まで。	白ワイン： 　Bianco　辛口　AT=11% 赤ワイン： 　Rosso　辛口　AT=11.5%　Rv　AT=12%　PI=2年 ロゼワイン： 　Rosato　辛口　AT=11%
Irpinia　イルピーニア（2005） 産地：アヴェッリーノ県 Bianco は Greco 40～50％。Fiano 40～50％。その他20％まで。 Rosso, Rosato は Aglianico 70％以上。その他30％まで。 品種表示ワインはその品種85％以上。その他15％まで。	白ワイン： 　Bianco　辛口　AT=10.5% 　Falanghina　辛口　AT=11%　Sp　AT=11.5% 　Fiano　辛口　AT=11%　Sp　辛口 AT=11.5%　Ps　中甘口・甘口　AT=15.5%（うち、AE=12%） 　Greco　辛口　AT=11%　Sp　辛口 AT=11.5%　Ps　中甘口・甘口　AT=15.5%（うち、AE=12%）　すべての Sp に辛口 Extra brut, Brut の2タイプ 　Coda di Volpe　辛口　AT=11% 赤ワイン： 　Rosso　辛口　AT=11%　Nv　辛口・薄甘口 　Aglianico　辛口　AT=11%　Ps　中甘口・甘口　AT=15%（うち、AE=12%）　Lq　辛口・薄甘口・中甘口・甘口　AT=16%（うち、AE=15%） 　Piedirosso, Sciascinoso　辛口　AT=11.5% ロゼワイン： 　Rosato　辛口・薄甘口　AT=11% 特定の地域（sottozona）の Campi Taurasini はその地域名を瓶のラベルに表示することができる。PI=9カ月

DOC	特 性
Ischia イスキア (1966) 産地：ナポリ県 Bianco は Forastera 45〜70％。Biancolella 30〜55％。その他15％まで。 Rosso は Guarnaccia 40〜50％。Piedirosso 40〜50％。その他15％まで。 品種表示ワインはその品種85％以上。その他、15％まで。	白ワイン： 　Bianco　辛口　AT=10.5%　Sr　AT=11.5%　Sp　AT=11.5% 　Biancolella　辛口　AT=10.5% 　Forastera　辛口　AT=10.5% 赤ワイン： 　Rosso　辛口　AT=11% 　Piedirosso/Pér'e palummo　辛口　AT=11%　Ps 辛口 AT=14.5% 　　（うち、AE=13.5%） 年間生産量は550kℓ。
Penisola Sorrentina ペニーソラ・ソッレンティーナ (1994) 産地：ナポリ県 Bianco は Falanghina、Biancolella、Greco bianco 60％以上。その他40％まで。 Rosso、RossoFr は Piedirosso（Pér'e palummo)、Sciascinoso、Aglianico 60％以上。その他40％まで。	白ワイン： 　Bianco　辛口　AT=10% 赤ワイン： 　Rosso　辛口　AT=10.5%　Fr　Naturale　辛口　AT=10% 特定の地域 (sottozona) の Gragnano、Lettere、Sorrento はその地域名を瓶のラベルに表示することができる。Bianco、Rosso Fr は AT=11%。 Rosso は AT=11.5%。
Sannio サンニオ (1997) 産地：ベネヴェント県 Bianco は Trebbiano toscano と Malvasia (Bianca di Candia) で50％以上。Rosso、Rosato は Sangiovese 50％以上。その他、この県指定の黒ブドウ品種50％まで。 品種表示ワインはその品種85％以上。その他15％まで。	白ワイン： 　Bianco　辛口　AT=10.5%　Fr 　Coda di Volpe　辛口　AT=11 %　Sp　AT=11.5 %　Ps　辛口　AT=14.5%。 　Greco　辛口　AT=11.5%　Sp　AT=11.5%　Ps　AT=14.5%。 　Fiano　辛口　AT=11.5%　Sp　AT=11%。 　Moscato　辛口・中甘口　AT=10.5%　Sp　AT=11.5%　Ps　辛口　AT=14.5%。 　Sannio Sp Metodo Classico　辛口　AT=11.5% 赤ワイン： 　Rosso　辛口　AT=11%　Fr　Nv 　Aglianico, Barbera　辛口　AT=11.5%　Sp　AT=11.5%。Piedirosso, 　　Sciascinoso　辛口　AT=11%　Sp　AT=11.5% ロゼワイン： 　Rosato　辛口　AT=11%
Vesuvio ヴェズーヴィオ (1983) 産地：ナポリ県 Bianco は Coda di Volpe、Verdeca 80％以上。その他20％まで。 Rosso, Rosato は Piedirosso、Sciascinoso 80％以上。その他20％まで。	白ワイン： 　Bianco　辛口　AT=11% 赤ワイン： 　Rosso　辛口　AT=10.5% ロゼワイン： 　Rosato　辛口　AT=10.5% ワイン収率が65％以下で AT=12％以上になったものは Lacryma Christi と表示することができる。 Bianco, Rosso, Rosato Lq　白　辛口　AT=12%　Sp　白・赤・ロゼ Lacryma Christi とは「キリストの涙」。昔、この地に来たキリストがこの地で悪が栄えるのを見て涙をこぼした所にブドウ樹が生えて、そのブドウで造ったらこのワインができたとの伝説がある。

IGP：Benevento/Beneventano, Campania, Catalanesca del Monte Somma, Colli di Salerno, Dugenta, Epomeo, Paestum, Pompeiano, Roccamonfina, Terre del Volturno

プーリア州　*Puglia*

プロフィール

イタリア半島の南東部に位置するプーリア州は、北はモリーゼ州、西はカンパーニア州とバジリカータ州に接している。東にはアドリア海、南にはイオニア海が広がっている。プーリアはイタリアで最も東にある州である。

広い平野を持ち、温暖な気候に恵まれているプーリアは大農産地で、ブドウ、オリーヴ、穀物、野菜、果実が栽培され、収穫量も多い。ワイン生産量も、常にイタリアのトップの座をヴェネト、シチリアと争っている。

一昔前まではヨーロッパ最大のバルクワイン供給地だったが、バルクワインの需要は1980年代以降激減したので、今は自分たちで瓶詰めして販売するために、生産者は品質向上に努めている。

興味深い固有品種の宝庫で、すでに有名なパンパヌート、ヴェルデーカ、ボンビーノ・ビアンコ、ネグロアマーロ、プリミティーヴォ、マルヴァジア・ネーラ、ネーロ・ディ・トロイアなどの他にも、ススマニエッロなどこれからその真価を発揮していくであろう品種も多い。量から質への転換を急スピードで進めている州である。

歴史、文化、経済

プーリアはマグナ・グラエキアの一部としてギリシアのもと栄えていた。古代ローマの時代には有名なアッピア街道がローマからブリンディジまで通っていたために、プーリアは東洋への門戸としての重要な役割を果たすこととなった。西ローマ帝国崩壊後は、様々な民族の支配、東ローマ帝国、ノルマン支配を経て、ナポリ王国の一部となり、その時代に大土地所有制度が発達した。ファシズム時代の干拓、戦後の農地改革により、プーリアの農業は発展した。

現在でも農業が産業の中心であるが、重化学工業などの工場も誘致されている。1970年代以降は観光業も伸びている。

プーリア人はいかにも南部の人らしく、非常にのんびりしていて、自分たちの伝統を守ろうとする人が多い。

地理と風土

プーリアは830kmという長い海岸線を持ち、南北に細長く延びている。平野が53.2%、丘陵が45.3%を占め、山岳地帯が1.5%と、イタリアで最も山岳が少ない州である。北に位置するタヴォリエーレ平野は、イタリアでポー平野に次いで大きな平野だ。州都バリ周辺にも、サレント半島にも広い平野がある。有名なカステル・デル・モンテ城があるムルジェは石灰岩台地で、ブドウ栽培に適している

典型的な地中海性気候で、夏は暑く乾燥していて、冬は温暖だ。雨は秋と冬に集中している。

地域別ワインの特徴

州の中央内陸部に位置する石灰台地のムルジェで造られるDOCカステル・デル・モンテ Castel del Monte はプーリアで最もエレガントなワインだろう。白はパンパヌート、赤とロゼはネーロ・ディ・トロイアが中心だが、標高300〜600mで造られるこれらのワインは、南のワインには珍しい涼しげなトーンがあり、フード・フレンドリーで飲みやすい。2011年にカステル・デル・モンテ・ボンビーノ・ネーロ Castel del Monte Bombino Nero、カステル・デル・モンテ・ネーロ・ディ・トロイア・リゼルヴァ Castel del Monte Nero di Troia Riserva、カステル・デル・モンテ・ロッソ・リゼルヴァ Castel del Monte Rosso Riserva が一気にDOCGに昇格して話題となった。

カステル・デル・モンテ地区から海の方に行ったトラーニで造られる甘口ワイン、DOCモスカート・ディ・トラーニ Moscato di Trani は上品な甘口ワインである。

カステル・デル・モンテと全く対照的な産地が南

に突き出しているサレント半島のワインである。赤茶色をした粘土の多い石灰質土壌で生まれる赤ワインは、アルコール度数が高く、非常にパワフルで、長期熟成能力を持つ。昔はアルコールが弱い北のワインを補強するのに大規模に使われていたワインだ。DOC サリチェ・サレンティーノ Salice Salentino、DOC スクインツァーノ Squinzano、DOC コペルティーノ Copertino などはすべてネグロアマーロをベースにした赤ワイン、ロゼ・ワインである。それに対して DOC プリミティーヴォ・ディ・マンドゥリア Primitivo di Manduria はプリミティーヴォ品種で造られる、濃厚な果実味と高いアルコール度数を持つ赤ワインである。プリミティーヴォは、カリフォルニアのジンファンデルと同じ品種であることが分かっている。プリミティーヴォによる甘口ワインであるプリミティーヴォ・ディ・マンドゥリア・ドルチェ・ナトゥラーレ Primitivo di Manduria Dolce Naturale は2011年に DOCG に昇格している。

サレント半島のロゼ・ワインは、チェリーなどのしっかりとした果実味があり、世界的に人気がある。

中央のバリ近くにある DOC ジョイア・デル・コッレ Gioia del Colle は、丘陵地帯で造られるワインで、プリミティーヴォ・ディ・ジョイアと呼ばれるプリミティーヴォで造られるが、マンドゥリアのものと比べると、ややアルコールが低く、より飲みやすいものである。

バリとブリンディジの間にあるアルベロベッロは、トゥルッリと呼ばれるとんがり屋根のキノコ形の家で有名で、世界遺産にも登録されている。その近くで造られる DOC ロコロトンド Locorotondo、DOC マルティーナ・フランカ Martina Franca はヴェルデーカ、ビアンコ・ディ・アレッサーノで造られるフレッシュで心地よい白ワインで、際立った個性はないものの、魚介類に合うワインとして根強い人気がある。

料理と食材

地元の食材である硬質小麦、野菜、豆類、オリーヴオイルなどを使った素朴な農民料理で、非常にシンプルで、素材の味をストレートに楽しむものが多い。

まず、様々なタイプの野菜のスープがよく食べられている。

また、パスタで有名なのは、小さな耳の形をしたオレッキエッテで、これを菜の花に似た野菜で和えたオレッキエッテ・コン・チーメ・ディ・ラーパ Orecchiette con cime di rapa は日本でも有名だ。

米とポテトを一緒に煮たスープとリゾットの間のようなリーゾ・エ・パターテ Riso e patate は、まさにプーリアらしい素朴な料理だ。

羊や山羊もよく食されるが、シンプルな仔羊のローストのアニェッロ・アル・フォルノ Agnello al forno は塩、にんにく、ローズマリーだけの味付けである。

魚もよく食べられるが、シンプルな料理法が多い。

チーズは種類も多く豊かだが、モッツァレッラチーズのような生地を生クリームと一緒にきんちゃく状にしたブッラータ Burrata が有名だ。カネストラート・プリエーゼ Canestrato Pugliese は DOP に認定されている。

＜料理とワインの相性＞

Orecchiette con cime di rapa には、Castel del Monte Rosato。
Riso e patate には、Salice Salentino Rosato。
Agnello al Forno には、Salice Salentino Riserva、Gioia del Colle Primitivo。
Burrata には、Castel del Monte Bianco。

DOP (DOCG) ワイン（4）

DOCG	特　性
Castel del Monte Bombino Nero カステル・デル・モンテ・ボンビーノ・ネーロ（2011） 産地：バリ県 Bombino Nero 90% 以上	ロゼワイン：辛口　　AT=12%
Castel del Monte Nero di Troia Riserva カステル・デル・モンテ・ネーロ・ディ・トロイア・リゼルヴァ（2011） 産地：バリ県 Nero di Troia 90% 以上	赤ワイン：辛口　　AT=13%　　PI＝2年（うち最低1年は木樽）
Castel del Monte Rosso Riserva カステル・デル・モンテ・ロッソ・リゼルヴァ（2011） 産地：バリ県 Nero di Troia 65% 以上	赤ワイン：辛口　　AT=13%　　PI＝2年（うち最低1年は木樽）
Primitivo di Manduria Dolce Naturale プリミティーヴォ・ディ・マンドゥリア・ドルチェ・ナトゥラーレ（2011） 産地：タラント県、ブリンディジ県 　Primitvo 100%	赤ワイン：甘口　　AT=16%（うち AE=13%）　　ZR=50g/ℓ ブドウを乾燥させて造る甘口ワイン。収穫翌年の6月1日から消費できる。

DOP (DOC) ワイン（28）

DOC	特　性
Aleatico di Puglia アレアティコ・ディ・プーリア（1973） 産地：フォッジャ県、バリ県、ブリンディジ県、レッチェ県、タラント県 Aleatico 85%。その他15%まで。	赤 Dolce Naturale 甘口　AT=15%（うち、AE=13%）　Lq Dolce Naturale 甘口　AT=18%（うち、AE=16%）　PI= 収穫の翌年2月末まで消費できない　Rv PI=3年 共に深紅色。口当たりの滑らかな、温かい感じの優れたデザートワイン。年間生産量30kℓ。
Alezio アレーツィオ（1983） 産地：レッチェ県 Negroamaro 80%以上。Malvasia nera di Lecce など20%まで。	赤ワイン： 　Rosso 辛口　AT=12%　Rv AT=12.5%　PI=2年 ロゼワイン： 　Rosato 辛口　AT=12%
Barletta バルレッタ（2011） 産地：バルレッタ－アンドリア－トラーニ県、フォッジャ県 　Rosso、Rosato は Uva di Troia 70% 以上。Bianco は Malvasia bianco 60% 以上。Malvasia bianca は同名品種90% 以上。Uva di Troia または Nero di Troia は Uva di Troia 90% 以上。	白ワイン：辛口　Bianco Fr　AT=10.5% 　Malvasia Bianco, Fr　AT=11% ロゼワイン：辛口 Rosato　AT=11% 赤ワイン：辛口 Fr AT=11%　Nv　AT=11.5% 　Rosso、Nero di Troia/Uva di Troia　PI=2年（うち1年は木樽） 　AT=12%　Rv　AT=13%

DOC	特　性
Brindisi　ブリンディジ（1980） 産地：ブリンディジ県 Bianco は Chardonnay と Malvasia bianca で80％以上。品質表示ワインはその品種85％以上。 Rosso、Rosato は Negroamaro 70％以上。	白ワイン： 　Bianco, Chardonnay, Fiano, Malvasia bianca, Sauvignon　AT=11% 　Sp, Chardonnay Sp, Fiano Sp, Malvasia bianca Sp, Sauvignon Sp 　　AT=11.5% 赤ワイン： 　Rosso, Negroamano　AT=12%　Rv　AT=12.5%　Susumaniello 　　AT=12%　Nv ロゼワイン： 　Rosato　AT=12%　Sp, Negroamaro Rosato Sp　AT=11.5%
Cacc'e mmitte di Lucera　カッチェ・ンミッテ・ディ・ルチェーラ（1980） 産地：フォッジャ県 Uva di Troia (Sumariello) 35〜60％。Montepulciano、Sangiovese、Malvasia nera di Brindisi 25〜35％。Trebbiano toscano など 15〜30％。	赤　薄いルビー色　繊細なフルーツの香り　辛口　AT=11.5% この奇妙な名前についてはいくつかの説があるが、一説にはバッカス賛歌の1節の「ブドウを与えて（cacce）ワインを得よ（mitte）」からその名が出たという。
Castel del Monte　カステル・デル・モンテ（1971） 産地：バリ県 Bianco は Pampanuto、Chardonnay、Bombino bianco 65〜100％。その他35％まで。 Rosso は Uva di Troia, Aglianico、Montepulciano 65〜100％。その他、35％まで。Rosato は Bombino nero、Uva di Troia 65〜100％。その他、35％まで。 品種表示ワインはその品種90％以上。その他10％まで。	白ワイン： 　Bianco　辛口　AT=10.5%　Fr 　Chardonnay, Sauvignon, Bombino Bianco, Pinot Bianco 　　辛口　AT=10.5%　Fr 赤ワイン： 　Rosso　辛口　AT=12%　Nv　AT=11.5% 　Cabernet AT=12.5%　Rv PI=2年 　Aglianico　AT=12%　Rv PI=2年 　Pinot Nero　AT=11.5% ロゼワイン： 　Rosato　辛口　AT=11%　Fr 　Aglianico Rosato　辛口　AT=11%　Fr ワインの名はホーエンシュタウフェン王家のフリードリッヒ2世が建てた八角形の城に由来する。
Colline Joniche Tarantine　コッリーネ・イオニケ・タランティーネ（2008） 産地：タラント県 Bianco は Chardonnay 50％以上。その他50％まで。 Rosso, Rosato は Cabernet sauvignon 50％以上。その他50％まで。 品種表示ワインはその品種85％以上。その他15％まで。	白ワイン： 　Bianco　辛口　AT=12%　Sp　辛口　AT=11% 　Verdeca　辛口　AT=11% 赤ワイン： 　Rosso　辛口　AT=12%　Sr　AT=12.5%　Rv Sr　AT=13% 　　Nv　AT=12.5% 　Primitivo　辛口　AT=13%　Sr　AT=13.5%　Lq secco　AT=17.5% 　（うち、AE=16%）　Lq Dolce Naturale　甘口　AT=17.5%（うち、AE=15%） ロゼワイン： 　Rosato　辛口　AT=12.5%
Copertino　コペルティーノ（1977） 産地：レッチェ県 Rosso, Rosato は Negroamaro 70％以上。その他30％まで。	赤ワイン： 　Rosso　辛口　AT=12%　Rv　AT=12.5%　PI=2年 ロゼワイン： 　Rosato　辛口　AT=12%

DOC	特性
Galatina　ガラティーナ (1997) 産地：レッチェ県 Bianco は Chardonnay 55％以上。その他この県指定のブドウ品種45％まで。Rosso、Rosato は Negroamaro 65％以上。その他、この県指定のブドウ品種35％まで。品種表示ワインはその品種85％以上。その他15％まで。	白ワイン： 　Bianco　辛口　AT＝11％　Fr 　Chardonnay　辛口　AT＝11％ 赤ワイン： 　Rosso　辛口　AT＝12％　Nv　AT＝12％ 　Negroamaro　辛口　AT＝12％　Rv　AT＝12.5％　PI＝25カ月 ロゼワイン： 　Rosato　辛口　AT＝11.5％　Fr
Gioia del Colle　ジョイア・デル・コッレ (1987) 産地：バリ県 Bianco は Trebbiano toscano 50〜70％。その他30〜50％。Rosso, Rosato は Primitivo 50〜60％。Montepulciano、Sangiovese、Negroamaro など40〜50％。Malvasia 10％まで。Primitivo はその品種100％。Aleatico はその品種85％以上。その他15％まで。	白ワイン： 　Bianco　辛口　AT＝10.5％ 赤ワイン： 　Rosso　辛口　AT＝11.5％ 　Primitivo　辛口・中甘口　AT＝13％　Rv　PI＝2年 　Aleatico Dolce　甘口　AT＝15％（うち AE＝13％）　PI＝4カ月 　Rv　AT＝15％　PI＝26カ月 　Lq Dolce　甘口　AT＝18.5％（うち AE＝16％）　PI＝4カ月 ロゼワイン： 　Rosato　辛口　AT＝11％
Gravina　グラヴィーナ (1984) 産地：バリ県 Malvasia del Chianti 40〜65％。Greco di Tufo、Bianco d'Alessano 35〜60％。その他10％まで。	白　辛口　AT＝11％　Sp　Asciutto　辛口　Amabile 中甘口
Leverano　レヴェラーノ (1980) 産地：レッチェ県 Bianco は Malvasia bianca 50％以上。Bombino bianco 40％まで。その他30％まで。Rosso, Rosato は Negroamaro 50％以上。Malvasia nera、Montepulciano、Sangiovese 40％まで。その他30％まで。品種表示ワインはその品種85％以上。その他15％まで。	白ワイン： 　Bianco　辛口　AT＝10.5％　VT　AT＝15％（うち、AE＝12％） 　　Ps　中甘口・甘口　AT＝15％ 　Malvasia Bianca　辛口　AT＝10.5％ 赤ワイン： 　Rosso　辛口　AT＝11.5％　Rv　AT＝12.5％　PI＝2年　Nv　AT＝11％ 　Negroamaro Rosso　辛口　AT＝12％ ロゼワイン： 　Rosato　辛口　AT＝11％ 　Negroamaro Rosato　辛口　AT＝11％
Lizzano　リッツァーノ (1989) 産地：タラント県 Bianco は Trebbiano toscano 40〜60％。Chardonnay、Pinot bianco 30％以上。その他35％まで。Rosso、Rosato は Negroamaro 60〜80％。Montepulciano、Sangiovese、Bombino nero、Pinot nero 40％まで。その他10％まで。品種表示ワインはその品種85％以上。その他15％まで。	白ワイン： 　Bianco　辛口　AT＝10.5％　Sp　AT＝11.5％ 赤ワイン： 　Rosso　辛口　AT＝11.5％　Sr　AT＝12.5％ 　Negroamaro Rosso, Malvasia Nera　辛口　AT＝12％ ロゼワイン： 　Rosato　辛口　AT＝11.5％　Sp　AT＝12％　Nv　AT＝11.5％ 　Negroamaro Rosato　辛口　AT＝12％ すべてのワインに Fr
Locorotondo　ロコロトンド (1969) 産地：タラント県 Verdeca 50〜65％。Bianco d'Alessano 35〜50％。その他5％まで。	白　辛口　AT＝11％　Sp

DOC	特　　性
Martina/Martina Franca マルティーナ/マルティーナ・フランカ（1969） 産地：タラント県 Verdeca 50～65%。Bianco d'Alessano 35～50%。その他5％まで。	白　辛口　AT=11%　Sp
Matino マティーノ（1971） 産地：レッチェ県 Negroamaro 70%以上。その他30%まで。	Rosso　赤，Rosato　ロゼ　辛口　AT=11.5%
Moscato di Trani モスカート・ディ・トラーニ（1975） 産地：バリ県 Moscato bianco 85%以上。その他15%まで。	白　Dolce Naturale　甘口　AT=14.5%。（うち、AE=12%。） Lq　甘口　AT=18%（うち、AE=16%）
Nardò ナルド（1987） 産地：レッチェ県 Negroamaro 80%以上。その他20%まで。	赤ワイン： 　Rosso　辛口　AT=11.5%　Rv　AT=12.5%　PI=2年 ロゼワイン： 　Rosato　辛口　AT=11.5%
Negroamaro di Terra d'Otranto ネグロアマーロ・ディ・テッラ・ドートラント（2011） 産地：ブリンディジ県、レッチェ県、タラント県 Negroamaro 90%以上。	ロゼワイン：辛口　AT=12%　Sp　AT=11.5% 　Fr　AT=11.5% 赤ワイン：辛口　AT=12.5%　Rv　AT=13%
Orta Nova オルタ・ノーヴァ（1984） 産地：フォッジャ県 Sangiovese 90%以上。その他10%まで。	赤ワイン： 　Rosso　辛口　AT=12% ロゼワイン： 　Rosato　辛口　AT=11.5%
Ostuni オストゥーニ（1972） 産地：ブリンディジ県 Bianco は Impigno 50～85%。Francavilla 15～50%。その他10%まで。品種表示ワインはその品種85%以上。その他15%まで。	白ワイン： 　Bianco　辛口　AT=11% 赤ワイン： 　Ottavianello　チェ から赤まで　辛口　AT=11.5%
Primitivo di Manduria プリミティーヴォ・ディ・マンドゥリア（1975） 産地：タラント県、ブリンディジ県 Primitivo 85%以上。	赤　辛口　AT=14%　Rv　AT=14% 古代のマグナ・グラエキア［大きなギリシャと呼ばれたギリシャの南イタリアにおける殖民地］のころからの銘酒。Primitivo種はカリフォルニアのZinfandel種と同じ品種。
Rosso di Cerignola ロッソ・ディ・チェリニョーラ（1974） 産地：フォッジャ県 Uva di Troia 55%以上。Negroamaro 15～30%。その他15%まで。	赤　辛口　AT=12%　Rv　AT=13%　PI=2年 生産量が少なく、年間70kℓ程度。

DOC	特　　性
Salice Salentino サリチェ・サレンティーノ (1976) 産地：ブリンディジ県 Bianco は Chardonnay 70%以上。その他30%まで。Rosso、Rosato は Negroamaro 80%以上。その他、20%まで。品種表示ワインはその品種85%以上。その他15%まで。	白ワイン： 　Bianco　辛口　AT=11% 　Pinot Bianco　辛口　AT=10.5%　Sp 赤ワイン： 　Rosso　辛口　AT=12%　Rv　AT=12.5%　PI=2年　Nv 　Aleatico Dolce　甘口　AT=15%（うち、AE=13%）　Lq Dolce　甘口 　　　AT=18.5%（うち、AE=16%）　Rv　PI=26カ月 ロゼワイン： 　Rosato　辛口　AT=11.5%　Sp
San Severo　サン・セヴェーロ (1968) 産地：フォッジャ県 Bianco は Bombino bianco 40〜60%。Trebbiano toscano 40〜60%。その他20%まで。Rosso、Rosato は Motepulciano d'Abruzzo 70〜100%。その他30%まで。	白ワイン： 　Bianco　辛口　AT=11%　Sp　AT=11% 赤・ロゼワイン： 　Rosso, Rosato　辛口　AT=11.5%
Squinzano　スクインツァーノ (1976) 産地：レッチェ県 Rosso、Rosato は Negroamaro 70%以上。その他30%まで。	赤ワイン： 　Rosso　辛口　AT=12.5%　Rv　AT=13%　PI=2年 ロゼワイン： 　Rosato　辛口　AT=12.5%
Tavoliere delle Puglie/Tavoliere　タヴォリエーレ・デッレ・プーリエ／タヴォリエーレ (2011) 産地：フォッジャ県、バルレッターアンドリアートラーニ県 Rosso、Rosato は Nero di Troia 65%以上。Nero di Troia は同名品種90%以上。	赤ワイン：辛口　AT=12%　Rv　AT=12.5%　Nero di Troia　AT=12.5%　Rv　AT=13% ロゼワイン：辛口　AT=11.5%
Terra d'Otranto　テッラ・ドートラント (2011) 産地：ブリンディジ県、レッチェ県、タラント県 Bianco は Chardonnay 75%以上。Rosso、Rosato は Negroamaro、Primitivo、Malvasia Nera、Malvasia Nera di Lecce、Malvasia Nera di Brindisi、Malvasia Nera di Basilicata で75%以上。Sp は Chardonnay 75%以上。Fr は Malvasia Bianca, Malvasia di Candia, Malvasia Bianca Lunga などで90%以上。品種表示ワインは、その品種が90%以上。	白ワイン：辛口　Bianco, Chardonnay Fr, Fiano Fr, Verdeca Fr, Malvasia Bianca Fr, Bianco Spumante　AT=11.5% ロゼワイン：辛口　AT=12.5%　Sp　AT=11.5% 赤ワイン：辛口　Rosso Rv　Malvasia Nera　AT=12.5%　Primitivo　AT=13.5%　Aleatico　AT=15%（うち、AE=13%）

IGP：Daunia, Murgia, Puglia, Salento, Tarantino, Valle d'Itria

バジリカータ州　*Basilicata*

プロフィール

イタリアの南部に位置するバジリカータ州は、北東はプーリア州、北西はカンパーニア州、南はカラブリア州と接し、西にわずかにティレニア海と接していて、南にはイオニア海が広がっている。古代にはルカーニアと呼ばれていて、今でもこの名前を使用する人も多い。

ギリシャの植民地であった時代から、この地のワインは有名であった。その時代にギリシャ人によりアリアニコが持ち込まれたとされている。

山岳地帯が多いために、ワインの生産量は少ないが、DOCアリアニコ・デル・ヴルトォレ Aglianico del Vulture は、厳格なワインで、同じアリアニコで造られるカンパーニア州のタウラージと並んで南部を代表する長期熟成型赤ワインである。

歴史、文化、経済

古代はマグナ・グラエキアとしてギリシャ人のもとで栄え、その後ローマ帝国に併合された。西ローマ帝国崩壊後は、東ローマ帝国、ランゴバルド族、ノルマンの支配を経て、ナポリ王国の一部となった。イタリア王国統一後も、バジリカータは貧しく、20世紀にも多くの移民が海外に出ていった。

バジリカータは山により隔離され、地理的に孤立しているので、交通の便が悪い。長い間「忘れられていた州」で、経済発展が遅れている。ただ、その分、野性的な自然が残っている。

農業が重要な産業で、小麦、穀物、ブドウ、柑橘類などが栽培されている。近年パスタ製造などの食品産業も成長している。

バジリカータの人たちは、典型的な山の民族で、寡黙で、疑い深く、なかなかよそ者を受け入れてくれないが、一度友人になると、非常に義理堅く、深い情を持った人たちである。

地理と風土

山岳地帯が多い州で全体の47％を占め、丘陵地帯が45％で、平野は８％しかない。南側にはカラブリアとの境界となっているポッリーノ山塊があり、最高峰は2267mに達する。北西部に死火山のヴルトゥレ山がある。

海岸部では地中海性気候だが、内陸部では大陸性気候で寒い。標高819mに位置する州都ポテンツァはしばしば最低気温を記録する。ヴルトゥレ周辺も冷涼な気候だ。

地域別ワインの特徴

アリアニコ・デル・ヴルトゥレが、南部を代表する偉大な赤ワインの一つであることに疑問の余地はないであろう。死火山ヴルトゥレ山の麓の標高300〜700mの丘陵地帯で栽培されているアリアニコは晩熟な品種だ。気候が冷涼なこともあり、収穫は遅く、11月になることも珍しくない。しっかりとした酸とタンニンを持つ、堅固で厳格なワインだが、味わいはみずみずしく、ミネラル分に溢れている。

生産地区の西側にあるリオネーロ村、バリーレ村周辺の畑は標高550〜700mと高く、気候も冷涼である。溶岩が細かくなった土壌で、厳しい味わいのワインが生まれる。

生産地区の東側にあるヴェノーザ村からプーリアとの州境にかけての高地は標高400〜500mで、粘土が混ざる比較的豊かな土壌だ。こちらでは、より直截な果実味を持った親しみやすいアリアニコが生まれる。

アリアニコ・デル・ヴルトゥレ・スペリオーレ Aglianico del Vulture Superiore は、2010年にDOCGに昇格している。

アリアニコ・デル・ヴルトゥレ以外に、ポテンツァ県でメルロ、カベルネ・ソーヴィニヨンをベースに造るDOCテッレ・デッラルタ・ヴァル・ダグリ Terre dell'Alta Val d'Agri、マテーラ県でマルヴァジア・ビアンカなどで白を、サンジョヴェーゼ、カベルネ・ソーヴィニヨン、マルヴァジア・ネーラ・ディ・バジ

リカータ、モンテプルチャーノなどで赤を造る DOC マテーラ Matera、ポテンツァ県の白、赤、ロゼを揃えた DOC グロッティーノ・ディ・ロッカノーヴァ Grottino di Roccanova という 3 つの呼称があるが、それぞれ明確な個性を持つには至っていない。

料理と食材

素朴な料理が多いが、赤唐辛子、野生のハーブがよく使われる。

サラミ、生ハムなどは非常においしく、豚の内臓などを使ったサラーメ・ペッツェンテ Salame pezzente、粗びきの豚肉のサラミのソップレッサータ Soppressata などが知られている。サラミをオリーヴオイルに漬けて保存することも多い。

羊もよく食べられる。代表的なのはピニャータ Pignata で、これは羊肉、サラミ、トマト、ポテト、玉ねぎ、赤唐辛子などを陶器の鍋に入れて、粘土で密封して暖炉で煮る伝統的料理だ。

バジリカータ名産の長い赤唐辛子を乾燥させたペペローニ・クルスキ Peperoni cruschi を、ゆでた塩タラと合わせたバッカラ・コン・イ・ペペローニ・クルスキ Baccalà con i peperoni cruschi も有名だ。

チーズでは、羊乳によるハードタイプのカネストラート・ディ・モリテルノ Canestrato di Moliterno や、DOP のペコリーノ・ディ・フィリアーノ Pecorino di Filiano が知られている。

＜料理とワインの相性＞

Soppressata には Terre dell'Alta Val d'Agri Rosso、Grottino di Roccanova Rosso。
Pignata には、Aglianico del Vulture Superiore。
Baccalà con i peperoni cruschi には、Matera Bianco。

DOP（DOCG）ワイン（1）

DOCG	特　性
Aglianico del Vulture Superiore アリアニコ・デル・ヴルトゥレ・スペリオーレ（2010） 産地：ポテンツァ県 Aglianico100%	赤　辛口　AT=13.5%　PI=2年（うち、1年は木樽）　Rv　PI=4年（うち、2年は木樽）

DOP（DOC）ワイン（4）

DOC	特　性
Aglianico del Vulture アリアニコ・デル・ヴルトゥレ（1971） 産地：ポテンツァ県 Aglianico 100%	赤　濃いめのルビー色からガーネット色まで。熟成につれてオレンジ色を帯びる　辛口・中甘口　AT=12.5%　PI=1年　Sp　AT=12.5% 熟成すると「非凡な香味の深さを伴って、ワインが滑らかになるとブーケも強まってくる」（B. アンダースン）。南イタリアの代表的な赤ワインのひとつ。紀元前6～7世紀ごろにギリシャからもたらされたブドウ樹が起源とされ、「ギリシャの」という意味の"hellenico"が「アリアニコ」になったという。
Grottino di Roccanova グロッティーノ・ディ・ロッカノーヴァ（2009） 産地：ポテンツァ県 **Rosso、Rosso riserva、Rosato** は Sangiovese 60～85%。Cabernet sauvignon、Malvasia nera、Montepulciano 以上をどれか 5～30%。**Bianco** は Malvasia bianca di Basilicata 80%以上。その他、この県の白ブドウ20%まで。	白ワイン： 　Bianco　辛口　AT=11% 赤ワイン： 　Rosso　辛口　AT=12%　Rv　AT=13% ロゼワイン： 　Rosato　辛口　AT=11.5%

Matera マテーラ（2005） 産地：マテーラ県 **Bianco, Sp** は Malvasia bianca di Basilicata 70％以上。その他30％まで。**Greco** は Greco 85％以上。その他、15％まで。**Rosso** は Sangiovese 60％以上。Aglianico, Primitivo 20％以上。その他20％まで。**Primitivo** は Primitivo 90％以上。その他、10％まで。**Moro** は Cabernet sauvignon 60％以上。Primitivo 20％以上。Merlot 10％以上。その他、10％まで。	白ワイン： 　Bianco　辛口　AT=11%　Sp　AT=12.5% 　Greco　辛口　AT=11% 赤ワイン： 　Rosso　辛口　AT=12% 　Primitivo　辛口　AT=13%。 　Moro　辛口　AT=12%。
Terre dell'Alta Val d'Agri テッレ・デッラルタ・ヴァル・ダグリ（2003） 産地：ポテンツァ県 **Rosso** は Merlot 50％以上。Cabernet sauvignon 30％以上。その他20％まで。 **Rosato** は Merlot 50％以上。Cabernet sauvignon20％以上。Malvasia di Basilicata 10％以上。その他20％まで。	赤ワイン： 　Rosso　辛口　AT=12%　PI=12カ月　Rv　AT=12.5%　PI=24カ月 ロゼワイン： 　Rosato　辛口　AT=11.5%

IGP：**Basilicata**

カラブリア州　*Calabria*

プロフィール

　イタリア半島の最南端に位置するカラブリア州は、北はバジリカータ州、南西はメッシーナ海峡を隔ててシチリア州と接していて、東にはイオニア海、西にはティレニア海が広がっている。

　古代にはカラブリア・ワインの名声は非常に高く、ギリシャ人がイタリアを「エノトリア（ワインの大地）」と呼ぶようになったのは、カラブリアのイオニア海岸沿いのブドウ畑を讃えてのことであったと伝えられている。また古代オリンピックの勝者にはカラブリアのクリミサ krimisa のワインが与えられたが、これは今日の DOC チロ Cirò の祖先であるとされている。

　カラブリアは土着品種の宝庫で、白ブドウのグレーコ・ビアンコ、モントニコ、黒ブドウのガリオッポ、マリオッコ、グレーコ・ネーロなど、潜在力を持ったブドウが多く栽培されている。

　一昔前までは醸造技術に問題があり、酸化の進んだワインが多かったが、ここ数年はその問題も解決され、徐々にその偉大な潜在力を垣間見せつつある。今後の発展に期待がかかる州である。

歴史、文化、経済

　マグナ・グラエキアの中心地としてギリシャ時代は非常に重要で、海岸沿いに植民都市が建設され、レッジョやクロトーネなどが繁栄を謳歌した。その後はローマ帝国、東ローマ帝国、ノルマン、ナポリ王国、そしてイタリア王国と、他の南部州とほぼ同じ運命をたどった。

　地理的に辺境にあること、交通の便が悪いこと、強力な犯罪組織が存在することなどにより、経済はあまり発展していないが、その中で農業が非常に重要な位置を占める。オリーヴオイルの生産量はプーリアに次いでイタリア第２位、柑橘類栽培も盛んで、特にベルガモットは有名だ。穀物、果実栽培も幅広く行われている。羊、山羊の飼育も盛んである。夏は、美しい海を求めてヴァカンス客が大量に押し寄せるので、観光業も重要である。

地理と風土

　カラブリア州は東をイオニア海、西をティレニア海に挟まれて南北に細長く延びている。イタリア半島のつま先にあたる州だ。丘陵が49.2％、山岳が41.8％で、平野は９％でしかない。山岳では、バジリカータとの州境にあるポッリーノ山塊（最高峰のモンテ・セッラ・ドルチェドルメは2267m）、州の中央にあるシーラ高原、そして南の先端にあるアスプロモンテ山塊（最高峰のモンタルトは1955m）と大きな山塊が３つある。海岸線は長く715kmに及ぶ。

　地中海気候で、イオニア海側の方が乾燥していて、ティレニア海側の方が温暖だ。ポッリーノ山塊、シーラ高原、アスプロモンテ山塊は大陸性気候で、冷涼で、昼夜の温度差が激しい。

地域別ワインの特徴

　カラブリアで最も有名なワインは DOC チロ Cirò である。イオニア海に近い丘陵地帯で造られるワインで、赤、ロゼはガリオッポ、白はグレーコ・ビアンコがベースとなるが、圧倒的に知名度が高いのは赤ワインである。最良のチロ・ロッソは、チェリーのアロマ、包み込むような味わい、ビロードのようなタンニンを持つ、抒情的なワインである。以前は酸化が進み過ぎて、タンニンが硬いワインも多かったが、近年は醸造技術の進歩と生産者の意識の変化により、喜ばしいワインが増えてきた。

　半島の先端のシチリアに近いイオニア海側のビアンコ村で造られる DOC グレーコ・ディ・ビアンコは優美な甘口ワインであるが、生産量が少なく、めったに手に入らないのが残念である。以前はグレーコ・ディ・ジェラーチェ Greco di Gerace と呼ばれていた

歴史あるワインだ。

　シーラ高原の西側の傾斜で、DOCポッリーノ Pollino、DOCドンニチ Donnici などの呼称で、ガリオッポ、マリオッコ、グレーコ・ネーロを使って、薄めのルビー色をしたフレッシュな赤ワイン、様々なタイプの白ワイン、フレッシュなロゼワインが造られていたが、2011年にこれらの呼称は新しいDOCテッレ・ディ・コセンツァTerre di Cosenza に統合された。

　ポッリーノ地区で造られる甘口ワインのモスカート・ディ・サラチェーナ Moscato di Saracena は強い個性を持ったワインであるが、モスト・コット（煮詰めたワイン）を使用するためEU法ではワインのカテゴリーに入れることができない。

料理と食材

　カラブリア料理は、唐辛子、オリーヴオイルを多用したはっきりとした味わいのものだ。海の幸ではイワシやマグロ、肉では羊や山羊がよく食される。

　パスタは手打ちのものが主流で、リコッタで和えたペンネに似た形の手打ちパスタ、マッケローニ・アッラ・パストラ Maccheroni alla pastora がよく知られている。

　魚料理では、ミントで風味を付けたイワシの南蛮漬けのサルデ・アッラ・メンタ Sarde alla menta ケッパー、胡椒で味付けしてグラタンにしたイワシのトルティエーラ・ディ・アリーチ Tortiera di alici 、マグロをゆでたものにオイル、パセリ、黒胡椒をかけたシンプルな料理トンノ・ボッリート Tonno bollito などが挙げられる。

　肉では仔山羊がよく食べられるが、シンプルに串焼きにしたカプレット・アッロ・スピエド Capretto allo spiedo がおいしい。

　チーズではDOPカチョカヴァッロ・シラーノ Caciocavallo Silano が挙げられる。

＜料理とワインの相性＞
Maccheroni alla pastoraには、Cirò Rosato。
Sarde alla mentaには、Cirò Bianco、Melissa Bianco。
Tortiera di aliciには、Cirò Bianco、Melissa Bianco。
Tonno bollitoには、Terre di Cosenza Rosato。
Capretto allo spiedoには、Cirò Riserva。

DOP（DOC）ワイン（9）

DOC	特　　性
Bivongi ビヴォンジ（1996） 産地：レッジョ・カラブリア県、カタンツァーロ県 **Bianco** は Greco bianco、Uva greca/Guardavalle、Montonico 30〜50％。Malvasia bianca、Ansonica 30〜50％。その他30％まで。**Rosso、Rosato** は Magliocco（Gaglioppo）30〜50％。Nocera、Nero d'Avola（Calabrese）、Mantonico nero 30〜50％。その他15％まで。	白ワイン： 　Bianco　辛口　AT=10.5% 赤ロゼワイン： 　Rosso　辛口　AT=12%　Rv　AT=12.5%　PI=2年　Nv　AT=11.5% ロゼワイン： 　Rosato　辛口　AT=11.5%
Cirò チロ（1969） 産地：クロトーネ県 **Bianco** は Greco bianco 90％。その他10％まで。 **Rosso、Rosato** は Gaglioppo 95％。その他10％まで。	白ワイン： 　Bianco　辛口　AT=11% 赤ワイン： 　Rosso　辛口　AT=12.5%　Sr　AT=13.5%　Rv　AT=13.5%　PI=2年 ロゼワイン： 　Rosato　辛口　AT=12.5% 特定の古い地域は Classico と瓶のラベルに表示することができる。

DOC	特　　性
Greco di Bianco　グレーコ・ディ・ビアンコ（1980） 産地：レッジョ・カラブリア県 Greco bianco 95％。その他5％まで。	白　甘口　AT=17％（うち、AE=14％） 収穫の翌年の10月末まで消費できない。ブドウを棚に吊るすか太陽熱で暖められた石の上にのせてブドウの重量を減らしてから発酵させる。古代のグレーコワインはジェラーチェ村のあたりで造られてGreco di Geraceとして南部イタリア全域に普及し、その後、現在までこの地で生産されてきたが、近年、ビアンコ村がジェラーチェ村から独立したのでビアンコ村のものはDOC Greco di Biancoとして、ジェラーチェ村のものはV.d.T. Greco di Geraceとして流通している。長年熟成すると琥珀色の辛口ワインになる。南部イタリア屈指の銘酒であるが、年間生産量12kℓ。
Lamezia　ラメツィア（1979） 産地：カタンツァーロ県 Biancoは Greco bianco 50％まで。Trebbiano toscano 40％まで。Malvasia 20％まで。その他30％まで。Rosso、Rosatoは Nerello Mascalese、Nerello Cappuccio 30〜50％。Gaglioppo 25〜35％。Greco neroなど25〜35％。その他、20％まで。品種表示ワインはその品種85％以上。その他15％まで。	白ワイン： 　Bianco　辛口　AT=11％ 　Greco　辛口　AT=11％ 赤ワイン： 　Rosso　辛口　AT=12％　Rv　AT=12％　PI=3年　Nv　AT=11.5％ ロゼワイン： 　Rosato　辛口　AT=11.5％
Melissa　メリッサ（1979） 産地：クロトーネ県 Biancoは Greco bianco 80〜95％。その他5〜20％まで。Rossoは Gaglioppo 75〜95％。その他5〜25％。	白ワイン： 　Bianco　辛口　AT=11.5％ 赤ワイン： 　Rosso　辛口　AT=12.5％　Sr　AT=13％　PI=2年
Sant'Anna di Isola Capo Rizzuto　サンタンナ・ディ・イゾラ・カーポ・リッツート（1979） 産地：カタンツァーロ県 Gaglioppo 40〜60％。Nocera、Nerello mascaleseなど40〜60％。	赤・ロゼ　辛口　AT=12％
Savuto　サヴート（1975） 産地：コセンツァ県、カタンツァーロ県 Biancoは Montonico 40％まで。Chardonnay 30％まで。Greco bianco 20％まで。Malvasia bianca 10％まで。その他45％まで。Rosato、Rossoは Gaglioppo 45％まで。Aglianico 45％まで。Greco nero 10％まで。その他45％まで。	白　辛口　AT=10.5％　赤　辛口　AT=12％　ロゼ　辛口　AT=11％ 　Sr　AT=13.5％
Scavigna　スカヴィーニャ（1994） 産地：カタンツァーロ県 Biancoは Trebbiano toscano 50％まで。Chardonnay 30％まで。Greco bianco 20％まで。その他45％まで。Rosso、Rosatoは Gaglioppo 60％まで。Nerello cappuccio 40％まで。その他40％まで。	白ワイン： 　Bianco　辛口　AT=10.5％ 赤ワイン： 　Rosso　辛口　AT=11.5％ ロゼワイン： 　Rosato　辛口　AT=11％

DOC	特　性
Terre di Cosenza テッレ・ディ・コセンツァ （2011） 産地：　コセンツァ県 RossoはMagliocco（Magliocco Dolce、Arvino、Mantonico nero、Lacrima、Guarnaccia nera）60%以上。Rosatoは、Greco Nero、Magliocco、Gaglioppo、Aglianico、Calabrese で60%以上。Bianco は Greco bianco、Guarnaccia Bianca、Pecorello、Montonico（Mantonico）で60%以上。Bianco spumante は Mantonico 60%以上。Spumante rosé は Mantonico 60%以上。品種表示ワインは、その品種が85%以上。	白ワイン：辛口　Bianco, Greco Bianco, Guarnaccia bianca, Malvasia bianca, Montonico bianco（Mantonico）, Pecorello, Chardonnay AT=10.5%　Sp　AT=11%　甘口 Ps　AT=14%（うち、AE=12%）Greco bianco Sp, Guarnaccia bianca Sp, Malvasia Bianca Sp, Mantonico bianco Sp, Pecorello spumante, Chardonnay spumante bianco　AT=11%　Greco bianco Ps, Guarnaccia bianca Ps, Malvasia Bianca Ps, Mantonico bianco Ps, Pecorello Ps, Chardonnay Ps AT=14%（うち AE=12%） ロゼワイン：辛口　Rosato　AT=10.5%　Sp　AT=11%　Magliocco spumante rosé　AT=11% 赤ワイン：辛口　Rosso Nv, Gaglioppo, Greco nero, Aglianico, Calabrese, Cabernet Sauvignon and/or Cabernet, Merlot, Sangiovese, Magliocco　AT=11.5%　甘口　Ps　AT=16%（うち、AE=12%）　VT AT=13%（うち、AE=11%）Magliocco Ps　AT=16%（うち AE=12%）Sottozona として、Colline del Crati, Condoleo, Donnici, Esaro, Pollino, San Vito di Luzzi, Verbicaro, がある。

IGP：Arghillà, Calabria, Costa Viola, Lipuda, Locride, Palizzi, Pellaro, Scilla, Valdamato, Val di Neto

シチリア州　*Sicilia*

プロフィール

　イタリア最南端に位置していて、地中海に浮かぶシチリア州はイタリア最大の州である。地中海最大の島であるシチリア島以外に、エオリエ諸島、エガディ諸島、ペラジエ諸島、ウスティカ島、パンテッレリア島を含む。イタリア半島のつま先にあたるカラブリア州の先に位置しているが、場所によってはチュニジアの首都チュニスより南に位置する所もあることからも分かるように、かなりアフリカに近い風土である。

　地中海のど真ん中という戦略的に重要な場所に位置していることもあり、古代から様々な文明の十字路であり、いくつもの民族、文明がこの島を通り過ぎていった。閉鎖的なサルデーニャ島と対照的に、シチリアはこの地を支配していた民族、文明の影響を受け、その文化、習慣、風習などを受け入れながら、独自のシチリア文化を形成してきた。

　西アジア原産のヴィーティス・ヴィニフェラがギリシャを経て、シチリアに到着し、古代ローマ帝国領土拡大とともに北上していったことを考えると、ほとんどの品種が一度シチリア島を通過したと考えることもできる。実際シチリアは土着品種の宝庫であり、白ブドウではインツォリア、カッリカンテ、グリッロ、グレカニコ、カタッラット、ミネッラなど、黒ブドウではネーロ・ダヴォラ、ネレッロ・マスカレーゼ、ネレッロ・カップッチョ、フラッパート、ペッリコーネなど数えきれないほどの品種がある。

　シチリアはヴェネト、プーリアと並ぶワイン大生産地である。戦後高度成長期には、大量のバルクワインを供給すると同時に、4、5社の有名ブランドのフルーティーで親しみやすいワインが国内外市場を席巻した。1990年代後半からは中規模で高品質を目指す意欲的なワイナリーがどんどん出てきて、世界中でシチリアワイン・ブームを巻き起こした。2000年以降は、国際的スタイルのワインから脱却して、テロワールを表現するワインに徐々にシフトしている。エトナ、パキーノ、パンテッレリアなど興味深いテロワールに注目が集まっている。

　非常に大きな島で、全く異なる気候、テロワールが混在している。海抜レベルの畑から、標高1200mの畑まであり、土壌も真っ白い石灰土壌、鉄分を含んだ赤い土壌、火山性土壌など多様である。収穫も7月後半から11月半ばと3カ月半に及ぶ。シチリアは「島」というより「小さな大陸」と考えた方が適切だ。ブドウ栽培に適した地として古代から名声を誇るテロワール、まだその可能性が十分に開発されていない土着品種、想像力溢れる生産者たちを持つシチリアワインは、これからまだまだダイナミックな発展を続けていくであろう。

歴史、文化、経済

　古代からギリシャ人、フェニキア人、カルタゴ人が頻繁に往来していたが、特にギリシャのもとで繁栄を見た。その面影は今でもアグリジェントやセリヌンテの神殿群、セジェスタ遺跡などに見ることができる。その後、カルタゴの支配を経て、ローマ帝国の一部となる。この時代に穀物栽培が盛んになり、シチリアは「ローマの穀物庫」と呼ばれた。西ローマ帝国滅亡後は、ビザンティン、イスラム、ノルマン、フランス、スペインと様々な支配者がこの島を治めた。ガリバルディの千人隊の有名なシチリア遠征により両シチリア王国は征服され、シチリアはイタリア王国の一部となった。

　その後、イタリア王国の誤った南部政策によりシチリアは衰退し、多くの問題を抱えるようになる。歴史的経緯、地理的位置などにより、文化もメンタリティーもイタリア半島とは大きく異なるので、常に分離独立の動きがあり、現在は自治州になっている。

　農業は重要な位置を占める。穀物栽培は古代から広く行われ、特にパスタの材料となる硬質小麦が優れている。柑橘類は非常においしい。赤い色をしたオレンジのタロッコは有名だ。パキーノ・トマトと呼ばれる

小さなトマトも人気がある。アーモンド、ピスタチオ（エトナ山麓のブロンテのものが特に有名）も素晴らしい。漁業も重要で、トラパニのマグロ漁は有名だ。観光業も重要である。

シチリア人は猜疑心が強く、外部から来たものに強い警戒心を抱くが、一度友人になると、こちらが戸惑うぐらい親切な人たちである。自然条件に恵まれ、戦略的に重要な位置にあったため、3000年近くにわたりよそ者に支配されてきた歴史が、シチリアに深い影を落とし、独自の文化を発展させてきた。複雑な文化的重層性、よそ者には非常に分かりにくいメンタリティーと行動様式、あまりにも有名なマフィアの問題など、すべてその文脈の中で考察する必要がある。

地理と風土

丘陵地帯が多く全体の61.4％を占める。山岳地帯が24.5％で、平野は14.1％である。最も広いカターニア平野とパレルモ盆地に人口が集中している。島の北部にはシチリア・アペニン山脈が、東から西へペロリターニ山塊、ネブロディ山塊、マドニエ山塊と続いている。島の北東部には今でも活発な活動を続けるエトナ火山（3343m）が白煙を上げている。

地中海気候で、夏は暑く、冬は温暖である。島の南西部はアフリカの影響を受け非常に暑い。サハラ砂漠からの風シロッコも吹く。ティレニア海に面している北側の海岸沿いは暑さがまだましだ。全体的に降雨量は非常に少なく、干ばつは深刻な問題である。エトナはアルプス気候である。

地域別ワインの特徴

島の東北部にはエトナがある。標高300〜1200mの火山性土壌の畑から生まれるワインは、非常にフレッシュで、ミネラル分に富んでいて、エレガントである。白ワインのベースとなるカッリカンテは非常に酸が強い個性的な品種で、長期熟成させるとリースリングのようなニュアンスが出てくる。赤ワインのベースはネレッロ・マスカレーゼとネレッロ・カップッチョだ。ネレッロ・マスカレーゼは厳格なタンニンを持ち色はそれほど濃くない。ネレッロ・カップッチョは色が濃く、直截な果実味を持つ。エトナの赤ワインは非常にみずみずしく、繊細で、長期熟成能力を持つ。シチリア島内外から多くの生産者がエトナに進出してきていて、今最も注目されている産地である。

メッシーナの近くにあるDOCファーロFaroは、エトナと同じくネレッロ・マスカレーゼとネレッロ・カップッチョをベースに造られる赤ワインだが、エトナより優しい味わいで魅力的なワインである。

島の東南端にはパキーノがある。ここは卓越したネーロ・ダヴォラの産地として知られている。ネーロ・ダヴォラはシチリア中で栽培されている最もポピュラーな黒ブドウであるが、シロッコが吹き荒れる乾燥したパキーノ周辺のものは、凝縮した果実、フレッシュな酸、ほのかに塩っぽい味わいを持つ、偉大なワインとなる。アルベレッロ仕立ての老樹が多く残っていて、ワインは複雑である。

この辺りにはDOCモスカート・ディ・ノートMoscato di Notoという興味深い甘口ワインもある。一時期生産量が減っていたが、近年意欲的な生産者により復活しつつある。

ラグーサの西ではシチリア唯一のDOCGチェラスオーロ・ディ・ヴィットリアCerasuolo di Vittoriaが造られている。力強い味わいのネーロ・ダヴォラ（50〜70％）に、フラワリーで優美なフラッパート（30〜50％）がブレンドされることにより、優美で軽やかさを持つワインとなり、幅広い料理にマッチする。

アグリジェント県、トラパニ県、パレルモ県では、様々な品種が栽培されていて、果実味豊かな、分かりやすい魅力を持つワインが多く造られている。シャルドネ、シラー、カベルネ・ソーヴィニヨン、メルロなどの外国品種も良い成果を出しているが、インツォリア、グリッロ、カタッラット、ネーロ・ダヴォラにも愛すべきものが多い。

島の西端のマルサーラでは偉大な酒精強化ワインDOC マルサーラ Marsala が造られている。イギリス人ジョン・ウッドハウスが1773年にアルコール補強をしてこのワインを生み出してから、マルサーラの人気は世界的に広まり、イギリスのネルソン提督やガリバルディにも愛された。特に大英帝国ではポート、シェリー、マデイラと並んで高く評価されていた。色でオーロoro（黄金色）、アンブラambra（琥珀色）、ルビーノrubino（ルビー色）と分かれ、甘さでセッコsecco（40g/ℓ以下）、セミセッコsemisecco（40−100g/ℓ）、ドルチェdolce（100g/ℓ以上）と分類される。これ以外に製造法や熟成期間により、フィーネFine、スペリオーレSuperiore、スペリオーレ・リゼルヴァSuperiore Riserva、ヴェルジネ/ソレラスVergine/Soleras、ヴェルジネ・リゼルヴァ/ソレラス・リゼルヴァVergine Riserva/Soleras Riserva、ヴェルジネ・ストラヴェッキオ/ソレラス・ストラヴェッキオ Vergine Stravecchio/Soleras

Stravecchio と複雑極まりない分類がなされている。一時期は品質の低いものが大量生産され、イメージを落として、ほとんど料理用ワインに成り下がってしまったが、最良のマルサーラは繊細かつ複雑な偉大な瞑想ワインである。近年徐々に品質を回復しつつあることは喜ばしい。

パレルモ県の DOC アルカモ Alcamo は白ワイン、ロゼワイン、赤ワインを含むが、圧倒的に有名なのはカタラットをベースに造られる白ワインである。フレッシュで、かすかな苦みと塩っぽさを感じさせる爽やかなワインで、非常にシンプルだが、喜ばしく、海岸沿いのレストランで提供している素朴な魚料理に抜群にマッチする。

シチリアには偉大な甘口ワインの伝統があり、マルサーラのいくつかのタイプもここに含まれるが、シチリア島以外の小さな島で造られるものにも特筆に値するものがある。シチリア島よりはるか南の地中海に浮かぶ小さなパンテッレリア島は、火山土壌の真っ黒な島で、その美しさは「地中海の黒い真珠」と讃えられている。著名人の別荘がある高級ヴァカンス地でもある。地元でジビッボと呼ばれるモスカート・ダレッサンドリアで造られるパンテッレリア Pantelleria は、干したナツメヤシ、イチジクなどの濃厚な香りに、かすかに柑橘類が混ざる、複雑な甘口ワインだ。まさに偉大な瞑想ワインである。島の北東にあるエオリエ諸島のリパリ島、サリーナ島でマルヴァジアを使って造られるマルヴァジア・デッレ・リパリ Malvasia delle Lipari も素晴らしい甘口ワインである。アプリコット、柑橘類、ハーブのアロマが混ざる複雑なワインで、パンテッレリア島のような勢いのある濃厚さはないが、より抒情的な優美さがある。

料理と食材

シチリア料理には、この地を通り過ぎていった数々の民族、文明の痕跡が深く残っている。

前菜というよりおやつによく食べられる大きなお米のコロッケのアランチーノ・ディ・リーゾ Arancino di riso には、トマトソースで和えた米の真ん中に肉のラグーが入っているアル・ラグー al ragù と、トマトソースではなくバターで和えた米の真ん中にチーズが入っているアル・ブッロ al burro がある。米はアラブ人がシチリアに持ち込んだ。

アラブの影響が明確なのは、トラパニ周辺でよく食べられる魚のソースをかけたクスクスである、クスクス・ディ・ペッシェ Cuscus di pesce だ。これはメインディッシュとして食べられることが多い。

パスタとしては、イワシのパスタのパスタ・コン・サルデ Pasta con sarde が有名だが、このパスタにはイワシ以外に、干しブドウ、松の実、野生のフェンネルの葉が入って、アラブの影響が明瞭である。

パスタ・アッラ・ノルマ Pasta alla Norma は、ナスとトマトのソースに熟成させたリコッタ Ricotta salata をかけたもので、カターニアの名産だ。

オレンジにオリーヴオイル、塩、胡椒をかけて食べるオレンジのサラダのインサラータ・ディ・アランチェ Insalata di arance にはスペインの影響が表れている。

シチリアはトマトとナスが非常においしく、カポナータ Caponata という野菜の煮込みは名物だ。

魚もよく食べられて、マグロ、カジキマグロ、イワシが名産である。

肉では山羊、羊がよく食べられる。

ファルスマーグル Farsumagru は、仔牛肉にサルシッチャ、モルタデッラ、ゆで卵、パンチェッタ、カチョカヴァッロ、ペコリーノ、グリーンピースなどを詰めて巻き、トマトソースで煮たものだ。

また、シチリアのオリーヴオイルは非常に品質が高い。

お菓子も有名で、カンノーリ Cannoli は、筒状の揚げた生地に、砂糖を入れたリコッタと柑橘類の皮の砂糖漬けを添えたお菓子だ。カッサータ・シチリアーナ Cassata siciliana は、スポンジケーキにリコッタ、アーモンドペースト、ドライフルーツを重ねた非常に甘いお菓子で、アラブの影響が濃い。

DOP チーズにはラグザーノ Ragusano、ペコリーノ・シチリアーノ Pecorino Siciliano がある。

＜料理とワインの相性＞

Arancino di riso には、Cerasuolo di Vittoria。
Cuscus di pesce には、Menfi Grecanico。
Pasta con sarde には、Alcamo Bianco。
Caponata には、Alcamo Bianco、Etna Rosato。
Farsumagru には、Etna Rosso, Faro。

DOP（DOCG）ワイン（1）

DOCG	特　性
Cerasuolo di Vittoria　チェラスオーロ・ディ・ヴィットリア（2005） 産地：ラグーザ県、カターニア県、カルタニセッタ県 Nero d'Avola (Calabrese) 50〜70%。 Frappato 30〜50%	チェから赤　桜色からスミレ色まで　チェリーの果実香やシナモンなどのスパイス香　辛口　AT=13%　収穫の翌年の5月末まで消費できない。 特定の古くからある地域のものは Classico と瓶のラベルに表示することができる。Cl は桜色からガーネット色まで。収穫の翌々年の3月末まで消費できない。 Nero d'avola はワインのボディと個性を作り、Frappato はワインに繊細な香りと柔らかさを与えるとされている。

DOP（DOC）ワイン（23）

DOC	特　性
Alcamo　アルカモ（1972） 産地：トラパニ県、パレルモ県 Bianco は Catarratto 各種60%以上。Ansonica、Grillo など40%以上。その他20%まで。Cl は Catarratto bianco 80%以上。その他、20%まで。Rosso、Rosato は Nero d'Avola (Calabrese) 60%以上。その他40%まで。品種表示ワインはその品種85%以上。その他15%まで。	白ワイン： 　Bianco　辛口　AT=11%　Cl　AT=11.5% 　Sp　辛口・半辛口　AT=11%　VT　辛口から甘口まで　AT=14%（うち、AE=11%） 　Catarratto, Grillo, Grecanico, Chardonnay　辛口　AT=11.5% 　Ansonica/Inzolia, Müller Thurgau　辛口　AT=11% 赤ワイン： 　Rosso　辛口　AT=11.5%　Rv　AT=12%　PI＝2年　Nv　AT=11% 　Cabernet Sauvignon, Merlot, Syrah　辛口　AT=11.5%。 ロゼワイン： 　Rosato　辛口　AT=11%
Contea di Sclafani　コンテア・ディ・スクラファーニ（1996） 産地：パレルモ県、カルタニセッタ県 Bianco は Catarratto、Ansonica/Inzolia、Grecanico 50%以上。その他、この県指定の白ブドウ品種50%まで。VT は品種表示ワインのすべての品種ごとに造ることができる。 Rosso は Nero d'Avola, Perricone 50%以上。その他、この県指定の黒ブドウ品種50%まで。 Rosato は Nerello Mascalese 50%以上。その他、この県指定の黒ブドウ品種50%まで。品種表示ワインはその品種85%以上。その他、15%まで。	白ワイン： 　Bianco　辛口　AT=10.5%　Sp　AT=11.5%。 　Dolce　甘口　AT=11%　VT　AT=18%　PI=18カ月 　Ansonica/Inzolia, Catarratto, Grecanico, Grillo, Chardonnay, Pinot Bianco, Sauvignon　辛口　AT=10.5%　すべてに Sp　AT=11.5%　すべてに VT　甘口　AT=18% 赤ワイン： 　Rosso 辛口　AT=11%　Rv　AT=12%　PI=2年　Nv　AT=11% 　Perricone, Nero d'Avola, Cabernet Sauvignon, Pinot Nero, Syrah, Merlot, Sangiovese　辛口　AT=11%　すべてに Rv　AT=12%　PI=2年　Nv　AT=11% 　Nerello Mascalese　辛口　AT=11%　Nv　AT=11% ロゼワイン： 　Rosato　辛口　AT=10.5%　Sp　AT=11%
Contessa Entellina　コンテッサ・エンテッリーナ（1993） 産地：パレルモ県 Bianco は Ansonica/Inzolia 50%以上。その他、Catarratto bianco lucido, Grecanico dorato など50%まで。Rosso、Rosato は Calabrese、Syrah 50%以上。	白ワイン： 　Bianco　辛口　AT=11% 　Grecanico, Chardonnay, Sauvignon　辛口　AT=11.5% 　Ansonica　辛口　AT=11.5%　VT　薄甘口・中甘口・甘口　AT=13%　PI=18カ月 赤ワイン： 　Rosso　辛口　AT=11.5%　Rv　AT=12%　PI=2年

DOC	特性
その他、この県指定の黒ブドウ品種50％まで。品種表示ワインはその品種85％以上。その他15％まで。	Cabernet Sauvignon, Merlot, Pinot Nero　辛口　AT=12％ ロゼワイン： 　Rosato　辛口　AT=11％
Delia Nivolelli　デリア・ニヴォレッリ（1998） 産地：トラパニ県 Bianco は Grecanico、Inzolia、Grillo 65％。その他35％まで。Rosso は Nero d'Avola、Pignatello、Merlot、Cabernet sauvignon、Syrah、Sangiovese 65％以上。その他35％まで。	白ワイン： 　Bianco　辛口　AT=11％　Sp　AT=11.5％ 　Chardonnay, Damaschino, Grillo, Inzolia, Müller Thurgau, 　　Sauvignon　辛口　AT=11％ 赤ワイン 　Rosso　辛口　AT=11.5％　Rv　PI=2年　Nv　AT=11.5％ 　Nero d'Avola, Cabernet Sauvignon, Merlot, Syrah, Pignatello/ 　　Perricone, Sangiovese　辛口　AT=11.5％
Eloro　エローロ（1994） 産地：ラグーザ県、シラクーサ県 Rosso, Rosato は Nero d'Avola, Frappato, Pignatello 90％以上。その他10％まで。Pachino は Nero d'Avola 80％以上。Frappato, Pignatello 20％まで。	赤ワイン： 　Rosso　辛口　AT=12％ 　Nero d'Avola, Frappato, Pignatello　辛口　AT=12％ 　Pachino　辛口　AT=12.5％　Rv　PI=2年 ロゼワイン： 　Rosato　辛口　AT=11.5％ 特定の地域（sottozona）の Pachino は瓶のラベルにその地域名を表示することができる。
Erice　エリチェ（2004） 産地：トラパニ県 Bianco は各種 Catarratto 60％以上。その他40％まで。Rosso は Nero d'Avola 60％以上。その他40％まで。Ps, VT はその品種95％以上。その他、5％まで。Sp Brut は Chardonnay 70％以上。その他30％まで。Sp Dolce は Zibibbo 95％以上。その他5％まで。	白ワイン： 　Bianco　辛口　AT=12％　Sp Brut　辛口　AT=12％ 　Sp Dolce　AT=12％（うち、AE=6％）　Ps　麦わら色から黄金色まで 　　甘口　AT=16％（うち、AE=12.5％） 　Grecanico, Müller Thurgau, Sauvignon, Ansonica/Inzolia, Grillo, 　　Catarratto　辛口　AT=12％ 　Chardonnay, Moscato　辛口　AT=12.5％ 　Zibibbo, Sauvignon VT　麦わら色から黄金色まで　甘口　AT=16％ 　　（うち、AE=12.5％） 赤ワイン： 　Rosso　辛口　AT=12.5％　Rv　AT=13.5％　PI=2年 　Nero d'Avola/Calabrese, Frappato, Pignatello　辛口　AT=12.5％ 　Cabernet Sauvignon, Merlot, Syrah　辛口　AT=13％
Etna　エトナ（1968） 産地：カターニア県 Bianco は Carricante 60％以上。Catarratto 各種40％まで。その他15％まで。Rosso, Rosato は Nerello mascalese 80％以上。その他20％まで。	白ワイン： 　Bianco　辛口　AT=11.5％　Sr　AT=12％ 赤・ロゼワイン： 　Rosso, Rosato　辛口　AT=12.5％
Faro　ファーロ（1977） 産地：メッシーナ県 Nerello Mascalese 45～60％。Nerello cappuccio 15～30％。その他25％まで。	赤　辛口　AT=12％　PI=1年 かつてはシチリアで最も人気のある赤ワインであったが、その後、生産が途絶え、近年復活した。

DOC	特　性
Malvasia delle Lipari　マルヴァジア・デッレ・リーパリ (1974) 産地：メッシーナ県 Malvasia di Lipari 95%まで。その他10%まで。	白　黄金色から琥珀色まで　甘口　AT=11.5%（うち、AE=8%） Ps/Dolce Naturale.　AT=18%　Lq　AT=20%（うち、AE=16%） 古代にギリシャ人の手で火山地帯のリーパリ諸島にもたらされた品種で造られる成熟したアプリコットを思わせるブーケのワイン。年間生産量45kℓ。Lq は特に希少価値がある。
Mamertino di Milazzo/Mamertino　マメルティーノ・ディ・ミラッツォ/マメルティーノ (2004) 産地：メッシーナ県 Bianco は Grillo, Ansonica 35%以上。Catarratto 各種45%まで。その他20%まで。Rosso は Calabrese 60%以上。その他40%まで。Grillo-Ansonica はその品種100%。品種表示ワインはその品種85%以上。その他15%まで。	白ワイン： 　Bianco　辛口　AT=11.5%　Rv　辛口・中甘口・甘口　AT=13% 　　PI=2年 　Grillo-Ansonica/Inzolia　辛口　AT=11% 赤ワイン： 　Rosso　辛口　AT=12.5%　Rv　AT=13%　PI=2年 　Calabrese/Nero d'Avola　辛口　AT=12.5%　Rv　AT=13%　PI=2年 二重品種表示ワインはどちらかが15%以上であることを要する。 古代ローマ時代に共和国執政官に就任したユリウス・カエサルが自ら選んで就任披露宴に出した Mamertinum（当時は甘口）の名を残す。
Marsala　マルサーラ (1969) 　産地：トラパニ県 Catarratto 各種、Grillo 85%以上。Inzolia 15%まで。Rubino は Pignatello、Calabrese、Nerello Mascalese 70%以上。Catarratto 各種など30%まで。	Fine　AT=17%　PI=12カ月 Superiore　AT=18%　PI=24カ月 Superiore Rv　AT=18%　PI=48カ月 Vergine/Soleras　AT=18%　PI=60カ月 Vergine Stravecchio/Riserva　AT=18%　PI=120カ月 色調は Oro［濃いめの黄金色］、Ambra/Ambrato［濃いめの琥珀色］、Rubino［ガーネットかオレンジの色合いを帯びたルビー色］の3通り。風味は Secco［辛口、残糖40g/ℓ以下］、Semisecco［半甘口、薄甘口、残糖40～100g/ℓ］、Dolce［甘口、残糖100g/ℓ以上］の3通り。 Marsala は指定の品種のブドウで造ったワインに同じブドウで造られたエチルアルコールを加えた強化ワインで、Semisecco と Dolce タイプにはこれにシフォーネ［ミステル］とモスト・コンチェントラート［濃縮したモスト］を加える。Ambra タイプにはモスト・コット［煮詰めたモスト］を入れる。ワインを熟成し、貯蔵する樽をスティーパ、輸送する樽をピーパ（420ℓ）と呼ぶ。ソレーラ法の使用は自由。Fine には IP、Superiore には SOM, GD, LP など昔のイギリス向けの表示が残されている。
Menfi　メンフィ (1995) 産地：トラパニ県、アグリジェント県 Bianco は Inzolia、Chardonnay、Catarratto bianco、Grecanico 75%以上。その他25%まで。Feudo dei Fiori は Chardonnay、Inzolia 80%以上。その他20%まで。VT は Chardonnay、Catarratto bianco、Inzolia、Sauvignon 100%。Rosso は Nero d'Avola、Sangiovese、Merlot、Cabernet sauvignon、Syrah 70%以上。その他30%まで。Bonera は Cabernet sauvignon、Nero d'Avola、Sangiovese, Merlot、Syrah 85%以上。その他15%まで。品種表示ワインはその品種85%以上。その他15%まで。	白ワイン： 　Bianco　辛口　AT=11% 　Grecanico, Inzolia/Ansonica　辛口　AT=11%。 　Chardonnay, Feudo dei Fiori　辛口　AT=11.5%　VT　甘口 　　AT=15%（うち、AE=12.5%） 赤ワイン： 　Rosso　辛口　AT=11.5%　Rv　AT=12.5%　PI=2年 　Cabernet Sauvignon, Merlot　辛口　AT=12% 　Nero d'Avola, Sangiovese, Syrah　辛口　AT=11.5% 　Bonera　辛口　AT=12%　Rv　AT=12.5%　PI=2年 特定の地域（sottozona）の Feudo dei Fiori と Bonera のものはその地域名を瓶のラベルに表示することができる。

DOC	特　　性
Monreale　モンレアーレ（2000） 産地：パレルモ県 Bianco は Catarratto、Ansonica 50％以上。Trebbiano toscano 30％まで。その他20％まで。Rosso は Calabrese、Perricone 50％以上。その他、この県指定の黒ブドウ品種50％まで。Rosato は Nerello Mascalese、Perricone、Sangiovese 70％以上。その他30％まで。品種表示ワインはその品種85％以上。その他15％まで。	白ワイン： 　Bianco　辛口　AT=11%　Sr　AT=12.5% 　Ansonica/Inzolia, Catarratto, Grillo, Pinot Bianco　辛口　AT=11%。 　Chardonnay　辛口　AT=12%　VT　辛口　AT=14% 赤ワイン： 　Rosso　辛口　AT=12%　Rv　AT=12.5%　PI＝2年　Nv　AT=11.5% 　Sangiovese, Perricone, Pinot Nero, Cabernet Sauvignon, Syrah, Merlot, Calabrese　辛口　AT=12%　Rv　AT=12.5%　PI＝2年 ロゼワイン： 　Rosato　辛口　AT=11%
Noto　ノート（1974） 産地：シラクーサ県 Moscato di Noto は Moscato bianco 100％。Rosso は Nero d'Avola 85％以上。その他、15％まで。 品種表示ワインはその品種85％以上。その他15％まで。	白ワイン： 　Moscato di Noto　白　甘口　AT=11.5%（うち、AE=9.5%）　Sp　甘口　AT=13%（うち、AE=8%）　Lq　甘口　AT=21%（うち、AE=15%） 　Moscato Ps di Noto/Ps di Noto　甘口　AT=18%（うち、AE=9.5%） 赤ワイン： 　Noto Rosso　辛口　AT=12.5% 　Noto Nero d'Avola　辛口　AT=13% 以前は DOC Moscato di Noto という呼称であったが、2008年1月に赤ワインが加わって DOC Noto になった。
Pantelleria　パンテッレリア（1971） 産地：トラパニ県 Zibibbo (Moscato) 100％。Pantelleria Bianco、Fr は Zibibbo 85％以上。その他15％まで。	Moscato di Pantelleria　甘口　AT=15%（うち、AE=11%） Ps di Pantelleria　甘口　AT=20%（うち、AE=14%） Moscato Lq　甘口　AT=21%（うち、AE=15%） Moscato Dorato　甘口　AT=21.5%（うち、AE=15.5%） Moscato Sp　甘口　AT=12%（うち、AE=6%） Moscato Ps Lq　甘口　AT=22%（うち、AE=15%） Zibibbo Dolce　甘口　AT=10%（うち、ZR1/3以上） Pantelleria Bianco　辛口　AT=11.5%　Fr　AT=11.5% Lq にはミステルを加える。ブドウは莚(stuoie)の上に広げて乾燥させるが、太陽光線によるものは瓶のラベルに「太陽でしなびさせたブドウで造ったワイン」(vino ottenuto da uve appassite al sole) と表示できる。「パッシート」は「しなびさせる」(appassire) から出た。 生産量は Moscato Ps Lq が年間540kℓ、Moscato Lq が300kℓ、Ps di Pantelleria が400kℓ、Moscato di Pantelleria が150kℓ。
Riesi　リエージ（2001） 産地：カルタニセッタ県 Bianco は Ansonica、Chardonnay 75％以上。その他15％まで。Rosso は Calabrese、Cabernet sauvignon 80％以上。その他20％まで。Rosato は Calabrese 50〜75％。Nerello Mascalese、Cabernet sauvignon 25〜50％。Sr、Sr Rv は Calabrese 85％以上。その他15％まで。	白ワイン： 　Bianco　辛口　AT=11%　Sp　AT=10.5%　VT　甘口　AT=18%（うち、AE=8%）PI＝2年 赤ワイン： 　Rosso　辛口　AT=11.5%　Nv　AT=11.5%　Sr　AT=13%　PI＝2年　Sr. Rv　AT=13%　PI＝3年 ロゼワイン： 　Rosato　辛口　AT=11%

DOC	特 性
Salaparuta　サラパルータ（2006） 産地：パレルモ県 Bianco は Catarratto bianco 60％以上。その他、40％まで。Rosso は Nero d'Avola 65％以上。その他35％まで。Nv は Nero d'Avola 50％以上。Merlot 20％以上。その他30％まで。品種表示ワインはその品種85％以上。その他15％まで。	白ワイン： 　Bianco　辛口　AT=12％ 　Chardonnay　辛口　AT=13％ 　Grillo, Catarratto　辛口　AT=12％ 　Inzolia　辛口　AT=11.5％ 赤ワイン： 　Rosso　辛口　AT=12.5％　Rv　AT=14％　Nv　AT=11.5％ 　Merlot, Cabernet Sauvignon, Syrah　辛口　AT=13％　すべてに Rv 　　AT=14％　PI＝4年
Sambuca di Sicilia　サンブーカ・ディ・シチリア（1995） 産地：アグリジェント県 Bianco, Ps は Ansonica 50％以上。その他、この県指定の白ブドウ品種50％まで。Rosso、Rosato は Nero d'Avola 50％以上。その他この県指定の黒ブドウ品種50％まで。品種表示ワインはその品種85％以上。その他15％まで。	白ワイン： 　Bianco　辛口　AT=11％　Ps　辛口から甘口まで　AT=16％ 　Ansonica/Inzolia, Chardonnay, Grecanico　辛口　AT=11％ 赤ワイン： 　Rosso　辛口　AT=12％　Rv　AT=12.5％　PI＝2年 　Nero d'Avola, Sangiovese, Cabernet Sauvignon, Merlot, Syrah 　　辛口　AT=12％　すべてに Rv　AT=12.5％ ロゼワイン： 　Rosato　辛口　AT=11.5％
Santa Margherita di Belice　サンタ・マルゲリータ・ディ・ベリーチェ（1996） 産地：アグリジェント県 Bianco は Ansonica 30〜50％。Grecanico、Catarratto bianco 50〜70％。その他15％まで。Rosso は Nero d'Avola 20〜50％。Sangiovese、Cabernet sauvignon 50〜80％。その他、15％まで。品種表示ワインはその品種85％以上。その他15％まで。	白ワイン： 　Bianco 辛口　AT=10.5％ 　Catarratto, Grecanico, Ansonica　辛口　AT=10.5％ 赤ワイン： 　Rosso　辛口　AT=11.5％ 　Nero d'Avola, Sangiovese　辛口　AT=11.5％
Sciacca　シャッカ（1998） 産地：アグリジェント県 Bianco は Inzolia、Grecanico、Chardonnay、Catarratto lucido 70％。その他15％まで。Riserva Rayana は Catarratto lucido、Inzolia 80％以上。その他15％まで。Rosso は Merlot、Cabernet sauvignon、Nero d'Avola、Sangiovese 70％以上。その他30％まで。Rosato は bianco と rosso のブドウを混醸。品種表示ワインはその品種85％以上。その他15％まで。	白ワイン： 　Bianco　辛口　AT=10.5％ 　Chardonnay　辛口　AT=11.5％ 　Inzolia　辛口　AT=10.5％ 　Grecanico　辛口　AT=10％。 　Riserva Rayana　濃いめの黄金色　辛口　AT=13.5％　PI=24カ月 赤ワイン： 　Rosso　辛口　AT=11.5％　Rv　AT=12.5％　PI=24カ月 　Cabernet Sauvignon, Merlot　辛口　AT=12％。 　Nero d'Avola, Sangiovese　辛口　AT=11.5％ ロゼワイン： 　Rosato　辛口　AT=10.5％ 特定の地域（sottozona）の Rayana はその地域名を瓶のラベルに表示することができる。

DOC	特 性
Sicilia シチリア（2011） 産地：州の全域 Bianco は Catarratto、Grillo、Grecanico で50％以上。Rosso、Rosato は Nero d'Avola、Frappato、Nerello mascalese、Perricone で50％以上。Spumante bianco は Catarratto、Inzolia、Chardonnay、Grecanico、Grillo、Carricante、Pinot nero、Moscato bianco、Zibibbo で50％以上。Spumante rosato は、Nerello Mascalese、Nero d'Avola、Pinot nero、Frappato で50％以上。品種表示ワインは、その品種が85％以上。	白ワイン：辛口　Bianco, Inzolia, Grillo, Chardonnay, Catarratto, Carricante, Grecanico, Fiano, Damaschino, Viognier, Muller Thurgau, Sauvignon, Pinot Grigio　AT=11.5%　VT AT=15%（うち、AE =11%）　Sp AT=10.5% ロゼワイン：辛口　Rosato AT=12%　Sp AT=10.5% 赤ワイン：辛口　Rosso, Nero d'Avola, Perricone, Nerello Cappuccio, Frappato, Nerello Mascalese, Cabernet franc, Merlot, Cabernet Sauvignon, Syrah, Pinot Nero, Nocera, Mondeuse, Carignano, Alicante　AT=12%　Rv AT=12.5%　VT AT=15%（うち、AE =11%）
Siracusa　シラクーサ（1973） 産地：シラクーサ県 品種：Bianco は Moscato bianco 40％以上、Rosso は Nero d' Avola 65％以上、品種表示ワインはその品種が85％以上。	白ワイン：辛口　Bianco AT=11% 　　甘口から辛口　Moscato AT=11.5%（うち AE=9.5%） 　　Moscato Spumante　AT=11.5%（うち AE=9.5%） 　　Ps AT=16.5%（うち AE=13%） 赤ワイン：辛口　Rosso AT=11.5% 　Nero d' Avola, Syrah　AT=12%
Vittoria　ヴィットリア（2005） 産地：ラグーザ県、カルタニセッタ県、カターニア県 Rosso は Calabrese 50〜70%。Frappato 30〜50%。品種表示ワインはその品種85％以上。その他15%まで。	白ワイン： 　Ansonica　辛口　AT=11.5% 赤ワイン： 　Rosso　辛口　AT=12%　Nv AT=11.5% 　Calabrese, Frappato　辛口　AT=12%

IGP：Avola, Camarro, Fontanarossa di Cerda, Salemi, Salina, Terre Siciliane, Valle Belice

サルデーニャ州　*Sardegna*

プロフィール

　サルデーニャは、地中海でシチリアに次いで2番目に大きな島。シチリアと同じく地中海の真ん中という戦略的重要地に位置していて、古代から多くの民族がこの島を訪れた。面積2万4090km²とシチリア、ピエモンテに次いで3番目に大きな州で、南北270km、東西145kmに広がっている。すぐ北にはコルシカ島がある。

　サルデーニャ人は基本的に丘陵、山の民族で、羊飼い、農民であることを誇りとし、海に囲まれているにもかかわらず、海を越えての通商、貿易などにあまり積極的でなかった。そのために独自の文化、習慣が色濃く残っているし、特に内陸部では顕著である。様々な文明の影響を受け、文化的モザイクのようなシチリアとは対照的に、サルデーニャ人は閉鎖的で、「誇り高き孤立」を選んだ。

　その姿勢はワイン造りに対しても同じで、1970年代末から始まった「イタリアワイン・ルネッサンス」と呼ばれる近代化運動に対しても比較的無関心で、「乗り遅れた州」と言われたこともあった。しかし、そのおかげで、行き過ぎた近代化、国際品種化に害されることなく、今でも興味深い土着品種、個性を持った独自のワインが多く残っている。

歴史、文化、経済

　新石器時代から、ユニークな石造り建築ヌラーゲ遺跡を数多く残した民族が住んでいたが、この民族の起源はまだ明らかになっていない。フェニキア人、カルタゴ、ローマなどが、この島を通商の拠点とした。その後、アフリカのヴァンダル人、東ローマ帝国の支配下になったが、アラブ人の攻撃を受けた東ローマ帝国がサルデーニャを見捨てたので、サルデーニャは独立国としてアラブの侵略と戦った。そして、アラブとの戦いに助っ人として参加したピサとジェノヴァがこの島を支配するようになった。さらに15世紀からはアラゴン＝カタルーニャ王国の支配が続く。1720年以降はサヴォイア家の所有となり、ピエモンテとともにサルデーニャ王国を形成し、イタリア王国となった。第二次世界大戦後はイタリア共和国の自治州となった。

　地理的に隔離されているため、経済的にも文化的にも遅れていたが、第二次世界大戦後は徐々にイタリア半島の生活レベルに近づいてきた。石炭をはじめとする鉱山が多くあり、昔は非常に重要であった。今は、農業、観光が重要な産業だ。特に夏はヴァカンス客が大量に押し寄せる。島の北東部になるコスタ・スメラルダなどの高級リゾート地は国際的にも有名である。また、サルデーニャ島はワインの栓に使われるコルクの産地としても知られている。

　海岸部は開けているが、大半の面積を占める内陸部は非常に閉鎖的で、独自の文化を保持している。サルデーニャ語はイタリア語とは全く異なる言語である。北部のガッルーラ、サッサリ地方ではコルシカ語が話され、北西部アルゲーロ周辺ではカタローニア語が話される。

地理と風土

　丘陵地帯が67.9%、山岳地帯が13.6%と多く、平野部は18.5%しかない。丘陵も岩が多く、あまり農地に適していない。中央部の最高峰プンタ・ラ・モルモラは1834mである。島の南部スルチス地方が形成されたのは古生代初期、サルデーニャ島自体が海上に現れたのが石炭紀と、イタリア半島より古い島である。海岸線は1897kmに及ぶが、76%は岩礁であり、砂浜は少ない。

　土壌は花崗岩、玄武岩などが多く、石灰岩は比較的少ない。

　海岸部は地中海性気候で、夏は暑く乾燥していて、冬は温暖。海からの風が夏の暑さをやわらげる。内陸部の丘陵地帯や山岳部では、大陸性気候となり、昼夜の温度差が激しく、冬の寒さは厳しい。年間降雨量は、海岸部で500mm以下、内陸部で500〜800mmと少なく、しばしば旱魃(かんばつ)に悩まされる。島全体に風が非常に強い。

地域別ワインの特徴

島の北東部にあるガッルーラ地方の丘陵地帯では、この島唯一のDOCG ヴェルメンティーノ・ディ・ガッルーラが造られている。地中海、特にティレニア海沿いで広く栽培されているヴェルメンティーノだが、ガッルーラの花崗岩土壌では、しっかりとしたアルコールを持ち、深みのある味わいで、かすかに塩っぽい白ワインとなる。フレッシュながらも広がりを感じさせる非常に地中海的なワインである。

北西部のサッサリ周辺では、DOC モスカート・ディ・ソルソ－センノーリ Moscato di Sorso - Sennori が造られる。香り高く濃厚な甘口ワインだが、生産量は少ない。

島の西側では2つの偉大な瞑想ワイン、DOC マルヴァジア・ディ・ボーザ Malvasia di Bosa と DOC ヴェルナッチャ・ディ・オリスターノ Vernaccia di Oristano が造られる。

プラナルジアの石灰岩丘陵で造られるマルヴァジア・ディ・ボーザは極端に繊細なワインで、極上のシェリーのような優美さを持つ。酸化熟成したワインで、ヘーゼルナッツ、グリーンオリーヴ、ハーブのアロマがあり、口中では絹のように上品だ。熟成段階でフロールが発生することも多い。ほとんど知られていないワインであったが、映画「モンドヴィーノ」で取り上げられて、一気に有名になった。生産量は極端に少ない。農夫的なワイン造りなので、ヴィンテージによる出来不出来が激しいが、良いときのマルヴァジア・ディ・ボーザは世界でも稀なる極上の瞑想ワインである。

マルヴァジア・ディ・ボーザよりは生産量もあり、知名度も高いのが、ヴェルナッチャ・ディ・オリスターノだ。これも、シェリーに似てフロールを発生させ緩やかな酸化熟成をするワインで、最良のものは複雑かつ優美だ。

島の南西部では DOC カリニャーノ・デル・スルチス Carignano del Sulcis で、堅固かつみずみずしい赤ワインが造られている。

その他に白ワインでは、軽めでシンプルなヌラグス、赤ワインでは軽やかなモニカ、力強いカンノナウなどの品種で、良質のワインが造られている。

料理と食材

島だけに他の州とは異なる独自の料理が発展した。基本的にはシンプルで貧しい料理だが、味わい深いものだ。

農家には自分でパンを作る習慣があったが、有名なのはパーネ・カラサウ Pane carasau またはカルタ・ダ・ムジカ Carta da musica (「楽譜」という意味) と呼ばれる非常に薄い紙のようなパンで、これは羊飼いが放牧に出る時に持っていっていた保存食だった。

マッロレッドゥス Malloreddus はセモリナ粉の手打ちニョッキで、トマト、サルシッチャ、ペコリーノの濃厚なソースを和える。

ス・ファッル Su farru は、小麦とチーズのスープである。

海岸地帯では魚介も食べられ、特に伊勢海老がおいしく、ヴァカンス客、観光客を喜ばせている。料理法としてはシンプルにローストしたアラゴスタ・アッロスタ Aragosta arrosta、またはグリル焼きのアラゴスタ・アッラ・グリリア Aragosta alla griglia が定番だ。

名産のボッタルガ Bottarga は、カラスミのことで、ボラの卵巣を干したもの。薄く切って前菜にするか、すりおろしてパスタを和える。

肉のメインはローストが多く、ポルチェッドゥ Porceddu と呼ばれる仔豚の丸焼きが有名だ。昔は土中に埋めてローストしていたが、今はオーヴンか炭火で焼く。仔山羊や羊もよく食べられる。地元によく生えているハーブ、ミルトで香り付けすることも多い。

羊飼いの島らしく羊のチーズが有名。DOP はフィオーレ・サルド Fiore Sardo、ペコリーノ・サルド Pecorino Sardo、ペコリーノ・ロマーノ Pecorino Romano (名前はローマだが、実際はほとんどサルデーニャで造られている)

＜料理とワインの相性＞
Malloreddus には、Carignano del Sulcis、Cannonau di Sardegna。
Su farru には、Alghero Bianco、Nuragus di Cagliari。
Aragosta arrosta には、Vermentino di Gallura。
Bottarga には、Vernaccia di Oristano、Vermentino di Gallura。
Porceddu には、Cannonau di Sardegna、Carignano del Sulcis

DOP（DOCG）ワイン（1）

DOCG	特　性
Vermentino di Gallura　ヴェルメンティーノ・ディ・ガッルーラ（1996） 産地：ヌーオロ県 Vermentino 95〜100％。その他5％まで。	白　緑色を帯びた麦わら色　辛口　AT=12％　Sr　AT=13％ Fr　AT=10.5％　Sp　AT=10.5％　Ps　AT=15％（うち、AE=14％） VT　AT=13％ スペイン由来のブドウで造るこのワインは昔は力強い、豊かな香味を持つ白ワインであったが、近年、人々の嗜好に合わせてバランスの良い、フルーティーな若飲みのワインになった。生ガキや伊勢エビの料理に合う。

DOP（DOC）ワイン（17）

DOC	特　性
Alghero　アルゲーロ（1995） 産地：サッサリ県 Bianco は品種表示ワインと同じブドウのほか、この県の推奨または許可品種の使用可。Rosso、Rosato も同じ。共にアロマ付き品種の使用不可。品種表示ワインはその品種85％以上。その他15％まで。	白ワイン： 　Bianco　辛口　AT=10％　Sp　辛口・中甘口・甘口　AT=11.5％ 　　Fr　辛口・中甘口　AT=10.5％　Ps　甘口　AT=17.4％（うち、AE=15％） 　Torbato, Chardonnay　辛口　AT=11％　共に Sp　辛口・中甘口・甘口　AT=11.5％。 　Sauvignon　辛口　AT=11％ 　Vermentino　Fr　辛口・中甘口　AT=10.5％ 赤ワイン： 　Rosso　辛口　AT=11％　Sp　辛口・中甘口・甘口　AT=11.5％ 　　Lq　甘口　AT=21.6％（うち、AE=18％）PI=38カ月　Lq Rv　PI=62カ月　Nv　AT=11％ 　Cabernet　辛口　AT=11.5％ 　Sangiovese, Cagnulari/Cagniulari　辛口　AT=11％ ロゼワイン： 　Rosato　辛口　AT=10.5％　Fr　辛口　AT=10.5％
Arborea　アルボレア（1987） 産地：オリスターノ県 Trebbiano は Trebbiano（romagnolo、toscano）85％以上。その他15％まで。Sangiovese は Sangiovese 85％以上。その他15％まで。	白ワイン： 　Trebbiano　secco　辛口・amabile　中甘口　AT=10.5％　共に Fr 　Naturale　AT=10.5％ 赤・ロゼワイン： 　Sangiovese Rosso, Sangiovese Rosato　辛口　AT=11％
Cagliari　カリアリ（2011） 産地：カリアリ県、カルボニア-イグレシアス県、メディオ・カンピダーノ県、オリスターノ県 表示している品種が85％以上。	白ワイン：辛口　Malvasia Rv　AT=14％　Sp　AT=12％, Moscato AT=14％ Vermentino AT=10.5％ Sp AT=12％ 赤ワイン：辛口 Monica　Rv　AT=13％
Campidano di Terralba/Terralba　カンピダーノ・ディ・テッラルバ/テッラルバ（1976） 産地：カリアリ県 Bovale（sardo、di Spagna）80％以上。その他20％まで。	赤　辛口　AT=11.5％ 強いワインとされて長らくブレンド用として使われていたが、近年、改良されて風味が良く、まろやかになって、特に羊、仔羊の肉に合わせて飲むとおいしく味わえる。

DOC	特　性
Cannonau di Sardegna カンノナウ・ディ・サルデーニャ (1972) 産地：州の全域 Cannonau 90％以上。その他10％まで。	赤ワイン： 　Rosso　辛口　AT=12.5％　Rv　AT=13％　PI=25カ月　Lq Secco　辛口　AT=18％　Lq Dolce Naturale　甘口　AT=16％　共にPI=10カ月。すみれ色を帯びたルビー色。熟成につれてガーネット色になる。プラム、ブラックベリーの香り。年と共にボディーが豊かにワイン構成も複雑になる。サルデーニャの代表的赤ワインで、主に島の中東部のヌーオロ県で造られる。わずか1年の木樽熟成でも暖かさと古代からの力強さを身に付けるといわれている。 ロゼワイン： 　Rosato　辛口　AT=12.5％　フルーツの繊細な香り。 特定の地域 (sottozona) の Oliena/Nepente di Oliena、Capo Ferrato、Jerzu はその地域名を瓶のラベルに表示することができる。これらの地域表示の中でも、昔から Oliena、Orgosolo 両村のブドウで造ったものは Oliena と表示して別格扱いされている。熟成を続けるとレンガ色を帯び、15～16年の熟成に耐える。
Carignano del Sulcis　カリニャーノ・デル・スルチス (1977) 産地：カリアリ県 Carignano 85％以上。その他15％まで。	赤ワイン： 　Rosso　スミレ色　辛口　AT=12％　Sr　AT=13％　PI=26カ月　Rv　AT=12.5％　PI=26カ月　Nv　AT=11.5％　Ps　赤から琥珀色まで　甘口　AT=16％（うち、AE=14％）PI=12カ月（うち、瓶内洗練3カ月） ロゼワイン： 　Rosato　辛口　AT=11.5％。
Girò di Cagliari　ジロ・ディ・カリアリ (1972) 産地：カリアリ県、オリスターノ県 Girò 100％	赤　薄めのルビー色　Secco　辛口　AT=14％（うち、AE=13.5％）　Dolce　甘口　AT=14.5％（うち、AE=12％）　Lq Secco　AT=17.5％（うち、AE=16.5％）　Lq Dolce　AT=17.5％（うち、AE=15％）　共に Rv　PI=24カ月 スペイン原産のこの品種で造るワインは昔はルビー・ポートの「代用品」などと言われたが、その後、強壮酒のひとつと考えられて、病気後の体力回復期に飲用されるようになった。20年以上の長期熟成に耐えるとされている。生産量は年間16kℓと少ない。
Malvasia di Bosa　マルヴァジア・ディ・ボーザ (1972) 産地：ヌーオロ県： Malvasia di Sardegna 95％以上。その他5％まで。	白　麦わら色から黄金色まで　Amabile から Dolce　甘口　AT=15％（うち、AE=13％）　Riserva　辛口から甘口　AT=15.5％　Spumante　やや甘口から甘口　AT=12％（うち、AE=9.5％）　Ps　Amabile から Dolce　AT=16％（うち、AE=14％）
Mandrolisai　マンドロリーサイ (1982) 産地：オリスターノ県 Bovale sardo 35％以上。Cannonau 20～35％。Monica 20～35％。その他10％まで。	赤ワイン： 　Rosso　辛口　AT=11.5％　Sr　AT=12.5％　PI=2年 ロゼワイン： 　Rosato　辛口　AT=11.5％
Monica di Sardegna　モニカ・ディ・サルデーニャ (1972) 産地：州の全域 Monica 85％以上。その他15％まで。	赤　Secco 辛口・Amabile 中甘口　すべて AT=11％ Secco に Sr　AT=12.5％　PI=1年　Amabile に Fr

DOC	特　性
Moscato di Sardegna　モスカート・ディ・サルデーニャ (1980) 産地：州の全域 Moscato bianco 90%。その他10%まで。	白　Sp　輝くような麦わら色　甘口　AT=11.5%（うち、AE=8%）
Moscato di Sorso-Sennori　モスカート・ディ・ソルソ-センノーリ (1972) 産地：サッサリ県 Moscato bianco 95%。その他5％まで。	白　濃い黄金色　甘口　AT=15%（うち、AE=13%）　Lq Dolce　甘口　AT=19%（うち、AE=16%）　ドライフルーツ、蜂蜜の香り。 Moscato di Sorso あるいは Moscato di Sennori という呼称も認められている。
Nasco di Cagliari　ナスコ・ディ・カリアリ (1972) 産地：カリアリ県 Nasco 95%。その他5％まで。	白　麦わら色から琥珀色を帯びた黄金色　Secco 辛口　AT=14%（うち、AE=13.5%）　Amabile 中甘口 AT=14.5%（うち、AE=12%） Lq Dolce　AT=17.5%（うち、AE=15%）　Lq Secco　AT=17.5%（うち、AE=16.5%） Lq Rv　PI=2年　花やフルーツの香り、特に苔［ナスコ］の香り
Nuragus di Cagliari　ヌラグス・ディ・カリアリ (1975) 産地：カリアリ県、ヌーオロ県 Nuragus 85〜100%。その他15%まで。	白　Secco 辛口　AT=10.5%　Amabile　中甘口　AT=10.5%　Fr
Sardegna Semidano　サルデーニャ・セミダーノ (1995) 産地：州の全域 Semidano 85%以上。その他15%まで。	白　辛口　AT=11%。Mogoro　AT=11.5%　Sr　AT=13%　Sp　辛口・中甘口・甘口　AT=11.5%　Ps　甘口　AT=15%（うち、AE=13%） 特定の地域（sottozona）の Mogoro はその名を瓶のラベルに表示することができる。
Vermentino di Sardegna　ヴェルメンティーノ・ディ・サルデーニャ (1989) 産地：州の全域 Vermentino 85%以上。その他15%まで。	白　secco 辛口・amabile　中甘口　共に AT=10.5%　Sp　AT=11%
Vernaccia di Oristano　ヴェルナッチャ・ディ・オリスターノ (1971) 産地：オリスターノ県 Vernaccia di Oristano 100%	白　琥珀色を帯びた黄金色　辛口　AT=15%　PI=29カ月 　Sr AT=15.5%　PI=41カ月　Sr Rv　AT=15.5%　PI=53カ月 　Lq　AT=16.5%　PI=29カ月　Lq Secco　AT=18%　PI=29カ月 年間生産量120kℓ。

IGP：Barbagia, Colli del Limbara, Isola dei Nuraghi, Marmilla, Nurra, Ogliastra, Parteolla, Planargia, Provincia di Nuoro, Romangia, Sibiola, Tharros, Trexenta, Valle del Tirso, Valle di Porto Pino

イタリアワインに対するアプローチについて

　南北に長く伸びたイタリアには、北はアルプスに近い冷涼な山岳地帯から、南はシロッコが吹き付ける灼熱のシチリアまで、さまざまな気候が存在している。イタリア半島を背骨のように南北に貫くアペニン山脈も標高の多様性を生む。155年前に統一されるまでは、分裂した国家がいくつも競合していたため、各州の文化、気質の違いが大きく、そのことも多様性を生む要因の一つだ。

　このようにさまざまな要因によりイタリアワインは実に多様なものとなる。同じイタリアワインといってもヴァッレ・ダオスタやトレンティーノ＝アルト・アディジェの北国風のワインから、シチリアやカラブリアの地中海的色彩の濃い、太陽を感じさせるワインまで、同じ国と思えないほどさまざまな表情を持ったワインが生まれる。

　このような際立った多様性を前に、最も誤った態度はその複雑さを難しいパズルであるかのように嬉しがり、些細な知識を披露して喜ぶことである。そのようなペダンティックなアプローチほどイタリアワインにそぐわないものはないだろう。イタリアワインは、そのアロマパレットの幅広さ、豊かさを純粋に楽しむべきであり、ムダな知識を競う「トリビアの泉」ではない。

　イタリアワインは複雑で難しいといわれることがあるが、そのような間違ったアプローチが作り出した幻想である。理解しようとするから難しいのだ。イタリアワインはその複雑さをそのまま受け入れて、楽しんでしまうと、その豊穣さを思う存分開示してくれる。

　3000年といわれる長い歴史を誇るイタリアワインだが、私たちが現在知る形でのイタリアワインが形成されたのは実はここ30年ほどの話である。イタリアでは両大戦間の大不況により多くの農民が畑を捨てたため、残念ながらそれまでの伝統がほとんど失われてしまった。第二次世界大戦後も「安くてそれなりに美味しいワイン」というイメージから抜け出すことができず、永久二軍の地位に甘んじていた。1970年代末に、それに断固として反発し、古代イタリアに与えられたエノトリア（ワインの大地）の名に相応しい栄光を取り戻そうと、急速な近代化を進め、高品質ワインを見事に実現した運動が、いわゆるイタリアワイン・ルネッサンスである。そこから現在のイタリアワインは始まっている。だからイタリアワインは長い歴史を誇ると同時に、「若い」ワインなのである。

　まさにその「若さ」がさまざまなやり過ぎと過熱を生む。私はイタリアワインに携わって30年間になるが、その間にさまざまな流行と行き過ぎを見てきた。1970年代の薄くて、酸っぱくて、渋いワインへの反動から、1980、90年代は、果実味豊かで濃厚なワインが求められた。外国品種を使ったバリック熟成のスーパータスカン的ワインに皆が熱狂したものだ。その後2000年代後半になると、それに対する反動から、固有品種ブームが起こって、フレッシュでミネラルを感じさせるワインが人気になり、濃厚さよりも飲みやすさが重視されるようになった。

　ワイン批評も未熟なイタリアでは、評論家やガイドブックが片方のスタイルに肩入れして、その立場を強く支持し、そうでないスタイルの生産者を攻撃し、論争し合うという「若くて青い」現象がよく見られた。バローロ、バルバレスコ地区で顕著だった伝統派vs近代派という不毛な争いがその典型だろう。このように一つの立場にこだわって正統性を主張するセクト主義ほど愚かなことはないと思う。どの品種であれ、どのようなスタイルであり、それぞれのタイプのワインがうまくできるところこそが、エノトリアと讃えられたイタリアの潜在力の凄さなのだ。

　イタリアの底力をよく分からせてくれるのはまさに1980年代に一世を風靡したスーパータスカンだろう。急速に近代化を進めて品質を向上させようとした生産者たちが試しにカベルネ・ソーヴィニヨンやメルロといった外国品種を植えたところ、それが国際的に大成功を収めたという一連のワインである。私がいつも感心するのは、これらのワインはブラインド・テイスティングでフランスの有名なワインを破って注目を集めたのだが、その当時これらのスーパータスカンは造られ始めて5年にもならず、樹齢も10年未満であったということだ。「ティニャネッロ」にしても、サンジョヴェーゼだけでは薄いから、補強にカベルネ・ソーヴィニヨンを入れてみようということで、植えてブレンドしたところ一気に世界的人気を得たのである。ブラインド・テイスティングで『シャトー・ペトリュス』を破ったことで名声を得た「アマ」の『ラッパリータ』にしても、造り始めて3年目のワインだっ

た。トスカーナだけではない、ピエモンテのガイアの ガイア＆レイ（シャルドネ）にしてもダルマージ（カベルネ・ソーヴィニョン）にしても造り始められてすぐに高い評価を得ている。思いついて国際品種を植え、収穫量を落として造ってみると、世界を驚かすようなワインがすぐにできてしまうところが産地イタリアの力である。

　そしてワイン産地として何よりも重要なことは、どんな品種を使おうとテロワールの刻印が明確にワインに刻まれることである。キアンティ・クラッシコ地区で少しシャルドネが造られているが、品種の特徴よりも、キアンティ・クラッシコのサンジョヴェーゼに通じる優美なミネラルと酸を強く感じることが多い。「プラネタ」のシャルドネも一見ニューワールド的な装いの奥に、シチリアならではの柑橘類のみずみずしさを宿している。ワインが他の飲み物と一線を画す最大の特徴が、畑の個性がワインに際立って反映することであるとすれば、イタリアはまさに卓越したワイン産地であるといえる。そしてまさにテロワールを反映させることにより個性的なワインが生まれるのであれば、その手段（固有品種であるか、外国品種であるか、近代的スタイルであるか、伝統的スタイルであるかなど）は２次的重要性しか持たない。

　国際品種をうまく使って幅広い愛好家を魅了するティニャネッロも、固有品種による非常に個性的なワインであるヴァレンティーニのトレッビアーノ・ダブルッツォも両方ともイタリアという産地の顔であるし、またそのような両極端のワインを生む幅広いテロワールを持っていることが、イタリアという大地の大きな可能性なのである。シャルドネとピノ・ネーロによるトレントは固有品種でなくても見事にドロミーティ山塊の麓の山のテロワールを表現しているし、それはエトナという唯一のテロワールで個性的な固有品種であるネレッロ・マスカレーゼで造られる見事なムルゴのブリュットと同じように魅力的だ。

　私たちがごく日常的に和食を楽しむこともあれば、中華、フレンチ、イタリアンを楽しむことがあるように、ワインもその時の気分で選べばいいだけのことで、立場を明確にする必要もなければ、どれもが好きでも全く構わないし、むしろその方がより楽しめるだろう。人生とは何かを論じ続けて、時間を費やすよりも、人生を楽しむことに熱中した方が賢明であるのと同じで、イタリアワインの複雑さを論じている暇があったら、１種類でも多くワインを試して、その多様な魅力を楽しんでしまおう。

イタリアワインに対するアプローチについて

　イタリアワインを継続的に試飲していて特に感じるのは、ベースのものに魅力的なものが多いということだ。キアンティ・クラッシコやソアーヴェが典型的な例であるが、しばしば野心的で高得点を狙った単一畑ワインやセレクションワインよりも、肩の力を抜いて素直に造ったベースのワインの方が、飲みやすいし、チャーミングで、かつテロワールもストレートに感じられるのである。うまく造られたベースのキアンティ・クラッシコやソアーヴェの控えめな自然体のおいしさはまさにイタリアワインの最良の部分を表している。静かに食事に寄り添ってくれ、食事を支え一体となってくれるような奥ゆかしいワインこそがイタリアのワインは本来の姿であったのだから。もちろん価格が安いことも、これらのベースのワインをさらに興味深いものにしている。

　飲みやすさというのはこれからどんどん重視されていくだろう。ランブルスコやプロセッコの大成功はその明確な証しである。赤ワインでもこれまで過小評価されていた、バルドリーノ、ロッセーゼ・ディ・ドルチェアックア、チェザネーゼなどの軽やかなワインに注目が集まっている。一方ブルネッロやバローロなどの複雑で力強いワインも根強い人気がある。両極端に分かれていくのが現在のイタリアのトレンドである。日常は軽やかで、飲みやすく、そっと癒やしてくれるような優しいワインを気軽に楽しみ、週末など時間的、精神的余裕のある時は複雑なワインをゆっくりと楽しむという愛好家が増えているのだ。そのどちらにも魅力的なワインがたくさん溢れているのがイタリアである。イタリアワインは軽やかなランブルスコやプロセッコから、複雑なバローロ、バルバレスコ、アマローネまでさまざまだが、それぞれにテロワールや個性が感じられる。だから色々試してみて、自分の好みのワインを見つければいいのである。ワインに正解はなく、自分がその瞬間にいいと思えるワインに出会うことこそ重要なのだから。

イタリアワイン・トピックス

白ワインが主流に?

　イタリアは歴史的に赤ワインの産地だった。キアンティ、ヴァルポリチェッラ、バローロ、バルバレスコ、タウラージなど著名なワインのほとんどは赤ワインだ。今では白ワインで有名なアルト・アディジェ地方も50年前までは赤ワインの産地だったし、ヴェルディッキオで知られるマルケ州も少し前までは赤ワイン（ロッソ・コーネロやロッソ・ピチェーノ）が主流だった。そんな赤ワイン王国イタリアで、近年白ワインが急速な伸びを示していて、5年前に生産量でも消費でも白ワインが赤ワインを追い越した。

　2015年のデータを見ると白ワインの生産量2560万ヘクトリットルに対して、赤ワインは2170万ヘクトリットルで、白ワインが前年比22％増であるのに対して、赤ワインは18％増だ。輸出でも白ワインの伸びが目立っている。ブドウ畑に目を向けると白ブドウが57％で、黒ブドウが43％となっている。

　もちろん地方にもよるが、昔イタリアでは日常的には赤ワインを飲むことが多く、魚料理にも軽めの赤ワインが合わされていた。白ワインを飲むのは暑い夏の季節、スパークリングワインを飲むのはクリスマスのホリデーシーズンといった具合に、白ワインは「季節商品」の色彩が強かった。ところが、今では白ワインもスパークリングワインも年中飲まれるようになった。その背景にあるのはよりアルコール度数が低く、軽めのワインを求める消費者の好みだ。また食事がライト化して、伝統料理一辺倒だったイタリアでもフュージョン料理やエスニック料理が広がってきたことも、これらの料理に合わせやすい白ワインの消費を後押ししている。

　特に人気があるのは、プロセッコ、ピノ・グリージョ、ヴェルディッキオ、ソアーヴェ、ファランギーナなど香り高く軽やかなワインである。

ワイン観光が活発に

　ワインは土地について語ることができる数少ない飲み物の一つである。ワインを飲むとブドウが生まれた土地の気候、土壌、風土、文化を感じることができる。そのようにワインがテロワールの表現である限り、愛好家がワイン産地を訪問し、自分が好きなワインが生まれた土地を体験してみたいと思うのはごく自然な流れだ。今までもそのような愛好家は多くいたが、最近はそれが大きなうねりとなって「ワイン観光」として認識されるようになった。農園に滞在して、そこで作られた食材やワインを楽しむというコンセプトのアグリツーリズムの普及も、ワイン観光を大いに促進した。

　今では多くのワイナリーが訪問客を招き入れる準備を整えていて、ワイナリーを案内し、ワインを試飲させてくれる（予約が必要な場合もある）。訪問メニューがいくつか提示されていて、一定額を支払えば、かなり上のクラスのワインを試飲できることもある。トラットリアやレストランを併設しているワイナリーもあるし、宿泊設備があるワイナリーもある。自分が好きなワインが生まれた土地で、ワインを楽しみ、地元食材を使った素朴な料理に舌鼓を打つのは最高だし、ワイナリー内に宿泊するとまさに「テロワールの空気」を感じることができる。料金もフィレンツェやローマのような大きな都市と比べるとかなりお手ごろであることも嬉しい。

　唯一の問題は交通の便であった。ワイナリーがあるのは田園地帯なので、昔は大きな町からはレンタカーを借りて運転していくしか方法がなかった。イタリア人の運転は総じてかなり「手荒」なので、イタリアで運転するのは簡単ではない。これがワイン観光の最大の難関であった。ところが、近年はイタリアでも飲酒運転の取り締まりが厳しくなり、そのおかげでワイナリーや郊外にあるレストランへのハイヤーサービスが充実してきた。フィレンツェに泊ってキアンティ・クラッシコに行ったり、トリノに泊ってバローロ地区を訪問したりするのに対応してくれるハイヤーが増えたのである。料金も一人では高く感じるかもしれないが、3～4人で割り勘にすれば十分手の届く範囲だ。これもワイン観光への大きな助けとなっている。

　最近イタリアを訪問した人は空港内に洒落たワインバーが増えたことに気づかれただろう。ミラノのマルペンサ空港、リナーテ空港、ローマのフィウミチーノ空港には「フェッラーリ」が運営する「フェッラーリ・スパツィオ・ボッリチーネ」があり、自社が所有するミシュラン1つ星レストランのシェフが料理の監修をしている。トスカーナの「マルケージ・デ・フレスコバルディ」はローマのフィウミチーノに「デイ・フレスコバルディ・ワイン・バー」を、「ゾニン」もフィウミチーノに「ロッコ・インテンソ」を、「フェウディ・ディ・サン・グレゴリオ」はナポリ空港に「ドゥブル・ラウンジ・バル」をオープンしている。空港も重要なワインと食のショールームとしての役割を果たしているというわけだ。

　食卓でワインを楽しむだけでなく、ワインの背後にある土地、風土、文化、歴史を総合的に楽しもうというワイン観光は今後もますます発展していくだろう。

固有品種のブームは瓶内2次発酵スパークリングワインにも

　一昔前までは固有品種が持つ独特の香りと味わいは、消費者にとってなじみのない「クセ」「アクの強さ」と捉えられ、受け入れられにくかった。シャルドネやカベルネ・ソーヴィニヨンなどの国際品種が持つ慣れ親しんだ香りや味わいが好まれていたのだ。ところが、醸造技術の進歩により世界中で似たような味わいを持つワインが大量に造られるようになるにつれて、際立った個性を持つ固有品種に注目が集まるようになってきた。「安心感」よりも「個性」が求められる時代になったのである。

　イタリアでも瓶内2次発酵スパークリングワインと言えばシャンパーニュをモデルにして、国際品種であるシャルドネとピノ・ネーロを主体にしたものだった。トレント、フランチャコルタ、オルトレポ・パヴェーゼなどイタリアを代表するメトド・クラッシコは全てそうである。ところが近年、固有品種による瓶内2次発酵スパークリングワインが増え、人気が高まっている。

　イタリアの固有品種は酸が強いものが多いので、基本的にはスパークリングワインに向いている。典型的なのは今話題の産地エトナの白ブドウ、カッリカンテだろう。酸が強すぎる（特にリンゴ酸が多い）ので白ワインとしては好き嫌いが分かれるカッリカンテも、瓶内2次発酵スパークリングワインにするとシャープな酸とミネラルを持つ華やかなワインに変身する。カッリカンテ100％で造られるプラネタの『ブリュット・メトド・クラッシコ』はその好例である。

　白ブドウだけでなく黒ブドウも人気がある。偉大な赤ワインを生むネッビオーロも酸とミネラルが強い品種なので瓶内2次発酵スパークリングワインに適している。醸造コンサルタントのセルジョ・モリーノが、コンサルタント先のワイナリーと始めた「ネッビオーネ」というプロジェクトが有名である。これは収穫の2～3週間前にネッビオーロの房の先端の部分を摘房して、それを使って瓶内2次発酵スパークリングワインを造るというものだ。ネッビオーロの房は大きく、先端の部分は成熟が遅れがちなので、それを摘房してしまうことにより残りの部分で造られる赤ワイン（バローロ、ガッティナーラなど）の品質が向上する。しかも先端の部分は酸が多く、スパークリングワイン向きである。今までも凝縮感を求めてネッビオーロの房の先端を摘房する生産者（ロベルト・ヴォエルツィオが有名）はいたが、摘房したブドウは捨てていた。ネッビオーネはそれを有効利用して、個性的なスパークリングワインを造ろうというプロジェクトだ。2010がファースト・ヴィンテージで、40カ月のイースト・コンタクトを経て、エクストラ・ブリュットとしてリリースされる。非常に興味深いのは本来そのブドウから造られるはずだった赤ワインの特徴がスパークリングワインにも明確に反映されていることで、ラ・モッラ村のものはデリケートでやさしい味わいだし、モンフォルテ・ダルバ村のものはスケールが大きく、力強い。鮮やかにテロワールが出ているのが「トラヴァリーニ」によるもので、勢いのある酸とミネラルを持つ厳格で切れ味のよいワインで、まさにガッティナーラを想起させる。

　同じやり方でサンジョヴェーゼを使ってモンタルチーノで造られている「レ・キウーゼ」のものは、モンタルチーノ村北地区ならではの厳格さが出ていて、同生産者のやや無口なブルネッロの特徴を全て備えている。

　エトナでは黒ブドウであるネレッロ・マスカレーゼを使ったブラン・ド・ノワールにも優れたものがいくつもあるし、サグランティーノで瓶内2次発酵スパークリングワインに挑戦している勇気ある生産者もいる。

　固有品種による瓶内2次発酵スパークリングワインは、今後ますます人気が高まっていくだろう。

ヴェルナッチャ・ディ・サン・ジミニャーノのルネッサンス

　赤ワインが圧倒的に有名なトスカーナ州で、白ワインで唯一DOCGを獲得しているのが、ヴェルナッチャ・ディ・サン・ジミニャーノだ。ダンテの『神曲』にも登場する歴史のあるワインだが、産地が「百の塔の町」として有名な世界遺産サン・ジミニャーノ周辺で、観光客相手に簡単に売ることができるために、生産者の品質向上への取り組みが遅れた。そのため、有名なわりには、ワインの本質がまだ十分に理解されていない。

　産地があるのはシエナ県のキアンティ・クラッシコ地区の西で、標高は250～400メートル。典型的な凝灰岩の黄色い砂質土壌が特徴である。畑は770ヘクタールで、年間500万～600万本が生産されている。

　知名度が高く生産量も多いワインで、フレッシュ＆フルーティーな飲みやすいタイプのワインも造られてはいるのだが、本来はヴェルナッチャは力強く男性的な白ワインを生む品種だ。アロマはそれほど強くなく、むしろ華やかさに欠けるが、酸がしっかりとしていて、ミネラル分あふれる味わいが魅力だ。微かに感じるアーモンドの風味が特徴である。熟成により蜂蜜やピート（泥炭）のトーンが出てくる。最良のヴェルナッチャ・ディ・サン・ジミニャーノは少なくとも2～3年、できれば5年は熟成させないと、その真価を発揮しない。「白ワインの衣を着た赤ワイン」と呼ばれるゆえんである。合わせる料理も魚介類だけでなく、チキンや仔牛肉などとも相性が良い。1980～1990年代には、市場に受け入れられやすい飲みやすいヴェルナッチャ・ディ・サン・ジミニャーノを造ろうという動きが盛んだったが、新世紀に入ったあたりから徐々に、品種の個性や特徴を歪めることなく、その魅力を伝えていこうと考える生産者が増えてきたのは嬉しいことだ。

「ヴェルナッチャはここ10年で大きく品質が向上して、ヴェルナッチャ・ルネッサンスと言われています。今後が楽しみです」と、ヴェルナッチャ・ディ・サン・ジミ

ニャーノ協会会長レティツィア・チェザーニは話す。

固有品種ブームが続く

　イタリアワイン界の固有品種ブームは、まだまだ終わりそうにない。固有品種はイタリアワイン最大の強みと言われるが、それにしても次々と魅力的に品種が再発見され、興味深いワインが造られているのは驚きである。

　固有品種が豊富なカンパーニア州の例を見てみると、もともとはアリアニコによるバルクワインの産地として有名であったが、1970年代以降徐々にグレーコによる白ワインが成功し始める。1980年代になると、地元でやや甘口のワインが造られるぐらいでほとんど消滅しかけていたフィアーノによる辛口白ワインが人気を博する。この両品種はグレーコ・ディ・トゥーフォ、フィアーノ・ディ・アヴェッリーノとしてDOCGに昇格し、今やカンパーニア州を代表する固有品種として定着しているが、ワインとしての知名度を得たのは実はそれほど古い話ではない。1990年代後半には、喜ばしいアロマとみずみずしい味わいを持つファランギーナによる白ワインが大ブームとなる。2000年代に入ると今度は全く知られていなかったカゼルタ県のパッラグレッロ・ネーロ、カーサヴェッキアという黒ブドウ、パッラグレッロ・ビアンコという白ブドウが注目を集める。同時に白ブドウであるコーダ・ディ・ヴォルペにも再評価の動きが出てきた。そして今は、ナポリ県の黒ブドウのピエディロッソやアマルフィ海岸の黒ブドウのティントーレに注目が集まっている。驚くべきことは、これらの固有品種が、ブームに乗った一発屋の珍しいだけの品種ではなく、全て着実に素晴らしい成果を出していて、今後の発展がまだまだ期待できることである。

　他州に目を向けると、今ブームになっているシチリアのグリッロ、アブルッツォやマルケのペコリーノ、パッセリーナ、モリーゼのティンティリア、プーリアのススマニエッロ、ピエモンテのナシェッタなども、20年前ぐらい前はほとんど知られていなかった。アルネイスですら1970年代には消滅しかけていた品種である。

　これらの固有品種の豊富さ、無尽蔵の豊かさを見ていると、イタリアにはどれだけ宝物が眠っていたのかという驚きと同時に、それではなぜ今までそれらの品種をちゃんと醸造してこなかったのかという疑問が自然にわいてくる。イタリアは美しい自然にも、文化財、美術品にも破格に恵まれているが、それらを十分に活用できていない例が珍しくない。ポンペイ遺跡の荒廃はその典型的な例である。やはり人間は恵まれすぎていると、そのありがたみがわからず、恩恵を十分に利用できないのかもしれない。

理想的デイリーワイン
DOCGキアンティの復活

　イタリアワインの中でも最も知名度が高いにもかかわらず、長年、大量生産・低品質のレッテルを貼られ苦しんでいたDOCGキアンティだが、ようやく復活の兆しが見えてきた。ここ3年ほど毎年5～10％販売が伸びていて好調である。イタリアでは家飲みワインとして定着していて、根強い人気があるし、海外でもイメージが向上している。キアンティの年間生産本数は約1億1000万本で、DOCプロセッコ、DOCGアスティ、DOCモンテプルチャーノ・ダブルッツォに次いで3番目の生産量を誇る。ブドウ畑は1万5500ヘクタール。3600のブドウ栽培者がいるが、自分で瓶詰めしているのは800と少なく、瓶詰業者が多いのが特徴だ。売り上げは年間3億ユーロで、70％は輸出される。

　キアンティの生産地区は六つの県（アレッツォ、フィレンツェ、ピサ、ピストイア、プラート、シエナ）にまたがり広大で、アペニン山脈の影響を受ける内陸から、地中海の影響を受ける産地まで、そのテロワールは多様である。七つのソットゾーナ（下部地区）があり、より厳しい生産規則を持っているが、ルフィナ以外は明確な個性を確立できていない。全ての地区に共通するのはサンジョヴェーゼが中心のフレッシュで喜ばしいワインであるということだ。サンジョヴェーゼは非常に幅広いワインを生む品種で、フレッシュで軽やかなワインから、重厚でパワフルなワインまでさまざまなタイプが造られるが、後者の代表がブルネッロ・ディ・モンタルチーノだとしたら、前者の代表がキアンティである。「キアンティは棚に並べて眺めるワインではなく、実際に飲まれるべきワイン」とキアンティ協会会長ジョヴァンニ・ブージが話すように、非常に飲みやすいワインで、幅広い食事とマッチする。適度の酸とタンニンがあり、口中をリフレッシュしてくれる。コスト・パーファーマンスが高いことも成功の要因の一つだろう。キアンティのシンボルであるフィアスコ・ボトルを新たに見直そうという動きもあり、フィアスコ・ボトルを近代的にアレンジした製品もいくつか発売されている。キアンティには、色あせることのない魅力があるようだ。

シチリアワインの新たなステップ

　古代からブドウ栽培が盛んなシチリアは、温暖な気候と豊富な日照に恵まれ、豊かな果実味を持った良質のワインを比較的簡単に生産することができる。まさにブドウ栽培に適した恵まれた土地なのである。ただ、それに甘えて、安易なバルクワイン販売の道を選んでいた時代が長かったために、高級ワイン産地としての名声を確立したのは比較的最近のことだ。

　まず、第二次世界大戦後に大手生産者が安定した品質の手ごろな価格のワインを大量に供給して大成功を収めた。『レガレアーリ』『コルヴォ』『ドンナフガータ』などのブランドがイタリア中で飲まれていた時代である。ただ、イタリア南部特有の封建的大土地所有制度が根深いシチリアでは、ワインを瓶詰めして大量に供給できるのは、広い土地を持つ貴族、お金持ちなど、ごく少数の生産者に限られていた。多くのブドウ栽培者はそれらの生産者にブドウを

低価格で売るしかないと諦めていた。

その諦念を打ち破り、新たな道を示したのが、1996年にデビューした「プラネタ」だった。当時まだ20〜30歳代だったフランチェスカ、アレッシオ、サンティの3人の若者は、はっきりとした考えと勇気をもって、品質の良いワインを生産し、それを適切に市場に紹介すれば、シチリアワインでも世界的成功を収めることができることを示したのだ。

これは多くのブドウ栽培者にとってまさに希望の道で、実際彼らの多くがプラネタ・モデルを真似て、ワイン生産、瓶詰めを始める。1990年代後半から2000年代前半に起こったシチリアワイン・ブーム、その後の土着品種ネーロ・ダヴォラのブームは、プラネタの颯爽たる成功により巻き起こされたものと言っても過言ではないだろう。

2000年代後半に入ると、シチリアが誇る数多くの土着品種に注目が集まる。それと同時に生産者の多くが、シチリアが持つ多様なテロワールの違いの重要性に気づき始めた。「シチリアは大きな島というより、小さな大陸だ」とよく言われるように、周りを海に囲まれ、山岳地帯も多いシチリアでは、シロッコが吹きつける灼熱のパキーノから冷涼な気候のエトナまで、全く異なるテロワールが多く存在する。そしてそれぞれのテロワールに最適のブドウ品種があるのである。

近年は「シチリアワイン」という大雑把なまとめ方を嫌って、エトナのワイン、パキーノのワイン、ヴィットリアのワイン、メンフィのワインなどの個別産地ごと論議をしてほしいと話す生産者が増えた。そして生産者も、異なるテロワールを求めてシチリア各地に進出するようになった。

プラネタを例にとると、ワイナリーが誕生したサンブーカ・ディ・シチリアではグレカニコ、フィアーノ、シャルドネを、メンフィではシラー、メルロ、カベルネ・ソーヴィニヨンを、ヴィットリアでは、香り高い優美なフラッパートとネーロ・ダヴォラを、ノートでは力強いネーロ・ダヴォラを、エトナでは土着品種カッリカンテ、ネレッロ・マスカレーゼを、そしてミラッツォではネーロ・ダヴォラとノチェーラを、といった具合にそれぞれのテロワールに適した品種を使って、それぞれのテロワールを表現するワインをシチリア各地で生産している。

これからは単にシチリアワインではなく、それぞれのテロワールの特徴を論じる時代が来るだろう。

バローロとバルバレスコは単一畑ワインの時代へ

バローロ、バルバレスコには、本来は単一畑ワインの伝統はなかった。複数の異なる個性を持つ畑のワインをうまくブレンドして複雑かつ偉大なバローロ、バルバレスコを造るというのが地元の伝統であった。もちろんそれを可能にするためには、造り手はそれぞれの畑の特徴についての深い知識と理解を持っていた。

単一畑のバローロ、バルバレスコが話題になり始めたのは1961年以降で、1970年代後半から一気に人気が出てきた。それにともなって単一畑ワインばかりが話題となり高い評価を得て、複数畑のブレンドによる本来の伝統的なバローロ、バルバレスコが軽く見られて「ベースのバローロ」とか「ノーマルなバルバレスコ」のようにおろそかに扱われるようになった。伝統的な複数畑ブレンドによるバローロ、バルバレスコが粗末に扱われることに異議を申し立てる生産者も出てきた。著名な例はアンジェロ・ガイアである。

彼は歴史ある自分のバルバレスコが「普通の」とか「ベースの」と粗末に扱われるのが耐えられず、1996ヴィンテージから単一畑バルバレスコはバルバレスコDOCGを名乗ることを止めて、ランゲ・ネッビオーロDOCに格下げして販売し、本来のバルバレスコだけにDOCGを名乗らせて、ワイナリーを代表するワインとしてその本来の価値を認めさせるという極端な選択をした。ただ、これはガイアほどのネーム・バリューがあるからできることではあったが、それにしても勇気ある行動であった。

さて、単一畑ワインであるが、歴史的に造られてきたものではないので、それをコントロールする法律も規則もなく、「言ったもの勝ち」的状況が続いていた。特にカンヌービなどの著名畑の名声の乱用は激しく、畑の境界線はどんどん拡大していった。

それに対して規則を決めて、管理していこうという動きが出てきたのは世紀も変わるころである。もちろん大きな利害関係が絡む話なので、簡単に進んだわけではない。根気強い交渉と避けがたい妥協によりようやく実現に至った。「追加地理言及」(Menzione Geografica Aggiuntiva)といういかにも官僚的な名前がついたこの制度は、バローロ地区を170区画、バルバレスコ地区を66区画に分けて、それをラベルに表示することを可能にするもので、妥協の結果、単一畑よりも大きな区画の名前となった。バルバレスコは2007年ヴィンテージから、バローロは2010年ヴィンテージから使用される。ただ、これは単なる地理上の線引きであって、そこで生産されるワインの品質を保証するものではない。それでもそれぞれの地区の特徴を明確にするための第一歩であることに違いはないので、今後の進展を見守りたい。

バローロ、バルバレスコ両地区は、イタリアでは珍しくブルゴーニュ的な意味での単一畑文化を持つ産地だが、畑の特徴を表現するワインを造ろうという傾向は今後ますます強くなっていくであろう。

世界的注目を集めるエトナ

シチリアのエトナのワインの人気が目覚ましい。エトナはシチリア島東北部に位置する産地で、ヨーロッパ最大の活火山であるエトナ山の傾斜に広がるユニークな産地だ。

もともとバルクワインの産地として評価が高く、19世紀末には100万ヘクトリットルを生産していたというから現

在のマルケ州ぐらいの大ワイン産地だったわけだ。ただ20世紀初めにフィロキセラ禍に襲われ、第一次世界大戦後の大不況もあり、多くの農民がブドウ栽培を捨て、農村は荒廃した。第二次世界大戦後の高度成長期にシチリアワインの生産量が回復した時も、山の傾斜の段々畑という高コスト体質がネックとなり、エトナワインは復興しなかった。

そんな中エトナワイン復活に尽力したのが「ベナンティ」である。製薬会社の経営者であったジュゼッペ・ベナンティはエトナワインの栄光を取り戻そうと高品質ワイン生産を目指し、1990年に最初の瓶詰を行った。ただ当時は国際的スタイルの濃厚なワインが市場を席巻していた時代で、エトナのフレッシュで、ミネラルの強い個性的なワインは受け入れられず、ベナンティだけが孤軍奮闘を続けた時代が2000年代初めまで続いた。

エトナの本格的復興が始まったのは2000年代初めで、残念ながらシチリア人の手ではなく、トスカーナ人マルコ・デ・グラツィア（「テヌータ・デッレ・テッレ・ネーレ」）とローマ人アンドレア・フランケッティ（「パッソピシャーロ」）によるものだった。他に類がないエトナのユニークな個性に注目した2人は、エトナに自らのワイナリーを創設した。すでにワイン界で成功を収めていた（デ・グラツィアはイタリアワインのブローカーとして、フランケッティは「テヌータ・ディ・トリノーロ」で）カリスマである2人の発信力は強く、一気にエトナに注目が集まった。ちょうど市場が国際的スタイルの濃厚なワインに飽きて、他にはない個性を持つ土着品種によるワインがブームになり始めていたことも幸いした。

次に2人の成功を見たシチリア大手生産者がどんどんとエトナに進出してきた。「フィッリアート」「タスカ・ダルメリータ」「グルフィ」「プラネタ」「クズマーノ」「ドンナフガータ」など今ではエトナに進出していない生産者を見つける方が難しいほどだ。そして1990年にベナンティが最初に瓶詰した時は3、4軒だったエトナの生産者は今では160を超すようになった。

なんと言っても世界の注目を集めたのは昨年に発表されたアンジェロ・ガヤの進出である。これはガヤとエトナの中堅ワイナリー「グラーチ」のオーナーのアルベルト・アイエッロのジョイント・ヴェンチャーで、エトナ東南部にすでに21ヘクタールの土地を購入、今後さらに20ヘクタールほど畑を買い増す予定だ。破格に先見の明に長けるガヤがボルゲリに進出した（「カ・マルカンダ」）のは1996年で、その後ボルゲリが大ブームとなり、ブドウ畑の価格が高騰したことを考えると、ガヤが進出したエトナがさらに熱い注目を集めていることも十分に納得できる。

エトナのブドウ畑は標高300〜1200mに広がり、3000mを超すエトナ山の麓であるために気候は冷涼だ。しかし南に位置しているために日照は強烈で、ブドウは成熟する。70万年にわたり噴火を続けているエトナ山が噴き出した溶岩からなる火山性土壌に個性的土着品種カッリカンテ、ネレッロ・マスカレーゼ、ネレッロ・カップッチョが植えられている。このようなテロワールからフレッシュで、ミネラルの強靭な、優美なワインが生まれる。まさに国際的スタイルとは対極にあるワインで、今消費者が求めている際立った個性を持つワインである。

DOCエトナのブドウ畑は903ヘクタールで、生産量は250万本とまだ数は少なく、シチリアワイン全体の3〜4％の生産量でしかないが、その注目度は高く、どこよりもホットな産地の一つだろう。

ロゼワインの人気が高まる

イタリアでロゼワインの消費が本格的に伸び始めた。伝統的にロゼが愛されてきたフランスとは対照的に、イタリアではロゼワインは「夏だけ飲むワイン」として軽く見られていたが、ようやく消費が定着し始めたようだ。イタリア農業調査研究情報局の調査によると2017年のロゼワインの消費は前年比で20.7％増となり、白ワインの3.9％、赤ワインの2.1％増（DOCとDOCG）を比べると大きく伸びている。

その背景にあるのは伝統的ロゼワイン産地がアイデンティティーを明確に確立したことと、固有品種による興味深いロゼワインが増えていることである。

イタリアのロゼの伝統的産地はプーリア州で、老舗「レオーネ・デ・カストリス」が1943年に連合軍のために瓶詰した『ファイヴ・ローゼズ』は初めて瓶詰されたイタリアのロゼワインとされている。ただその前からプーリア州にはロゼワインの伝統があり、濃厚な赤ワインはバルクワインとしてイタリア北部やフランスに売り、地元の人が日常的に飲むのはロゼワインが多かった。プーリアのロゼワインはプロヴァンスのロゼと比較すると濃いしっかりとした色をしていて、チェリーやイチゴの果実のアロマがしっかりと感じられ、味わいも丸みがあり、フルーティーで、より赤ワインに近いものだ。ネグロアマーロで造られるものが有名だが、最近はススマニエッロやネーロ・ディ・トロイアのものも人気があり、プリミティーヴォで造られるロゼはほとんど赤ワインに近い力強さを持ち、1年以上熟成させるものや、樽熟成させるものもある。淡いロゼワインとは一線を画した温暖な気候と太陽に恵まれた産地ならではのしっかりとした個性を持つプーリアのロゼワインは根強い人気がある。

プーリアと対極の選択をしたのがバルドリーノである。バルドリーノはキアレットというロゼワインが伝統的に造られてきたが、アイデンティティーが明確でなく、プロヴァンスのロゼのような淡い色のものやプーリアのロゼのように濃い色のものが混在していて、消費者を混乱させていた。10年ほど前にバルドリーノ協会がイニシアティヴを取り、プロヴァンスの淡いロゼをキアレットのモデルとすることを決め、イタリアには珍しく強い指導力を発揮して、組合員を啓蒙した。バルドリーノ氷堆石土壌で生まれるコルヴィーナ、コルヴィノーネ、ロンディネッラ、モリナーラなどの土着黒ブドウは軽やかでフレッシュなワインを生むため、淡い色をしたフレッシュなロゼには最適で、

適度に混ざるスパイシーさがとても心地よいものとなった。この選択が大成功を収め、キアレットは急成長を遂げている。

プーリア、バルドリーノと並ぶもう一つの伝統的ロゼ産地はアブルッツォ州で、チェラスオーロ・ディ・アブルッツォがその代表だ。これはプーリア寄りのやや濃いめのロゼワインで、非常に優れたものもあるが、まだ品質にバラツキが見られ、もう少し明確なアイデンティティーを確立したいところだ。

イタリアの固有品種は酸が強いものが多いので、ロゼにすると成功することが多い。キアンティ・クラッシコ地区はロゼワインの伝統がない産地であったが、この15年ぐらいサンジョヴェーゼを主体にロゼワインを造る生産者が増えてきて、これがかなり成功している。赤ワインに共通するフレッシュな酸と優美なミネラルがロゼにも感じられ、どこかスタイリッシュな味わいである。

エトナのロゼも進化が目覚ましい。エトナでは伝統的に黒ブドウも白ブドウも一緒に醸造し、ロゼに近い赤ワインを造り、地元消費にあててきた伝統がある。しかし今造られ始めているのはネレッロ・マスカレーゼを主体に造られるデリケートなロゼワインで、エトナならではのシャープな酸と火山性のミネラルを持つ切れ味鋭いロゼワインだ。

ロゼに近い赤ワインとして注目されているがランブルスコ・ディ・ソルバーラだ。ランブルスコの中でもソルバーラはもともと色の薄い品種だが、ロゼを意識して、短めにマセラシオンすると実にエレガントなワインとなる。瓶内2次発酵ロゼスパークリングワインにも興味深いものが多い。

ロゼワインの最大の魅力は気軽に飲める味わいであることと、幅広い食事に難なくマッチしてくれることだ。現在の食のライト化、カジュアル化にともない今後ロゼワインの需要は益々高くなっていくものと思われる。

キアンティ・クラッシコ村別呼称への道のり

キアンティ・クラッシコ地区はフィレンツェとシエナの間に広がる美しい丘陵地帯で、卓越したテロワールがあり、優れたワインが数多く生まれる。イタリアの著名なワインガイドブック『ガンベロ・ロッソ』の最高評価であるトレ・ビッキエーリを獲得するワインがバローロ地区と並んで最も多いのもこの地区である。それにもかかわらず、バローロ地区と比べると産地としての名声がそれほど高くないのは、この呼称が歩んできた不幸な歴史があるからだ。

キアンティ・クラッシコの生産規則が白ブドウのブレンドを義務づけていたために、黒ブドウだけで赤ワインを造りたい意欲的な生産者が1970、80年代にキアンティ・クラッシコの呼称を捨てて、ヴィーノ・ダ・タヴォラとしてサンジョヴェーゼ100％のワインをリリースし、それがスーパータスカンとして大成功したのは有名な話である。サンジョヴェーゼに外国品種をブレンドした『ティニャネッロ』のようなワインも大成功を収めたが、これもキアンティ・クラッシコ地区のブドウで造られるワインであった。キアンティ・クラッシコ地区にはDOCGキアンティ・クラッシコを名乗らない著名ワインが多すぎるのだ。『レ・ペルゴレ・トルテ』『サンジョヴェート』『チェッパレッロ』『ペルカルロ』『ティニャネッロ』『ソライア』『ラッパリータ』『カサルフェッロ』など綺羅星のごとき著名ワインがこの地区で造られているのに、それが消費者に伝わっていないのである。2014年に創設された最高格付けであるキアンティ・クラッシコ・グラン・セレツィオーネは非常に成功したが、本来の目的であったサンジョヴェーゼ80〜100％で造られる著名スーパータスカンをDOCGキアンティ・クラッシコに戻すという目的はまだ達成していない。レ・ペルゴレ・トルテ、サンジョヴェート、チェッパレッロなどは生産規則的には全てキアンティ・クラッシコを名乗る条件を満たしているワインなので、これらが戻ってくれればDOCGキアンティ・クラッシコの名声は確実に高くなるであろう。

もう一つの問題はDOCGキアンティである。業界人はほとんどの人が、幅広い産地で造られるDOCGキアンティよりもDOCGキアンティ・クラッシコの方が一般的に高品質であることは知っているが、一般消費者にいくら「キアンティ・クラッシコとキアンティは異なるのです」と繰り返しても、理解されることは難しい。そこで解決策として出てきたのが村別呼称である。キアンティ・クラッシコ地区は7万ヘクタールと広く（内7200ヘクタールがDOCGキアンティ・クラッシコのブドウ畑）、9村の行政区にまたがっている。当然地区によりかなり異なる特徴のワインができるので、DOCGキアンティ・クラッシコと一緒に村の名前（ラッダ・イン・キアンティ、ガイオーレ・イン・キアンティなど）を表記することにして、いずれそちらが有名になるようにしてしまおうというのである。ちょうどボルドーのトップワインがポイヤック、サンジュリアン、サンテステフなどの村呼称で知られるように、キアンティ・クラッシコのワインもラッダ、ガイオーレ、カステッリーナなどの村呼称で知られるようにして、それらの村がキアンティ・クラッシコ地区にあることをあまり誰も気にしないという状況を作り出せれば、キアンティ・クラッシコとキアンティが混乱される問題はなくなるというわけだ。実際、ガイオーレ、ラッダ、カステッリーナ、カステルヌオーヴォ・ベラルデンガなどは村の生産者が集まって協会を作り、一歩目を踏み出そうとしている。ただ知名度の高い村は賛成だが、知名度の低い村は当然反対していて、今すぐスムーズに実現できる状況にはないようだ。

どちらにしてもキアンティ・クラッシコ地区がボタンの掛け違いからこじれてしまった諸問題を早く解決して、その卓越した資質に相応しい名声を確立することを切に願う。

第10回 JETCUP チャンピオン 矢野 航の
イタリアワイナリー訪問記

「マストロドメニコ」のドナート爺さんのアリアニコ畑にて。左が筆者

矢野 航

横浜・馬車道「ラ・テンダ・ロッサ」ソムリエ。イタリアワインの魅力をさまざまな角度からより楽しんでもらえるようにアプローチをすることが日々の課題。2016年、第10回「イタリアワイン・ベスト・ソムリエ・コンクール」※優勝

※イタリアワインに関わるソムリエの育成と、その知識と技術の向上に貢献すること、および日本市場におけるイタリアワインのさらなる振興を目的として、2007年より毎年開催されている、イタリアワインのベスト・ソムリエを決定するコンクール

「トラヴァリーニ」のオーナー、チンツィアさんと

2017年6月イタリア縦断ワイナリー巡りの研修旅行に行ってまいりました。頼もしい通訳でアテンドをしてくださった小林さん、旅の前半を共にした楽しい仲間達、快く見送ってくれた「ラ・テンダ・ロッサ」のスタッフのみんな、大歓迎し、もてなしてくれたワイナリーの人々に改めて感謝を申し上げます。旅を通して感じた事、訪れたワイナリーのほんの一部ですが、皆さまにお伝えできることを本当に嬉しく思います。ああ、また行きたいなあ。

バローロより偉大? 父の夢を受け継ぐガッティナーラ

北ピエモンテ、マッジョーレ湖から北上してセシア川を渡ると、緑豊かな山々に囲まれたヴェルチェッリ県ガッティナーラに。大好きなネッビオーロの中でも特に好きな「トラヴァリーニ」を訪問。アンティークな雰囲気のワーゲンワゴンを運転して畑へ案内してくれたのはアレッサンドロさん。急な山道を平気な顔で登っていくのだが、かなり恐い! そこ登るか〜? という際どい道も、ジョークを言いながら進むけれど、こちらは全然笑えない。

畑は標高450メートル、急な斜面による充分な日照と、アルプスから常に吹き下す冷たい風がネッビオーロ種特有の豊富できめ細やかなタンニンを形成し、完熟させるのだという。その昔はバローロよりも偉大と言われたガッティナーラのワイン。しかし、戦後には殆どの畑が見捨てられ、ワイン造りは微々たるものだったそうだ。

カンティーナの創業者、ジャンカルロさんはガッティナーラワインの可能性を信じて畑を耕しブドウを栽培、高品質なワインを造り、ガッティナーラの復活を見事に成し遂げた立役者。現オーナーは、ジャンカルロさんの娘チンツィアさんとご主人のマッシモさん。ネッビオーロ種をアマローネのように陰干しして造った珍しいワインを飲ませて頂くことに。奥深い香りで、凝縮感がありながらもネッビオーロ特有の透明感がある。果実に溶け込んだタンニンの素晴らしさにすっかり魅了されてしまう。

北ピエモンテではかなり珍しいネッビオーロの陰干しスタイル。発案はお父さまであるジャンカルロさんだという。陰干しワインの経験は無いが、とにかくこの土地とブドウのポテンシャルを信じて疑わなかったそう。しかし、残念ながらリリースを待たずに、父のジャンカルロさんは他界。父の想いを受け継いだチンツィアさんとマッシモさんは、生前の父の助言を頼りにワインを完成させた。

2人はワインに「IL SOGNO =夢」と名付けた。完成を見られなかったジャンカルロさんの想いと夢を受け継いだ家族の絆のワインなのだ。帰り間際、2人の美しいお嬢さま達がご挨拶に来てくれた。母親似の姉アレッシアさんは大学で経営学を学び、父親似の妹カロリーナさんは農業学校を今年卒業したとのこと。きっと次世代のトラヴァリーニは彼女達が受け継ぎ、守りながら素晴らしきガッティナーラを造り続けてくれる、と確信させてくれた。

バディア・ア・コルティボーノ

中庭に入ると、静寂と積み重ねた時の重さを感じ、思わず背筋が伸びて息を呑んでしまう。1051年に修道院として建てられた古城の地下で、ワインはゆっくりと熟成を待つ。修道院から眺める景色は美しく、ほとんどが森とオリーヴ畑、その一部がブドウ畑、と豊かな自然が残されていた。標高の高いガイオーレの畑には常に涼しい風が吹き、ブドウを病気から守る。有機栽培に徹底しており、とにかくブドウの木が健康であることが良いワインを造るそうだ。

バディアのワインを飲む度に感心するのが、一見、現代的、流行的に思えるそのエレガントなスタイル。しかしそれはずっと昔から変えずに今も同じ事を続けているだけ。パワフルなワインがもてはやされた時代、「売るのが大変だったのでは？」「市場に売れる濃厚パワフルティストに変えようと心が揺れたのでは？」そう聞くと、ジャンドメニコさんは強い眼差しで「1000年続く歴史だよ。変える必要なんてないさ」。さらっと言うけど、それは簡単な事ではないはず。古く美しい修道院と同じく、土地を信じる揺るぎない想いが、ワインをゆっくり美味しく熟成させるのだ。

兼ねてから見たかった南イタリア・バジリカータ州「マストロドメニコ」のワイナリー

地下は温泉が湧いているらしく、硫黄臭のする山道を登り、たどり着いた丘の上の畑は、まさに自然のまま。きっちりと整列して雑草一本生えていないバローロなどの畑とは似ても似つかず。花や草が騒然と生い茂っていて……いや、伸び放題で心底驚く。農業学を学び、仲間からは先生と呼ばれるドナート爺さんは自信たっぷりに「雑草はブドウの木の敵ではない！ 雨が降れば余計な水を吸ってくれる。むしろブドウの樹を守ってくれるのだ‼」と言う。

「マストロドメニコ」のアリアニコに感じる力強くもピュアでみずみずしい味わいは醸造技術ではなく、ブドウの質の高さがもたらすものだったのか、と大いに納得。畑は完全なビオロジックでありながら、認証などには「あんなもん金が掛かるだけだ！」と興味がないと言い切るドナート爺さん。畑の事を語らせたら止まらない天才っぷりが、映画「バック・トゥ・ザ・フューチャー」のドク博士に見えてしょうがない。「雨の多かった2014年はやはり難しかったのですか？」と聞いてみた。すると「Niente（なんにも）」とドナート爺さん。やっぱり畑が健康だと難しい年だって難なく乗り越えるのか〜、と思って感心しかけていると「なんにもだ。なんにも造らなかった」と。どうやら2014年は雨が多く、晩熟のアリアニコは熟しきらず納得いくクオリティーではなかったと。「じゃあブドウは売ったの？」と聞くと「収穫すらしていない。熟して鳥が食べ、落ちて土の栄養になった。納得いかないものを造ってお金にしても意味がないからね。心から美味しいと思えるワインを造り、人々に飲んで幸せになってもらえること。それこそが大事なんだ」

やはり、天才は一分野のみならず、哲学までも自家薬籠中の物とする。ドク博士が今度はダ・ヴィンチに見えてきた。

まるで秘密基地！シチリア本土最南端ノートの「見えないカンティーナ」

真っ白な石灰土壌のブドウ畑の周りには、南国の花や植物。すぐ近くの海からの風が終始吹いているものの、まだ6月なのにジリジリと真夏のような日照が暑い！「まだまだこれから暑くなるのよ」と「プラネタ」のデボラさん。赤土色の小さな小屋の隣にカンティーナがあるというのだけれど、見えない。ブーゲンビリアやヤシが生い茂っている下にアーチ状の小道が！ 少し屈んで入るほどの小さな道は地下の扉へと続き、開けるとビックリ。地下3階分ほどのスペースに巨大ステンレスタンクが整列している。自然の景観を壊すことなく一体化した、外観からは想像出来ない近代醸造施設はまるで秘密基地。ここは「CANTINA INVISIBILE（見えないカンティーナ）」と呼ばれている。

プラネタ社が現在所有している6醸造所のうち、ここノートではネロ・ダーヴォラとモスカートの2品種が植えられている。モスカートは、主にブドウを陰干しして造る甘口ワインに使われる品種で、糖度が高くアロマ豊かな香りが特徴。多くの日照と乾いた風、真っ白な石灰土壌がモスカートの凝縮した糖度とアロマを育てるという。

ティスティングで特に印象的だったのが、モスカートで造る辛口バージョン。こんなに暑い所で造ったとは想像できない涼やかでクリーンな香り。はっきりとしたミネラルとフレッシュな酸が心地よく、特有の優しい甘さをチラッと見せつつ、かすかなほろ苦さのドライな余韻へ続く洗練された味わい。モスカート特有のアロマもしっかり表現している。上手いなあ。とにかくプラネタのワインはバランス感が上手い。土地と地ブドウの個性と、現代的なスムースさをいっつも絶妙なバランスで美味しく飲ませてくれる。およそ30年前にパワフルなシャルドネでシチリアワイン革命を起こしたプラネタは、今現在もリーダーであり続けていると確信した。

PLANETA È PLANETA!
さすがはプラネタ！

「CANTINA INVISIBILE」への入り口

監修
宮嶋 勲（みやじま いさお）
ジャーナリスト。東京大学経済学部卒業。ローマの新聞社に勤務後、イタリアと日本でワインと食について執筆を行う。イタリアのワインガイドブック『Le Guide dell'Espresso I Vini d'Italia』試飲スタッフ、イタリアの『Gambero Rosso』レストランガイド執筆スタッフを10年務めた。『イタリアワイン ランキング』（ワイン王国）の翻訳・監修を手掛ける。近著に『最後はなぜかうまくいくイタリア人』（日本経済新聞出版社）。2013年に「グランディ・クリュ・ディタリア最優秀外国人ジャーナリスト賞」を受賞。14年にイタリア文化への貢献により"イタリアの星勲章"コンメンダトーレ章（Commendatore dell'Ordine della Stella d'Italia）をイタリア大統領より授与

プロフェッショナルのためのイタリアワインマニュアル
MANUALE PER PROFESSIONISTI
IL VINO ITALIANO
イタリアワイン 2018年版

第 一 刷	2018年7月13日発行

監 修 者	宮嶋 勲
協 力	日欧商事株式会社
装 丁	グリッド有限会社
発 行 人	原田 勲
発 行 所	株式会社ワイン王国
	〒106-0046 東京都港区元麻布3-8-4
	Tel.03-5412-7894　Fax.03-5771-2393
販 売 提 携	株式会社ステレオサウンド
印 刷 製 本	奥村印刷株式会社

定価はカバーに表示してあります。

＊万一落丁乱丁の場合は、送料負担でお取替えします。
　当社販売部までお送りください。
©2018 Printed in Japan